STEAM&创客教育趣学指南

Scratch FOR KIDS

达人迷®

Scratch趣味编程16例

◎[美] Derek Breen 著
◎李小敬 翁恺 译

for dummies® A Wiley Brand

人民邮电出版社
北京

图书在版编目（C I P）数据

达人迷·Scratch趣味编程16例 / （美）德里克·布林（Derek Breen）著；李小敬，翁恺译. -- 北京：人民邮电出版社，2017.12（2018.10重印）
（STEAM&创客教育趣学指南）
ISBN 978-7-115-46129-2

Ⅰ. ①达… Ⅱ. ①德… ②李… ③翁… Ⅲ. ①程序设计 Ⅳ. ①TP311.1

中国版本图书馆CIP数据核字(2017)第280424号

版权声明

商标声明

◆ 著　　　　［美］Derek Breen
译　　　　李小敬　翁　恺
责任编辑　周　璇
责任印制　周昇亮

◆ 人民邮电出版社出版发行　　北京市丰台区成寿寺路 11 号
邮编　100164　　电子邮件　315@ptpress.com.cn
网址　http://www.ptpress.com.cn
北京虎彩文化传播有限公司印刷

◆ 开本：800×1000　1/16
印张：20.5　　　　2017 年 12 月第 1 版
字数：371 千字　　　　2018 年10月北京第 3 次印刷

著作权合同登记号　图字：01-2016-2467 号

定价：89.00 元

读者服务热线：(010)81055339　印装质量热线：(010)81055316
反盗版热线：(010)81055315
广告经营许可证：京东工商广登字 20170147 号

内容提要

Scratch 官网的主题是想象、编程、分享，然而大多数 Scratch 书籍都把重点放在了编程上。这本书则完全不同，它讲编程，但也将编程延伸到更高的艺术创作领域。它用大量的篇幅来讲设计，讲如何从无到有创作完整的动画和游戏。

本书共分为 3 个部分。

第 1 部分：成为 Scratch 设计师。以一个《飞扬的蝙蝠》游戏开始，介绍如何在 Scratch 中创作漫画，设计动物、矢量机器人和制作数字拼贴画。

第 2 部分：成为 Scratch 动画大师，介绍如何通过设计复杂动画角色、场景，添加声光效果来制作大型动画。

第 3 部分：成为 Scratch 游戏开发者，介绍了乒乓球、贪吃蛇、迷宫和太空袭击四个经典游戏的制作。

这本书可以激发你的想象力和创造力，相信学完本书后，你一定会变成一位 Scratch 高手。

献词

献给我的侄女和侄子，凯特琳和瑞安。

献给我的精灵般的孩子们，乔纳、格温多琳和亨利。

献给全世界所有的侄女、侄子和所有精灵般的孩子们。

作者 / 设计者简介

为了积攒足够的钱去买一台计算机，1980 年，德里克·布林开始了他的第一份工作——日报派送员。在 6 年级末的时候，他买了一台 Commodore 64 计算机，并把上初中前那个夏天的大部分时间花在了设计角色、学习 Basic 程序设计语言以及编写初级的游戏上。

德里克第一次接触 Scratch，是担任麻省理工 ID Tech Camp 2011 年技术营教练的时候。这个软件能快速地让孩子们做出动画和游戏，这一点他非常欣赏。但是因为 Scratch 中像素化的图像和编程限制，他并没有在那年秋季他教的高中计算机科学课上使用它。

后来 Scratch 2.0 发布了，他的头脑开始被各种各样的可能性充斥着。矢量图、克隆和基于云的变量机制让 Scratch 变得强大，变成了一个完完全全的多媒体程序开发平台，Scratch 基本上成了孩子们的 Adobe Flash。

德里克先生是教学设计和交互教育媒体协会（IDIEM）的创始会员，也是 Scratch 教育（ScratchEd）社区的活跃成员。最近，他在麻省理工的 StarLogo Nova 项目中担任图形设计师，是哈佛进修学校的讲师，同时也是 i2 Camp 的课程开发者。

之前，德里克先生曾是麻省剑桥市 Prospect Hills 学院的计算机科学老师和教育技术专家，他还是 Mod 的所有者和经营者——Mod 是弗吉尼亚州夏洛茨维尔市的一家网咖和数字学习中心。此外，他还担任过加州洛杉矶 KCAL9 电视台的新媒体制片人。

作者致谢

这本书是从艾米·方德瑞通过领英给我发的一个邀请开始的。她信任我这个第一次写书的作者，急切地让我参与到“孩子也能、傻瓜也能”的系列书的写作中。她让我聘请我在 IDIEM 的伙伴山姆·罗莎来做助手和技术编辑，不过我在威利出版社的恩人是项目经理布莱恩·华尔士，在那个漫长寒冷的冬季，他不断催促和鼓励我的写作。

我要感谢丹尼尔·温德尔、温蒂·黄和乔希·谢尔登，他们向我展示了积木块编程的真正威力；同时要感谢艾瑞克·克洛普弗聘请我参加 StarLogo 机构，详情请参见。

我始终欠着凯伦·布伦南和米歇尔·程的人情，他们扶持了那个蓬勃发展的 Scratch 教育者网络。

我不断地受到来自麻省和纽约等地的教育技术同僚的激励，特别是来自辛迪·高、肖恩·斯坦恩、莎伦·汤普森、克雷迪·肯克尔、英格丽德·古斯塔夫森、芭芭拉·米考拉匝克和斯蒂夫·戈登的激励。

要不是参加了哈佛进修学校史黛西·卡萨塔·格林和丹尼斯·斯奈德卓越指导的超赞的 ED103 和 ED113 课程，我恐怕会毫无准备地就参加到这样一个巨大的教学设计挑战中。

在 i2 夏令营，我和伊森·伯曼及维奇·芙兰提斯发生了严重的矛盾，感谢你们在即将出版的日子里能理解截止期限是要命的事情。

要不是有了那个无价的 Scratch 维基 () 和 Scratch 论坛 ()，书里就没有那么多点子和提示了。

要是没有 MIT 媒体实验室终身幼儿园组的先驱性工作，我可能只会挠着头（scratch head），期盼有什么像 Scratch 那样的东西能让我有满脑子的动手想法。感谢米切尔和娜塔莉，以及如此众多的小组成员，是你们在这三年里耐心回答我的问题，妥善地应对我对积木块编程的汹涌激情。

然后，还要感谢奥诺拉托家、布林家、道登家、朗格罗尼家和图珀洛 - 施那克家，你们始终在陪伴着我。

要特别感谢的是佛爵先生和卡特女士，他们是我初中和高中的计算机老师。我最近得知佛爵先生还在皮尔斯中学教书，我 8 年级的时候，他让我做了我的第一次专业工作——教授 Logo 语言，这已经过去三十多年了。他几乎像一对一的家教一样教我在 TRS-80 上编程，还送我去 MIT 上了第一堂计算机课。

现在，轮到自己了。来写一本介绍自己热衷的事情的书吧。真的，三人行必有我师！

出版社致谢

策划编辑：艾米·方德瑞

项目编辑：布莱恩·华尔士

技术编辑：山姆·罗莎

制作助理：安妮·苏利文

高级编辑助理：雪儿·凯斯

封面图片：米切尔·雷斯尼克和 MIT 媒体实验室的终身幼儿园

每章的图片、展示和 Scratch 作品：(C) 德里克·布林

其他图片和展示：凯特琳·道登、瑞恩·道登、格温多琳·图珀洛和乔纳·图珀洛

目　录

概述

不要读这本书！是谁给你买的这本书？妈妈、伯伯还是大朋友？哦，可别说是你自己给自己买的哟！

我来猜猜看。也许当时你去了附近的书店，想在书架上找一本像《洞》《记忆传授人》或《通向特拉比西亚的桥》那样棒的纽伯瑞大奖小说。如果你还没有听说过《时间的皱折》，那应该把手上这本书扔到房间的另一头去，先去找找马德琳·英格的那本书，因为那本书简直太赞了！

也许当时你正在亚马逊网站上寻找关于 Minecraft 红石的书，或是关于训练小狗或学习街头魔术的书，但你不小心打错了单词，或者点错了地方……哦，一定，一定，一定要告诉我你本来并不是在寻找有关 Scratch 的书的！其实呢，我是一位 Scratch 大师，就是我写了你手上的这本书，哎，就是我叫你别读了可你还在读的这本书！！！你是不是觉得我就是因为读了哪本秘籍才成为大师的？才不是呢！

你会不会真的以为 MIT 里做出 Scratch 的那些人会想："哦，我们应该把它弄得很难，这样孩子们就需要买那些谢了顶的老家伙们写的书，那些书的引言里还到处都是感叹号！"。

当然，要是你真的已经被这本书吸引住了，或者买书的人已经把发票都扔了没法退货了，或者你富有同情心，觉得应该让我在这本书中投入的辛勤（同时也很愉快的）劳动有所回报，那么，我可以保证，你拿到的是一本真的很有用的书。

其实骗谁呢，我当然是希望你买下这本书的啦，因为每次有人买书，我就能发点小财（发啦！）。我应该要感谢你，鼓励你告诉所有认识的人来买这本书，而不是说服你不要读《达人迷：Scratch 趣味编程 16 例》，对吧？

关于 Scratch

Scratch 就是为你设计的，MIT 媒体实验室的设计者们有这样一些目标：

1. 为你提供一个强大而且免费的软件；
2. 让你很容易学习；
3. 让你有很多不同的方法来使用这个软件；
4. 让你可以浏览、尝试或改进其他的作品；
5. 让你可以分享你的作品；
6. 创建一个在线社区，在那里你可以向其他人学习。

看看这 6 个目标，哪里有说“强迫父母、教师、教练或孩子来购买一本大大的、厚厚的 Scratch 书”了？没有！那你干嘛还在读呢？难道你还不知道可以直接跑到 scratch.mit.edu 去划拉划拉？！

关于本书

告诉你一个秘密，知道什么比钱更有价值吗？时间！我说的都是大实话。就算你只是

5年级的小女生，或是初二的小男生，也可以把自己的时间花在各种地方，但是一旦你“花”掉了时间，就像花掉了十块钱一样，再也拿不回来了。不用猜，对我也是一样的。如果我要花几个月的时间来写一本 Scratch 的书，那我就希望它真的能帮助你学到一些确实很酷的东西！

这本书的名字不是我选择的，如果出版社允许我自己选择书名的话，那你现在正在读的书将会是《把那只猫删了》，Scratch 大师德里克·布林著。为什么我要用“把那只猫删了”这个名字呢？因为无论我在哪里，教什么人——我外甥的5年级计算机课、我侄女的8周岁电子游戏制作生日聚会（这样来庆祝你的大日子是不是很炫啊？）或者一屋子教师，我给的第一条指令总是：“好了 Scratch 的朋友们，把那只猫删了！”。

为什么 Scratch 的作者们坚持要在这个在计算机软件历史上最强大的应用里出现那么一只可爱、微笑的卡通猫呢？那只小猫让 Scratch 看上去就只是给小朋友用的，尽管现在全世界都有高中甚至大学课堂里在教 Scratch。

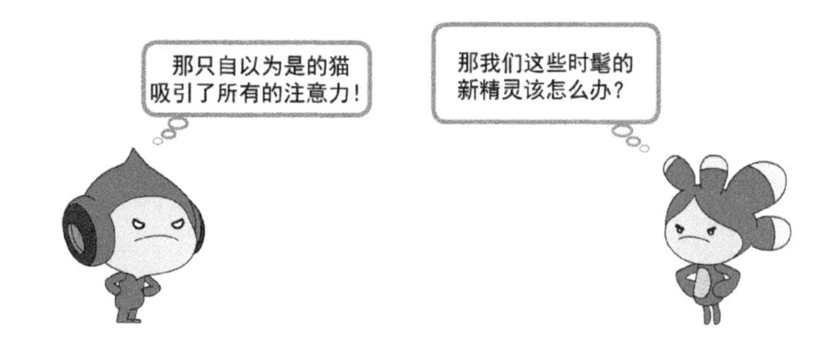

好吧，也许我得承认我不是个那么爱猫的人，但是我真的是爱 Scratch！（我把 Scratch 的猫印在了我的名片上，所以我没骗人吧！）

我们来做个约定吧：如果你愿意花点时间来读这本书，哪怕是几个章节，我将尽我所能来让你迅速地做出一个很酷的设计、一个非常好笑的动画、一个引人入胜的游戏。你甚至几乎都不怎么用读这本书，真的，多读一点儿或少读一点儿，最后都能做出杀手级的作品来！

这本书是那种从哪章都可以开始读的书，如果你对做游戏最感兴趣，就直接跳到第3部分（虽然也许想要看看第1章……我也就是这么说说）。如果你使用 Scratch 已经很长时间了，想要学学新的动画技巧，那你也许可以直接去读第10章（那里有一堆的特效技术）。

本书所用的图标

这个图标表示有更方便做代码的提示和捷径。

这个图标是关于最好能知道的真相和细节。

这个图标说明了你在用的某个编程概念是如何和编程的大局联系在一起的。

这个图标展示代码中所用到的数学知识。从计算和代数到几何和逻辑，你最终会看到这些东西都是怎么用的！

这个图标告诉你要小心！它表示重要的信息，知道了这些信息，能大量节省你挠头的时间。

本书之外

除了这本书的封面和封底之间的东西，我还有太多的想要分享。好消息是现在已经是 21 世纪了，对吧？既然你很可能是在线使用 Scratch 的，那就可以在另一个标签页里打开那些资源，通过学习那些很棒的资源来把你疯狂的 Scratch 技巧提升到更高的水平。

- Web Extras: www.dummies.com/extras/scratchforkids

Web Extras 是一个在线的文章库，扩展了某些我们讨论过的概念。我曾经想过把所有这些在线的东西都放进这本书里，但是大家劝我不要那么贪心，还是放手吧……

- 在线作品：www.scratch4kids.com/projects

我本来打算到你完成最后一个作品的时候再告诉你的，不过既然 Scratch 是在线的，而且我已经做过了书中的每一个作品，如果我不把这些作品分享出来就太自私了。我还是希望你能从头创建每一个作品，但是如果你遇到了困难，或者超级忙，可以直接去本书的网站“偷”（我的意思是混合利用）一个作品出来。

- 小抄：www.dummies.com/cheatsheet/ scratchforkids

我尽可能地把所有内容都放进了一页里：画图工具的概述、快捷键和所有积木块的模块列表。我做了格式，这样你就可以把它们打印出来，贴在屏幕旁边，然后天天想是谁做出了这么好的东西！

- 更新：www.scratch4kids.com/updates

要是Scratch团队做了什么重要的修改，这个地方就很重要了。比如把那只猫换成了鹰马兽，那我就得把书里每一个作品的第一步都改掉……哦天哪！现在那只猫看起来没那么不舒服了。

接下来该做什么

学习 Scratch，并没有哪条是唯一正确的开始之路，所以你可以从本书的任何一个章节的任何一个作品开始。如果你以前从来没有用过 Scratch，我建议从第 1 章开始（这是不是远没有你想的那么差啊）。

我和编辑尽了最大的努力，在各个章节中加入了对之前章节所涉及的某些技术的参考说明。这样，万一你跳过了或者需要重新回顾一下前面那些章节的时候，可以方便地找到。比如说你是三年前开始读这本书的，然后因为看到班上某个同学做了很棒的作品，突然就觉得 Scratch 没那么逊了，你不禁想：“啊，这真酷，不过这些技巧我在《达人迷：Scratch 趣味编程 16 例》都学过，我相信我一定可以把他的作品改造得更炫酷！”

哦，还有……

忘了说，我 9 岁的外甥女卡特琳和刚刚 11 岁的侄子瑞恩，在我写本书的六个月里，他们不仅给了我道义上的支持，还贡献了一些令人惊叹的的图片，有些是在 Scratch 里做的，有些是在传统的纸上。你能在书中看出来哪些是他们画的，因为比起他们上了年纪的舅舅，他们俩更有艺术细胞。

我还夹带了几幅来自弗吉尼亚的我喜爱的孩子们的作品，他们是约拿和格温多琳，他们开始使用 Scratch 的时间比我还要早！谢谢孩子们！

第 1 部分

成为 Scratch 设计师

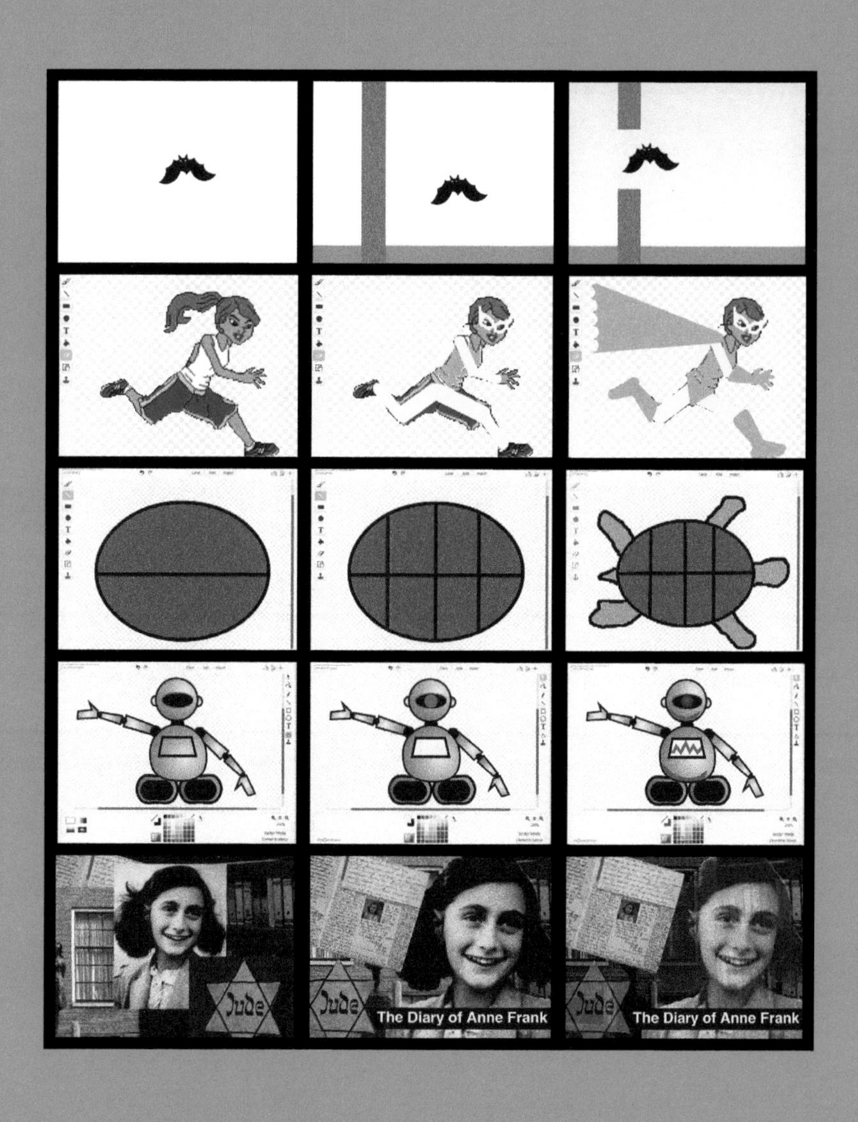

这一部分里……

第1章 Scratch起步

不知道你有没有读过那种“如何用计算机做点别的事儿，而不只是在线看有趣的猫视频”的书，我读过很多。第1章往往都是描述屏幕的各个部分，用标签来告诉你每个部分是什么，用来做什么。这实在是太无聊了！

可能因为我是个傻瓜，我想要把这种典型的“如何做”的书翻个个儿。不要从最基础的开始学Scratch软件的各个部分，而是立刻、马上来做一个很酷的游戏！

在计算机上使用Scratch

最简便的使用Scratch的方法，就是访问www.scratch.mit.edu，创建一个在线账户，然后启动Scratch。如果不创建账户就使用Scratch，就得下载安装Scratch的离线版本（见后面的“使用离线的Scratch”那节）。

其实也可以不登录账号就来用 Scratch 网站。不过这样就必须把作品保存在自己的计算机上，然后每次打开 Scratch 网站都要重新上传才能继续修改。有账号的话，就可以在线保存文件，还能和其他 Scratch 用户分享作品。

创建在线账号

来玩 Scratch 吧！打开计算机，打开浏览器，访问 scratch.mit.edu。如果已经有 Scratch 账号了，就直接单击页面右上角的“登录”按钮。如果还没有账号，单击“加入 Scratch 社区”按钮，然后填写一份简单的表格就可以了。如果你还没到 13 岁，或者没有电子邮件地址，请让一位成年人来帮你创建账号（或者跳过这一步，直接到下面的“离线使用 Scratch”那里去）。

（译注：Scratch 网站会自动识别到你的浏览器偏好设置，显示出中文来。如果它没有显示中文，试试调整你的浏览器设置，让中文成为默认语言。）

不开玩笑！危险！

要能在线运行 Scratch，需要相对比较新的浏览器（比如 Chrome 35 或更高版本、Firefox 31 或更高版本、IE8 或更高版本），浏览器还需要装有 10.2 或更高版本的 Adobe Flash 播放器。使用 Scratch 2 需要 1024 x 768 或更大尺寸的屏幕。

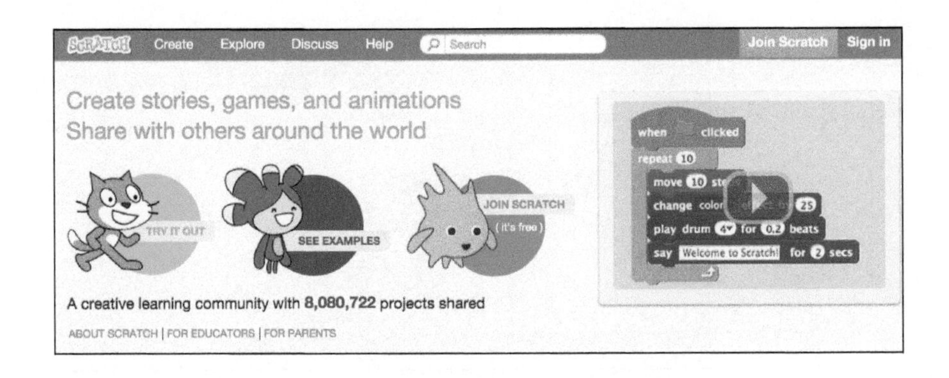

离线使用 Scratch

可以安装一个 Scratch 2 的离线编辑器，这样就不需要 Scratch 用户账号，也不再需要互联网连接就能做作品了。

这个离线版本在 Mac、Windows 和某些版本的 Linux（32 位）操作系统中都可以运行。从 www.scratch.mit.edu/scratch2download 可以下载并安装 Adobe Air（这是运行 Scratch 离线版所需的）和 Scratch 2 离线编辑器。

（译注：安装好后，第一次打开的软件是英文的。找到左上角的 Scratch 字样，在它和菜单的“File”之间有个地球的符号。单击那个地球，就会出现各种语言的选项。向下一直拖到最后，你会看到“简体中文”，选择后，你的 Scratch 2.0 离线编辑器就是中文的了。）

创建一个新作品

你玩过《飞扬的小鸟》吗？我们要做一个游戏，和《飞扬的小鸟》很像但是并不完全一样。为什么不完全一样？因为如果你做了一个游戏，看上去、玩起来和《飞扬的小鸟》一样，而且你还把它叫作“飞扬的小鸟”，那真的做了《飞扬的小鸟》的那些人会不高兴的。何况这样做实际上已经触犯了法律！所以我会教你如何做一个叫作“飞扬的蝙蝠”的游戏。

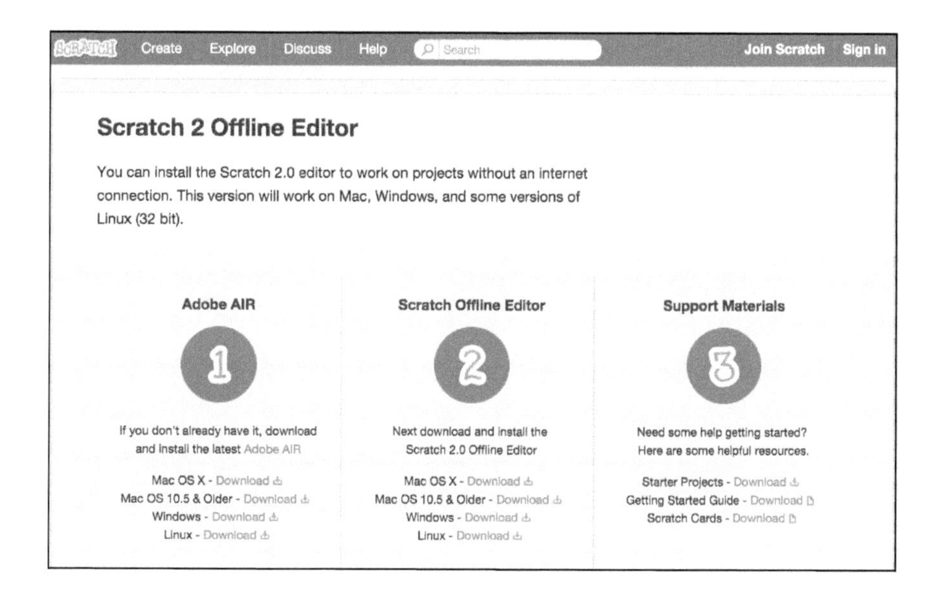

创建在线作品

1. 打开 scratch.mit.edu，单击“创建”按钮。

2. 把名字从“Untitled”改成“飞扬的蝙蝠”。

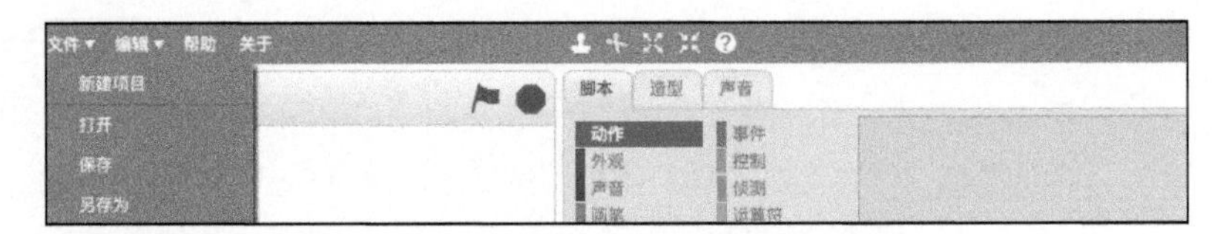

如果登录了，Scratch 会在你编辑作品的时候自动保存。

创建离线作品

1. 在计算机上打开 Scratch 2 离线编辑器。

2. 选择“文件➪另存为”，然后输入“飞扬的蝙蝠”。

把那只猫删了

每次创建一个新的 Scratch 作品，就会带有一个角色，就是那只 Scratch 吉祥物：Scratch 猫。

我实在是不喜欢那只微笑的小猫，所以这本书的大多数章节都以两条指令开头：

1. 创建一个新的作品；
2. 删除那只小猫。

按住键盘上的 Shift 键，然后用鼠标直接单击那只猫，就会出现一个小菜单，其中有个选项可以删除你按住 Shift 单击的那个东西。在编辑 Scratch 作品的时候，经常按住 Shift 键来单击，可以节省时间。

那么来吧，把那只微笑的 Scratch 猫删了！

如果你习惯使用鼠标或触摸板的右键单击，就可以用右键单击而不需要用 Shift 键加单击。（译注：下面我们会把这样的单击叫作“右键单击”。）

选择玩家角色

在 Scratch 作品中，舞台是表示背景的图形元素，而角色是另一类图形元素。在这个游戏里，我们要创建 3 个角色：玩家、大地和钢管。

1. 找到舞台下面的“新建角色”区域，单击第一个图标“从角色库中选取角色”。
2. 选择一个名字是“Bat2”的角色，然后单击“确定”。

3. 右键单击那只“Bat2”角色，然后选择“info”。

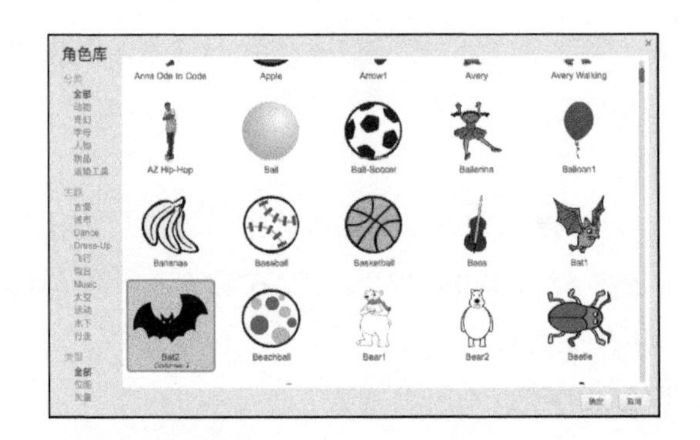

4. 把“Bat2”这个名字改成“玩家”（player），因为在游戏里玩家是要控制这个蝙蝠角色的。

5. 单击左边的“回退”按钮（蓝色圆圈里白色的向左箭头），关闭 Info 窗口。

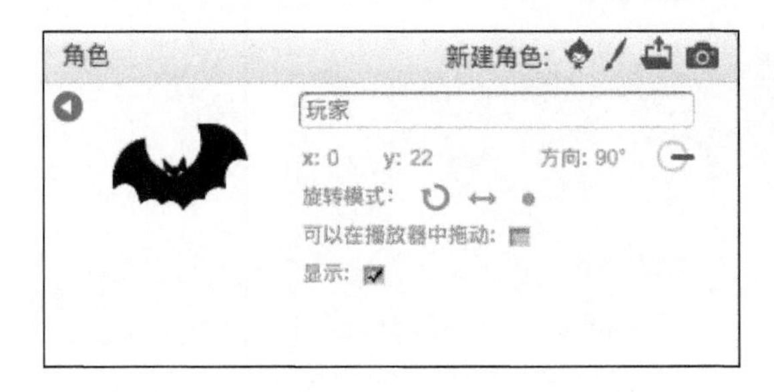

画大地角色

1. 在“新建角色”区域，单击第二个图标“绘制新角色”。

2. 右键单击新角色，选择“Info”，然后把名字改成“大地”。

3. 单击右边的“造型”标签。

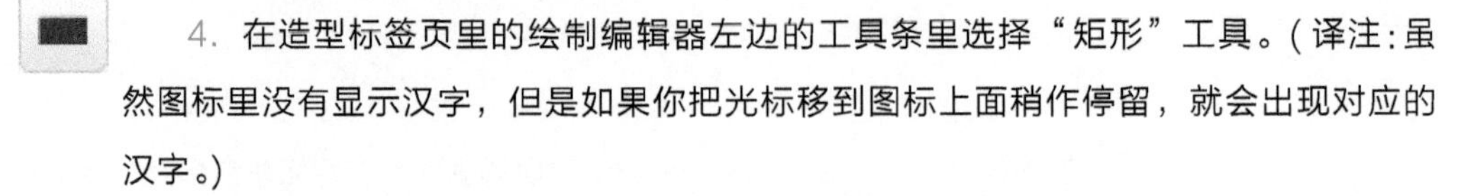

4. 在造型标签页里的绘制编辑器左边的工具条里选择“矩形”工具。（译注：虽然图标里没有显示汉字，但是如果你把光标移到图标上面稍作停留，就会出现对应的汉字。）

5. 选择实心的矩形。

6. 单击绿色。

7. 在绘制编辑器的左下角单击一下，然后拖到右边，直到出现一个横在整个底部的矩形。

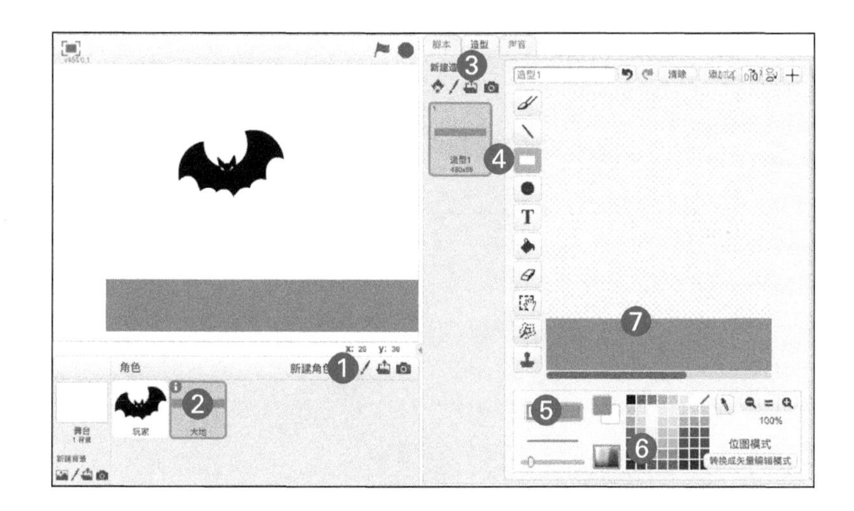

如果这个大地角色没有对准舞台的中心，可以单击它拖到正确的地方去（我自己也往下拖了一点儿来给蝙蝠腾出更多飞的空间）。

画钢管角色

这个游戏的目标是要让蝙蝠拍拍翅膀从两根管子中间的洞里飞过去。我们要用上一个很酷的编程技巧，这样只要一个钢管角色就可以了。

1. 单击“绘制新角色”图标。
2. 右键单击新的角色，选择“Info”，然后把名字改成“钢管”。
3. 单击“造型”标签页。
4. 在造型标签页里的绘制编辑器左边的工具条里选择“矩形”工具。

5. 选择实心的矩形。
6. 选择灰色。
7. 在绘制编辑器的画布中间单击，然后拖动画出一根垂直的管子。

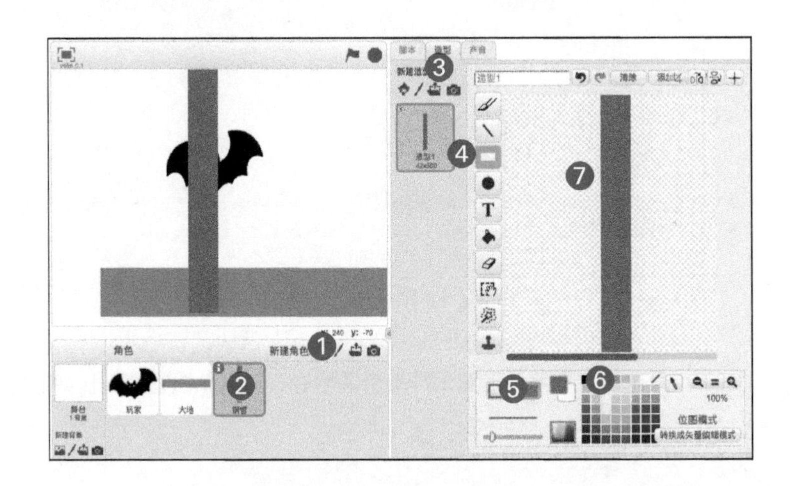

为了做一个让蝙蝠飞过去的洞，单击“选择”工具，然后在管子的中间单击、拖动画出一个矩形，然后按下键盘上的 Delete 键或 Backspace 键（别担心蝙蝠太大，马上会调整的）。

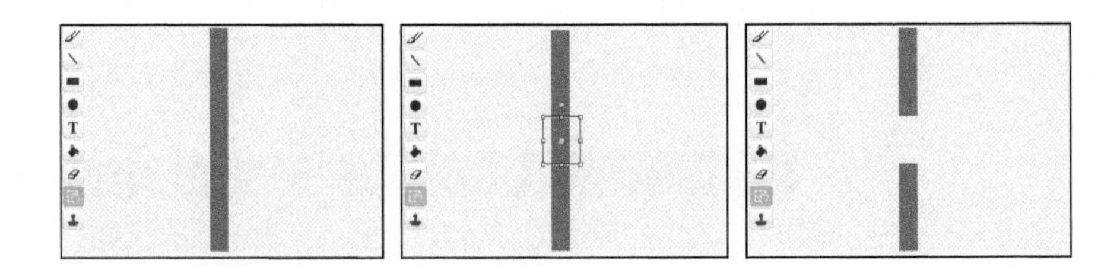

做得好！现在游戏所需的 3 个角色就都有了，然后呢？那个白色的背景是不是有点苍白？这里有个快速的办法可以把它变成真实的蓝天。

在舞台上画出渐变的天空

渐变这个术语也许你还是第一次看到，它表示在两种颜色之间的逐渐过渡，Scratch 有 3 种类型的渐变。使用其中一种类型，让屏幕上的游戏背景颜色靠近地平线的一侧比较浅，靠近顶部的一侧比较深，就能做出蓝天的视觉效果。

1. 单击”舞台“按钮。
2. 单击“背景”标签页。
3. 选择“用颜色填充”工具。
4. 单击“水平渐变”按钮（译注：新版本在这里的界面显示略有不同）。
5. 选择白色。
6. 单击“交换颜色”按钮。
7. 选择浅蓝色。
8. 在绘制编辑器画布上任意地方单击一下（译注：只单击一下，千万不要拖一个区域）。

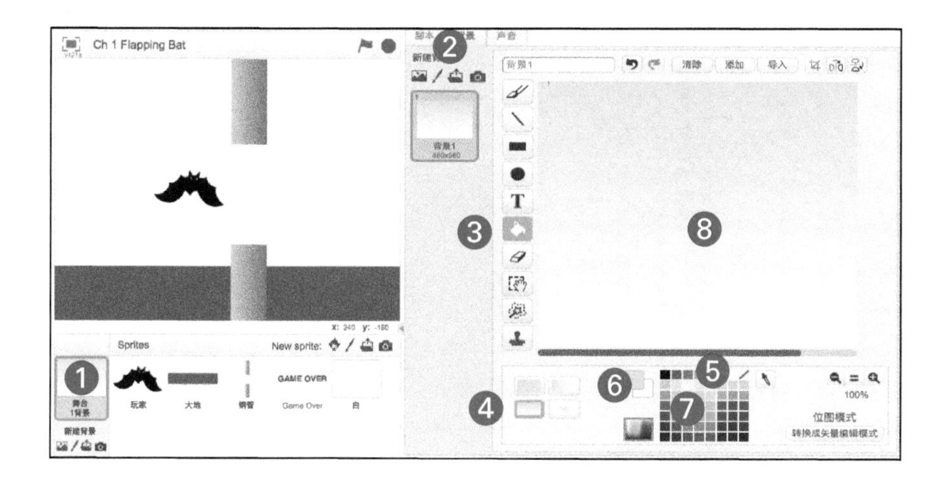

现在这样的天空看起来是不是更真实啦？渐变可以用来做很多效果（比如让东西看上去有金属质感），所以后面的章节里会多次用到的（是不是有人在说“矢量机器人”？）。

用代码让游戏活起来

这才第 1 章，我只是要偷偷放一点点编程的内容进来。没有 Scratch 的时候，要写一个游戏程序，必须学习一大堆的命令，输入计算机，还要确保所有的东西都在正确的地方。现在不再需要啦！我的 Scratch 小伙伴们！通过 Scratch，只要把几个积木块拖进某个角色的脚本区，就可以让蝙蝠动起来、响应按键、“砰”地撞上管子，然后导致没完没了的沮丧……我是说乐趣！

加上翅膀扇动的动画

如果单击“玩家”这个角色，然后单击“造型”标签页，应该能看到两个造型：一个翅膀朝上，另一个朝下。如果不断依次单击每个造型，就会看到蝙蝠在舞台上挥动翅膀。如果想要蝙蝠不停地挥动翅膀，需要加上一些代码块。

单击“脚本”标签页，就会看到列出来 10 个模块：动作、事件等。注意，每个模块中所有积木块的颜色都是相同的。

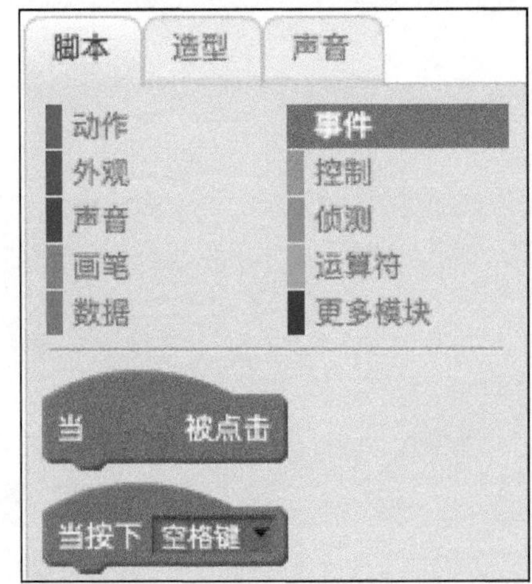

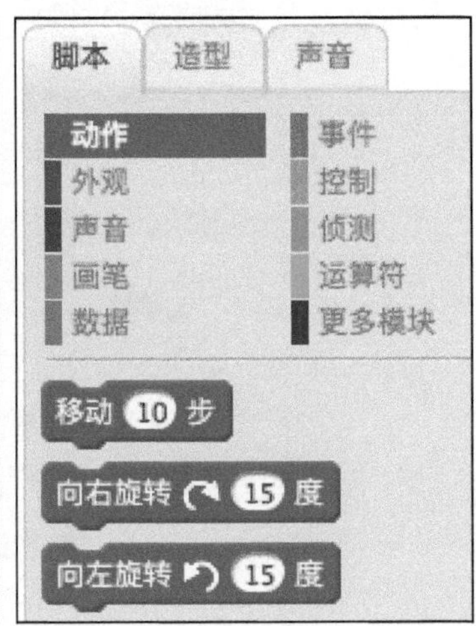

按照下面的步骤操作时，可以根据图片中每个积木块的颜色到脚本标签页中找到它们对应的模块。

1. 在舞台下面单击一下“玩家”这个角色。
2. 单击“脚本”标签页。
3. 把下图的积木块拖进脚本区，然后以正确的顺序互相贴合在一起。

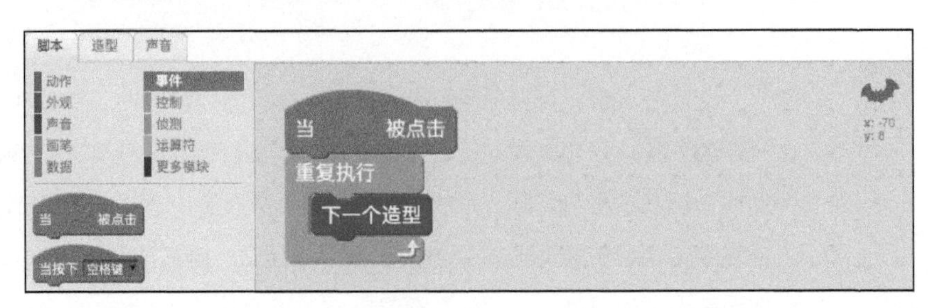

4. 单击舞台上方的绿色旗子来测试代码。

蝙蝠应该会以极快的速度挥动翅膀，如何能让它慢下来呢？

调整挥动的速度

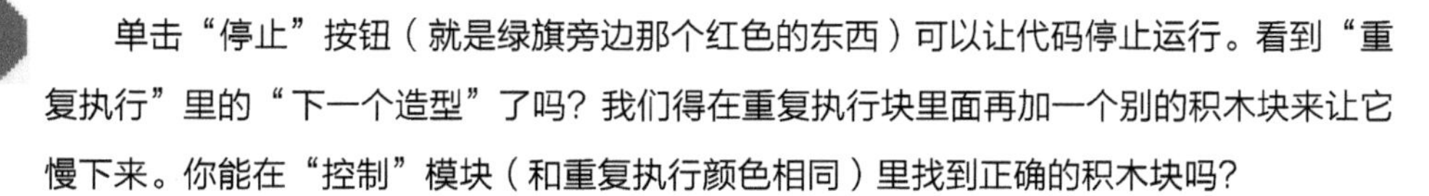

单击“停止”按钮（就是绿旗旁边那个红色的东西）可以让代码停止运行。看到“重复执行”里的“下一个造型”了吗？我们得在重复执行块里面再加一个别的积木块来让它慢下来。你能在“控制”模块（和重复执行颜色相同）里找到正确的积木块吗？

把一块“ 等待”积木块拖进“ 重复执行”块里贴好，然后再次单击绿旗来测试代码。

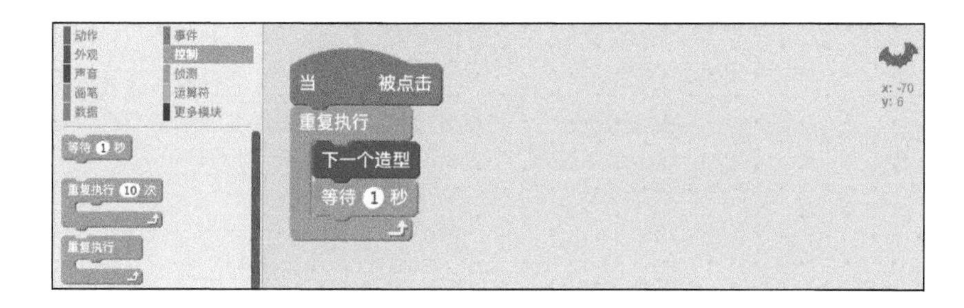

现在蝙蝠挥舞得太慢了，对不对？（是不是开始觉得有点像《金发女孩和三只熊》了）如果想让翅膀挥动得比每秒一次快一点儿，要怎么调整呢？

“ 等待”积木块默认的数值是 1，数字后面的白色背景表示可以单击那里并输入不同的值。试试把这个值从“1”（秒）改成“0.2”（秒），然后再次单击绿旗来测试修改的效果。

看起来怎么样？我会坚持用 0.2 秒，不过你可以调整这个数字，找到你最喜欢的值，因为你才是游戏的设计师啊！

加上键盘控制

接下来是我最喜欢的游戏设计环节啦！到目前为止，《飞扬的蝙蝠》作品还只是一个普通的动画，接下来做的事情，就会把这个静态的作品变成一个交互游戏。首先让玩家可以控制蝙蝠。和其他飞行游戏类似，你要按某个键来让蝙蝠移动一点点位置。我们就用空格键，因为它是最大的键，无论左撇子还是右撇子都可以方便地按它。

1. 单击“玩家”角色，然后单击“脚本”标签页。
2. 把下面图中新出现的积木块拖到脚本区已有积木块的右边。

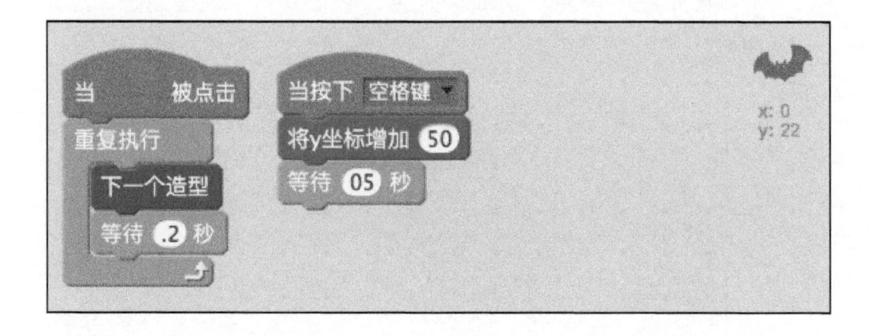

3. 单击绿旗来测试代码。

每次按下空格键，蝙蝠应该会向上移动一点，所以这里的“将 y 坐标增加”积木块一定和垂直移动有关。在 Scratch 中，角色的垂直位置由 Y 值表示，而水平位置由 X 值表示（后面的章节会进一步解释这些）。

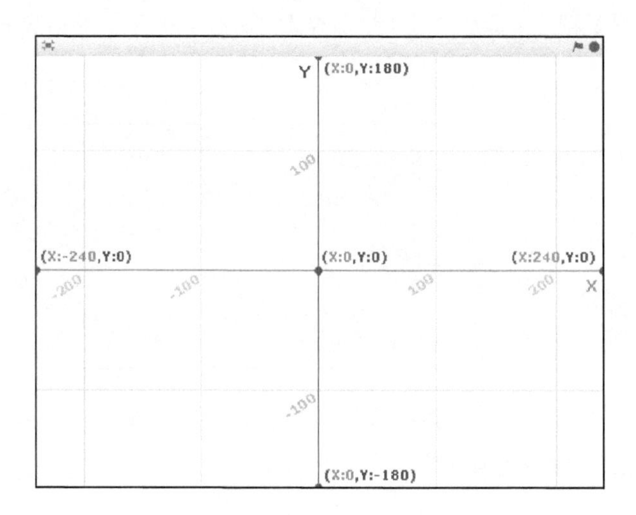

看到“当按下”积木块和“当绿旗被单击”积木块很像吧？每个帽子形状的积木块表示一个动作，比如单击绿旗按钮或按下空格键。当这个动作发生，对应的帽子积木块下面粘着的代码就会运行。如果想要用别的键来控制飞行，单击“当按下”积木块的“空格键”那里，然后在出现的下拉菜单中选择一个别的键盘键。

为什么蝙蝠会不停地向上飞，直到碰到舞台的顶？

我们把那种将东西拉向地面的神秘力量叫作什么？重力！你能想出如何用已经学到过的积木块来模拟重力吗？

给游戏加上重力

下面的步骤给出了一种最简单的可以在游戏中仿真重力的方法。

1. 单击“玩家”角色，然后单击“脚本”标签页。
2. 在脚本区拖出第三组积木块，让蝙蝠落向地面。

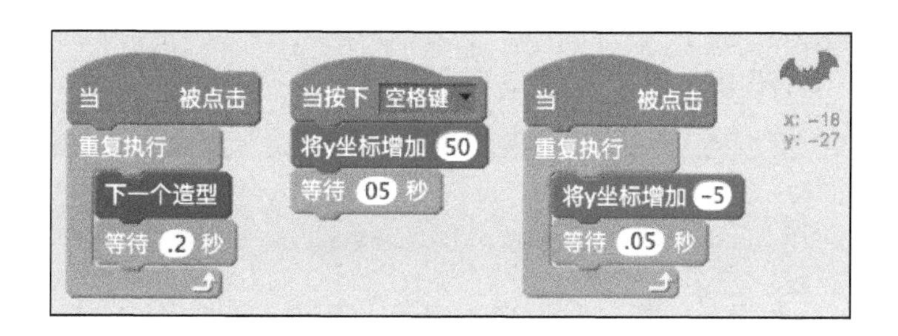

3. 单击绿旗来测试代码。

玩家必须保持挥动翅膀，不然蝙蝠就会跌下来。注意现在有两组积木块，它们都是以“当绿旗被单击”开头的。Scratch 的威力之一就是能同时运行好几组代码块。

全屏舞台模式

用舞台左上角的按钮可以进入全屏舞台模式。最好能在小舞台和大舞台两种模式上都测试游戏，因为玩家随时都可能切换模式。

还是在“脚本”标签页上，加上一个有 x 值和 y 值的“ 移到:”积木块，让它在游戏开始的时候把蝙蝠角色重置到屏幕的中央。

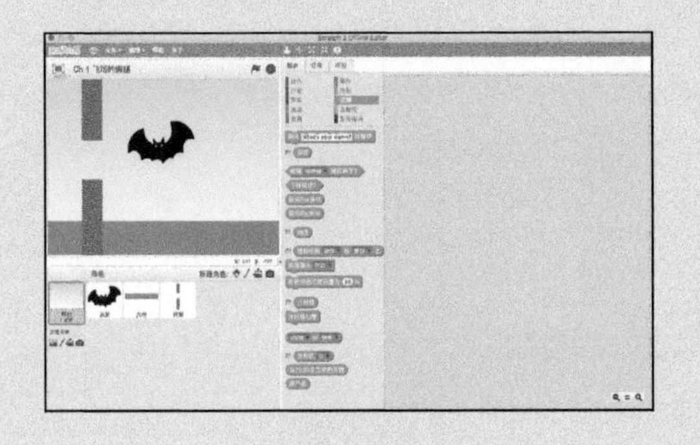

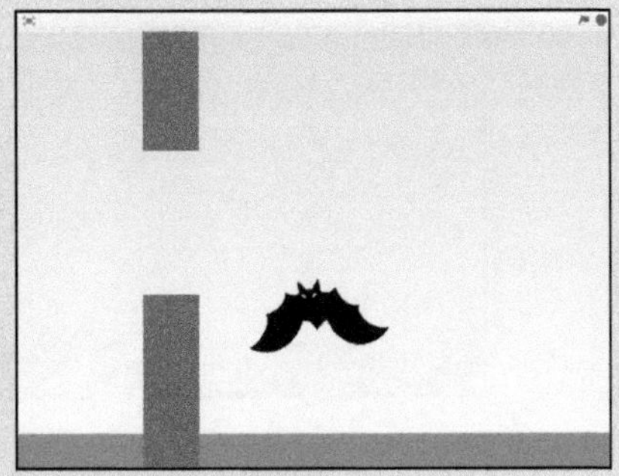

让管子移动

在原版的游戏中，钢管是不停地从右边移到左边，同时玩家要上下移动。为了进一步把这个游戏和其他的飞行游戏区分开来，我们要加入代码，让管子从左向右移动。

1. 在舞台上，单击并拖动管子一直到舞台的左边缘。
2. 单击“脚本”标签页。

3. 把下面让管子能从左到右移动的积木块拖进脚本区。

```
当 被点击
移到 x: -200 y: 0
重复执行
    将x坐标增加 10
```

4. 单击绿旗来测试代码。

管子应该会向右移动，让蝙蝠穿过。现在这些积木块应该看起来很熟悉了。你能想出来如何让管子慢下来吗？要是忘了在“玩家”角色那里是怎么做到的，可以单击“玩家”角色图标来查看它的脚本。

可以加上一个“等待”积木块让“钢管”这个角色的运动慢下来。更优雅的解决方案是在“将 x 坐标增加”积木块里试试更小的 x 值。单击默认的那个 10，把它改成 4，然后再单击绿旗按钮。如果钢管还是太快了，可以再减小一点 x；如果太慢了，就增加一点。

```
当 被点击
移到 x: -200 y: 0
重复执行
    将x坐标增加 4
```

这应该能让你想到如何改变游戏的难度，对吧？如果管子会从蝙蝠身上移过去，就当它不存在一样，那这个游戏就没什么难度。

给游戏加上碰撞

碰撞是大多数游戏的核心。无论是吃豆子的 Pac-Man 撞到粉色的魔鬼，还是马里奥跳上一个平台，又或者是 Minecraft 里的角色捡到了一件新工具，游戏设计者都要决定当碰撞发生的时候要做什么。

这个游戏需要检测什么样的碰撞呢？蝙蝠会不会碰到钢管呢？蝙蝠会不会撞到地上呢？如果发生了某种碰撞，应该做什么呢？游戏必须要结束。

检测与大地角色之间的碰撞

1. 单击“大地”角色，然后单击“脚本”标签页。
2. 把下面的积木块拖进脚本区，在“碰到”积木块里，选择“玩家”。

3. 单击绿旗按钮。

如果蝙蝠碰到了地面，游戏就应该在碰撞的那个瞬间立刻结束。

后面会经常要在“重复执行”块里放一个“如果……那么”积木块，这样程序就可以不断地检查条件是真的还是假的，从而做相应的动作（就像父母始终关注你来确保你完成家庭作业之后才能开 Xbox 或 Playstation）。现在这个程序会从绿旗按钮按下开始，不断查看“玩家”是否碰到“大地”角色，碰撞发生，就启动“停止全部”积木块来结束游戏。

因为相同的代码要用在“钢管”角色上，通过复制代码块可以节约时间。

把积木块从大地复制给钢管

单击第一个积木块（“当绿旗被单击”），然后把这些积木块从脚本区直接拖到舞台下面的钢管角色图标上。

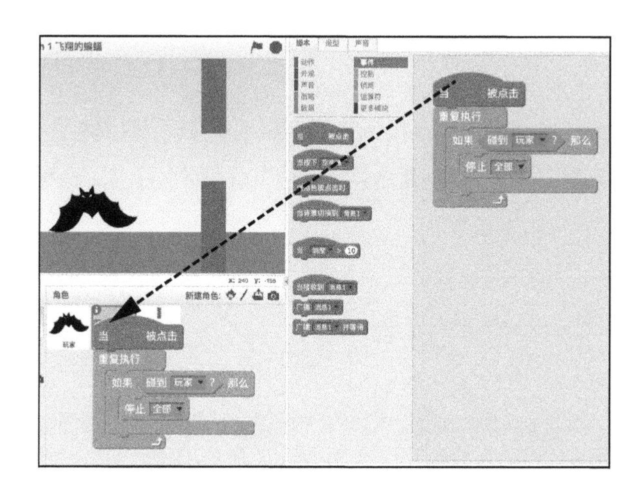

一松开鼠标 / 触摸板上的键，就应该看到原本的代码串回到了脚本区。这时候，如果单击舞台下的钢管角色图标，应该会看到代码已经被复制过去了。

如果新出现的积木块盖住了原先的代码，可以按住第一个块，把整串拖到其他代码的右边或下面。

拖曳第一个积木块会移动所有和它连接着的积木块，如果拖曳中间的积木块，只会移动它和它下面连着的积木块。

单击绿旗按钮，应该能看到当玩家角色碰到钢管或大地角色的时候，游戏就结束了。

除非你运气很好，不然钢管角色上的那个洞要么太小了，让蝙蝠没办法飞过去；要么太大了，让游戏没有挑战性。

调整钢管的大小和位置

在扩大洞的大小之前，先考虑另一件在管子上应该做的事情。原版的《飞扬的小鸟》游戏中，部分挑战来自于每次一个新的管子出现的时候，玩家并不知道洞的位置。可是我们的游戏里，钢管角色总是在相同的垂直位置上，所以洞的位置就总是在同一个点上。

让垂直位置随机变化

在Scratch中，可以把“在……到……间随机选一个数”这个积木块插入到“移到x:y:”块的中间，这样每次运行游戏的时候，管子（以及它上面的洞）就会出现在不同的垂直位置（y）。

1. 单击钢管角色，然后单击“脚本”标签页。
2. 把“在……到……间随机选一个数”块拖进“移到x:y:”块的y的值那里（注意这种圆角的块是如何放进其他积木块的圆角槽里的）。
3. 修改“在……到……间随机选一个数”块的数字为-75和75。

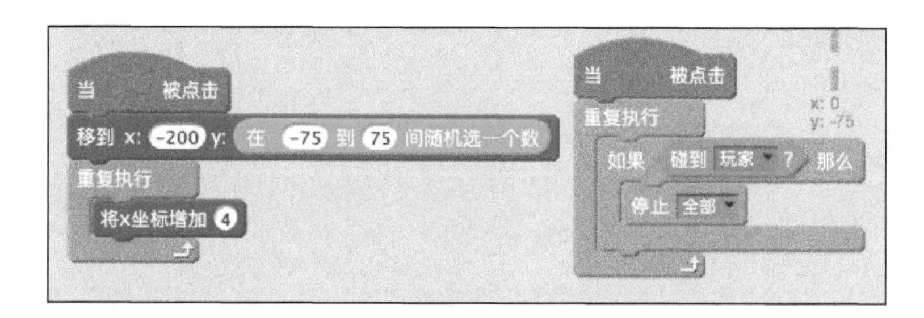

单击绿旗按钮几次，应该会看到每次洞都出现在不同的位置上，还会看到当管子垂直挪动的时候，它会变短从而不能覆盖整个舞台的高度了。

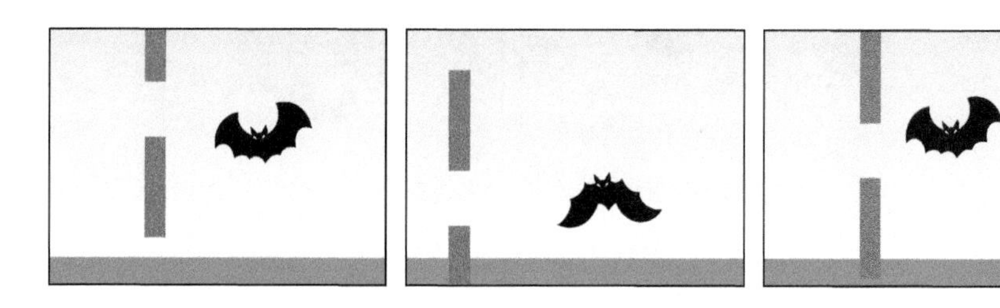

扩大舞台上角色的大小

要扩大舞台上角色的大小，可以使用“放大”工具。

1. 单击“放大”工具（在脚本、造型和声音标签的上面）。
2. 在舞台上的钢管角色上单击 10 次。
3. 单击绿旗按钮来测试代码。

无论钢管角色的垂直位置在哪里，都应该占满整个舞台的高度，可这也许还是不能让蝙蝠安全地穿过这个洞。如果持续单击“ 放大”工具，就会发现角色的尺寸不再变大了，因为它的大小是有上限的。那么，能否试试把蝙蝠变小呢？

减小舞台上角色的大小

要减小舞台上角色的大小，可以用“缩小”工具。

1. 单击“缩小”工具（在脚本、造型和声音标签的上面）。
2. 在舞台上的蝙蝠角色上单击5次。
3. 单击绿旗按钮来测试游戏。

我试了好几次，不过最终能成功地让挥动着翅膀的蝙蝠穿过钢管上的洞了！

可能需要反复使用“缩小”和“放大”工具来调整尺寸，直到蝙蝠能飞过那个洞，这恐怕没那么容易。接下来，就可以来增加更多的管子了。

加入更多的管子

因为只需要在舞台上显示一根钢管，所以不需要创建新的钢管角色，而是一旦玩家成功地飞过了那个洞并且第一根管子也移动到了舞台的另一边，就可以把那个钢管角色的位置重置回屏幕的左侧。

1. 单击舞台下方的“钢管”角色图标。
2. 单击“脚本”标签页。
3. 在第一个“重复执行”积木块里加上下面的代码块，把里面的数值改成图中的数值。

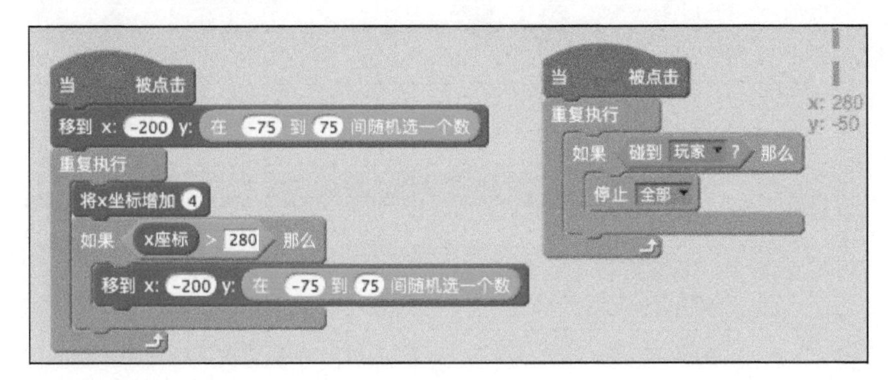

新的“移到 x:y:”块应该不陌生了，它和上面的“移到 x:y:”块（就在“当绿旗被单击”）里的数值完全一样。这样，当钢管角色的 x 位置大于 280 时，就会把水平位置恢复到 -200，同时选择另一个随机的 y 位置，这样洞就会出现在一个新的地方了。

如果改变了舞台上角色的大小，可能需要调整这里的 x 和 y 的值。不断测试游戏来细调角色的位置和尺寸，直到在难度和趣味之间取得平衡，这样才能让玩家爱不释手。

一个有趣的改造

下面的游戏是我亲爱的朋友格温德琳做的（看上去很像是河马在飞）。请注意她加了一个最高分功能，很酷吧！

Score 1　High Score 28

完善这个飞扬游戏

如果再多一点儿时间（并且我那“小气”的出版社允许我再多写几页），我就可以告诉你如何记录分数、如何显示“ 游戏结束”画面。不过我们才刚开始，所以先别着急！当然在第 3 部分我会讲到如何记录分数，以及各种游戏设计技术、提示、秘密和令人惊叹的 Scratch 功能。现在就可以直接翻到那里去，也可以在接下来的章节里先学习如何做出更好的画面、更复杂的动画。你自己决定，我的 Scratch 伙伴！

改进你的游戏

游戏和其他数字作品一样，总是（大多数情况下）能越来越好。下面是几种可以改进游戏的方法。

- 记录分数：我知道，我知道，你想要记录成功飞过了多少钢管。我也想，只要你继续读下去，就会学到变量和数字显示的知识，还有各种奇妙的 Scratch 功能。
- 新的障碍物：在搞明白如何在游戏中再加一根管子之后，还可以加一片云、火球，或是其他要让玩家来对付的障碍物。
- 加入声音：可以加入背景音乐和蝙蝠飞的声音，还可以在玩家撞到钢管或落到地上的时候发出某种声音。
- 增加难度：可以让玩家来选择“容易”“困难”，或“几乎不可能”这样一些难度级别，还可以根据玩家选择的难度来改变管子上的洞的大小，或是蝙蝠的大小。

第2章 做你自己的漫画书

当我还是个孩子的时候，我最喜欢的漫画书是《非凡X战警》和《复仇者联盟》，因为这两本书里都有大量的超级英雄。我记得我试着画金刚狼、绯红女巫、美国队长和暗黑凤凰的时间比阅读那些色彩缤纷的书页还要多。不过，我最喜欢画的是全新的英雄和坏蛋的故事。

Scratch 提供了很多手段来设计自己的超级英雄和坏蛋，还实现了很多背景图片，写实的奇幻的都有，让漫画故事可以在各种不同的场景下发生。

修改角色库中的角色

可以告诉你一个秘密吗？我的 Scratch 动画和游戏中的许多角色和背景都不完全是

原生的。什么？！《达人迷：Scratch 趣味编程 16 例》的作者竟然还不会设计自己的角色？我可以从头设计全新的角色，也很喜欢设计自己的人物、动物、车辆和背景（整本书里都会给你看我是如何设计某些角色的）。不过有的时候，我急着要设计一个快速的漫画连载，或制作新的动画，或开发新的游戏。

幸运的是，Scratch 开发团队已经创建了相当多的可以用的角色。其中并没有超级英雄，但是你可以随意修改图像。首先要在内置的角色库中选择一个人物，然后把这个角色改头换面成超级英雄！

创建一个新作品

如果还没有用过 Scratch，请回到第 1 章的开头来学习如何创建在线账户或安装离线编辑器。

1. 访问 scratch.mit.edu 或打开 Scratch 2 离线编辑器。
2. 如果是在线使用，单击“创建”，如果是离线，菜单选择“文件➪新建”。
3. 给作品取个名字（在线的话，在“Untitled”那个文本框里输入“漫画”，离线的话，选择“文件➪另存为”然后输入“漫画”。

4. 选择剪刀然后单击舞台上的小猫角色，把那只 Scratch 的猫给删了。

选择角色

第一个要装扮的，是角色库里一个长相普通的人。

1. 单击“从角色库中选取角色”图标（在舞台的下方）。

角色的模块、主题和图片类型排列在角色库的左侧，它们就像过滤器一样可以减少列出的角色数量。

2. 单击“人物”，这样就只看到人类。
3. 单击“位图”，这样就只显示位图图像（后面会解释什么是位图图像）。
4. 使用右侧的滚动条来查看所有可用的角色。
5. 选择你打算用的角色，然后单击“确认”（我会选择“Hannah”，因为我喜欢她的运动员造型）。
6. 右键单击角色，然后选择“Info”。

7. 把名字改成你的超级英雄的名字。我还没想好超级英雄的名字，所以就先叫她卡特琳娜（这是我喜欢的岛的名字）。

8. 单击“返回”按钮（蓝色圆圈里的白色三角形）关闭 Info 窗口。

在开始设计英雄的新造型之前，也许应该先挑选一下背景。你应该不会想把英雄混于环境之中无法分辨（除非隐身正好是他的超能力之一）。

选择一个酷的背景

超级英雄的背景应该是大城市、户外而且有点戏剧性的地方。

1. 单击“从背景库中选择背景”。

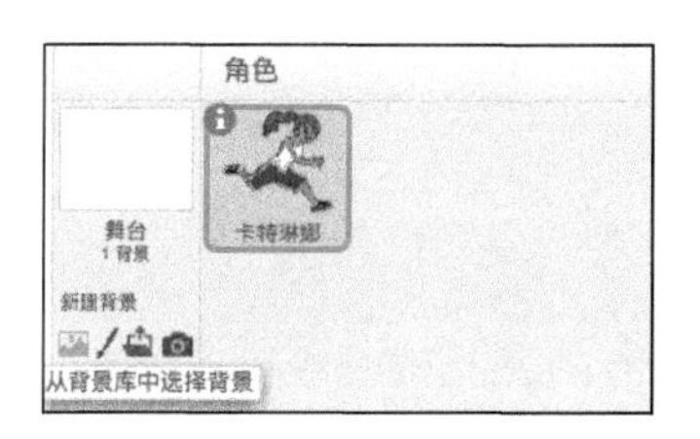

2. 在“模块”中单击“户外”（这样就只列出户外的场景），然后选择你喜欢的场景。我用的是我喜欢的“Night City（城市夜景）”。

有时候，我会浏览整个背景库来看看有没有什么图片会激发我的想象力。想象卡特琳娜在黑暗的城市天际线下奔跑的画面能帮助我构思她的造型。

修改 Scratch 的角色

你可以用位图绘制工具来修改角色。位图图像是由叫“像素”的小方块构成的。要知道如果把位图角色放大太多，它就会变得像素化，或者说一片模糊。

尽管可以在绘制编辑器的画布中放大来绘制细节，但这样的放大不会影响舞台上角色的质量。

1. 单击舞台下方角色的图标来选择这个角色。
2. 单击“造型”标签页。
3. 如果有不止一个造型，单击要用的那个。
4. 把造型的名称改成更有意义的（我改成了“奔跑”）。
5. 单击两次“放大”按钮放大到 400% 的程度（这样在角色上编辑更容易些）。

花几分钟来研究下角色的脸、发型和衣服。Scratch 让你通过简单几步就可以修改所有这些特征。

在英雄上画一个面罩

没有什么能像色彩斑斓的面罩那样能让“超级英雄”隐身于公众之中了。我要给我的新英雄画一个经典的罩住眼睛的面罩。

1. 确认选中了要编辑的造型，然后放大到 400% 的视图。

2. 单击“画笔”工具。
3. 在调色板中单击想要用的颜色（我用浅黄）。

4. 单击拖曳“线宽”滑动条（在调色板的左侧）调整线条的宽度。
5. 在眼镜周围单击拖曳来画出面罩。

6. 如果出了错，单击“撤销”按钮。

无论在绘制编辑器里放大到多大，角色在舞台上的大小是不会变的。尽管放大后的面罩看上去是一块块的，在舞台上看起来应该还是不错的。

已经在角色上加了些东西，我们来去掉点东西吧。

擦除角色的部分画面

有什么想要从角色上去掉的吗？我想让我的超级英雄是短发的，所以要用“擦除”工具来把她的马尾辫去掉。

1. 放大到 400%，单击“擦除”工具。
2. 用下面的滑动条来改变橡皮擦的宽度。可以先用较宽的橡皮擦，然后逐渐减小宽度来擦除较小或更精细的部分。
3. 在角色要擦除的地方单击并拖动来擦除。也可以一次就点一个点来擦除单个区域或是做出一个洞来。
4. 如果做错了，可以用“撤销”按钮，而如果“撤销”是错的，可以用“重做”按钮。

擦除完成后，一定要在舞台上查看角色的外形。我喜欢卡特琳娜的短发和面罩，可是我不记得有哪个打击犯罪的超级英雄穿着宽松的裤子和 T 恤。她看上去像是匆匆跑去打篮球的。

还有一个工具能方便地给她加上长袖和裤子。

画直线

在“ 画笔”工具下面是“ 线段”工具，你会问:“Scratch 大师，如果我用画笔工具就可以画直线，为什么还需要一个线段工具呢？”。我觉得用画笔工具很难画出笔直的线，而“线段”工具则能画出任意角度的笔直的线，而且画出的对角线边缘更光滑。

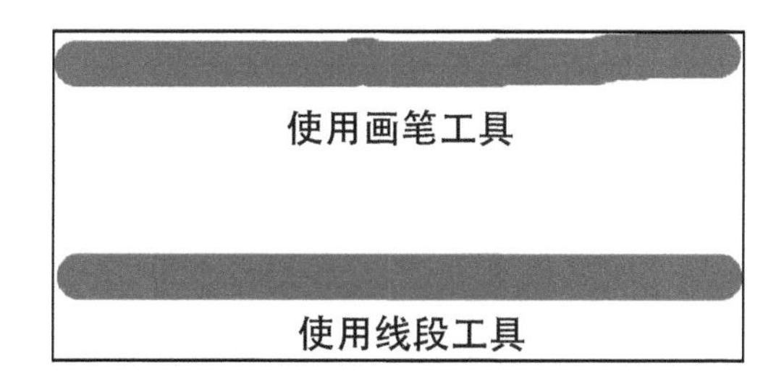

下面就是我如何快速画出我的超级英雄的袖子和鞋子的步骤。

1. 放大到400%(或更高，这样能看到更多细节)。
2. 单击“线段”工具。
3. 选择一个颜色。

4. 用“线宽”滑动条（在调色板的左边）来调节线段的宽度。
5. 在线条开始的地方单击（不要松开）。
6. 拖动鼠标到线条结束的地方，然后松开鼠标或触摸板上的键。
7. 如果要重画，就单击“撤销”，然后重复步骤1～5。

我曾经尝试了好几种线段宽度，最后才找到适合她手臂的宽度，所以“撤销”按钮是很有用的。

如果想要从角色身上选某个特定的颜色，可以用“选取颜色”工具，就是位于调色板右边像滴管一样的那个图标。

使用“线段”工具添加袖子和裤腿时，可能需要根据造型部位的不同来调整线宽。

使用“线段”工具的时候，如果按住键盘上的Shift键，就可以画出完全水平或垂直的线（水平还是垂直，取决于鼠标的拖曳方向）。

我的英雄的衬衫形状不规整，如果要涂上别的颜色，“画笔”工具比“线段”工具好用，不过，用另一个Scratch工具做起来更容易。

用新的颜色填充区域

“ 用颜色填充”这个工具可以用某个颜色填充一片区域，但是一次只修改一种颜色。所以，如果有人穿了件很酷的衬衫，上面居然有 5 种颜色，就需要单击每种颜色来逐一修改。这样你可以完全重新设计角色，每次改变一种颜色。

1. 将角色要修改的地方放大（从这里开始，我会让你自己决定最佳的放大比例）。

2. 单击“用颜色填充”工具。
3. 选择“实心”模式。
4. 单击要用的颜色。
5. 单击要修改的区域（我从英雄的小腿开始）。
6. 不断单击直到需要这个颜色的区域都填满了。

用过“用颜色填充”工具之后，可能需要用“擦除”或“画笔”工具来做些清理工作。橙色填充过的区域周围还有一些白色，我用画笔把它们涂成橙色。我会放得更大（到800% 的程度），然后调整线宽以便于绘制较小的细节。放大后，就会比较容易单击每个点而不是单击再拖过几个点了。

我会交替使用“线段”和“画笔”工具，画上更多橙色的部分，包括橙色的手套和靴子。

用“擦除”工具把剩下的衣服从原角色身上去掉，比如卡特琳娜松松垮垮的短裤和靴底，然后就可以在舞台上看到你的超级英雄了。

超级英雄的造型上有没有漏掉什么？有没有什么别的东西可以让这个角色更突出？我在做卡特琳娜的造型时就已经在思考她可能拥有的超能力了。我打算让她飞，所以我觉得一个长的、飘动的披风会是很好的装饰。我会用“线段”“用颜色填充”和“擦除”工具来让她飞起来。

给造型加轮廓线

我的超级英雄在我为第一个场景选择的黑暗背景衬托下看上去相当不错，但是如果下一个场景的背景更亮，或是有亮暗混合的成分呢？可以把较暗的舞台背景切换到默认的白色来看看角色在较亮的背景下看起来是什么效果，这一点很有用。

不要在绘制编辑器里用颜色填充角色的背景，那样会把舞台的背景挡住的。

1. 单击舞台按钮。
2. 单击“背景”标签页。
3. 单击原来的白色背景（背景 1）。
4. 如果你替换或删除了原来的背景，可以单击“绘制新背景”图标，然后使用“用颜色填充”工具来把它变成实心的白色。
5. 重新查看舞台上这个背景颜色下角色的造型。

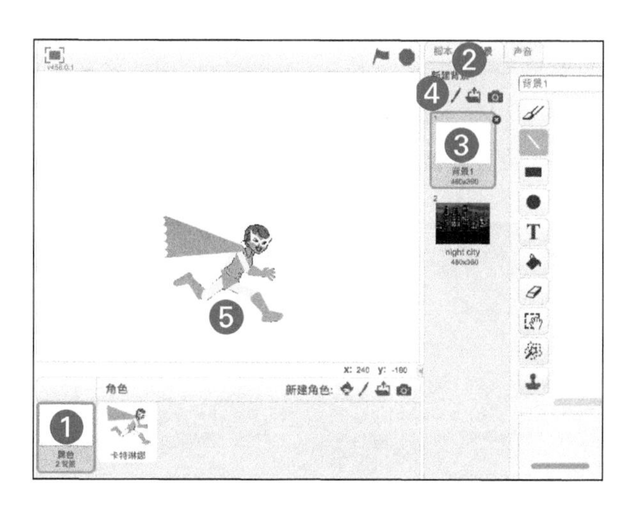

卡特琳娜造型中的黄色部分在白色背景映衬下显得非常明亮，你的角色怎么样？如果看看常见的漫画书或者卡通片，你会发现在角色所有的部位周围都有一圈细细的黑色轮廓线。给角色加上轮廓线能让他看起来更鲜明。

选中角色，然后用“线段”和“画笔”工具来加上细细的、黑色的轮廓线。尽可能用“线段”工具来画出光滑的边缘，然后用“画笔”工具来画曲线和不容易画的地方。

要对造型做修改之前，我会在造型图标上右键单击，然后选择“复制”，把当时的造型复制一份。这样的话，万一改得过头了，还可以重新选择之前的版本从头来过。

我给整个造型都加上了轮廓线，除了手，因为那里的图太细了加不上。为了做出效果，可以让卡特琳娜握个拳头。这就需要用一个新工具来画出她的拳头。

画椭圆和圆

“线段”工具画出的线比“画笔”工具画出的线直，如果想要画平整的椭圆和正圆，就需要试试“椭圆”工具。它的用法和“线段”工具类似：首先点一下，拖动直到大小合适，然后松开鼠标或触摸板上的键。要画正圆，在画的时候要按住键盘上的 Shift 键。

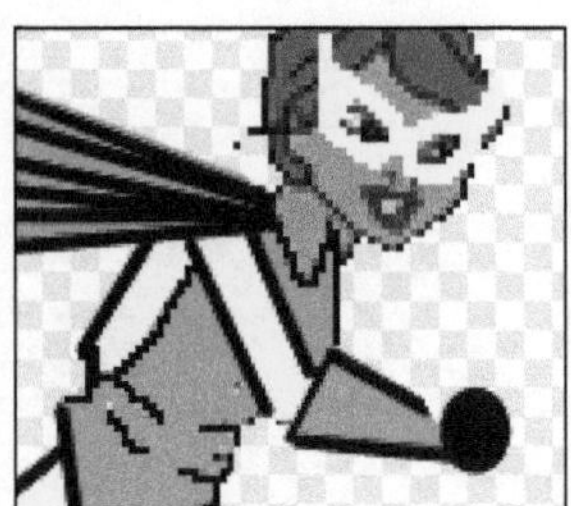

为了画卡特琳娜的拳头，我先把她现在的手擦了，画了个黑色的椭圆作为轮廓线，然后在里面画个橙色的椭圆。

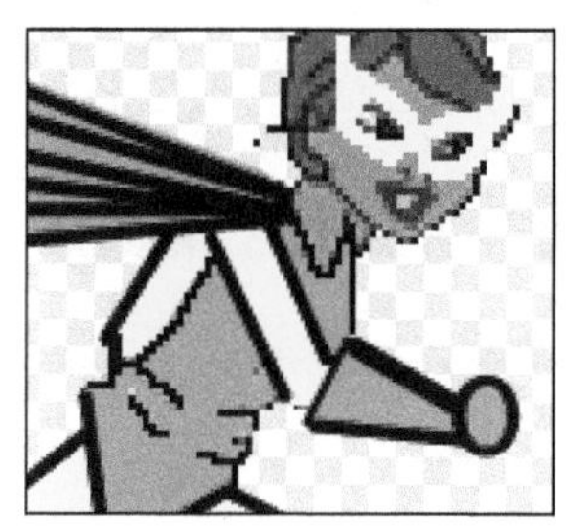

一开始拳头有点怪，我用“线段”工具补上了手臂断开的地方，又用“画笔”工具画好了手腕。这样，就可以缩小来看看正常大小下的样子了。

使用“椭圆”工具的时候，单击拖曳松开鼠标键画出圆之后，可以再次单击椭圆，然后把它拖曳到新的更合适的地方去。单击椭圆然后拖曳在它四周出现的控制点，可以改变它的大小。不过，一旦单击了其他工具，或是在椭圆之外单击一下，就不能再轻易移动或改变大小了。

对造型的设计已经满意的话，把背景切换回之前的那个，确认在那个背景下看起来也没有问题。

虽然还可以花更多的时间来做调整，但此刻卡特琳娜表现出来的造型已基本上令我满意。黄色和橙色让我想起了火焰，我打算在飞行之外再赋予她另一项超能力：从手中发出火焰的能力（我知道这并非常见的超能力，不过如今有那么多的超级英雄！所有的超级能力都已经被用过了）！

一旦为你的英雄选择了一两个超能力，就可以给漫画加上文字了。这时候应该从计算机前起身，想一想你的故事，吃个小点心，然后再回到 Scratch 来继续你的作品。如果用的是离线编辑器，现在也是保存一下的好时机（选择“文件⇨保存”）。如果用的是在线编辑器，在你编辑的时候作品就已经自动保存了。

在第 4 章和整个第 2 部分的所有章节，你会学习到如何用矢量绘制工具来设计更平整、看起来更专业的角色。

说出你的故事

有了英雄有了背景，你的英雄是怎么到那里去的？有的漫画书用图像来表达完整的故事，但是大多数都是用文字来推进故事的。要往下走，给卡特琳娜取一个超级英雄的名字确实很重要，我已经决定了要叫她“康巴斯塔”（就是电影《火要镇》里的那位）！把她的角色改名一点问题都没有，因为她的朋友和家人还是会叫她卡特琳娜的。

漫画中的文字有三种用处：说明、说话和思考。一般先是给场景加一个简短的说明，然后加上说话和思考的气泡。

加说明框

我喜欢给每个文本区域创建一个新的角色，这样就可以独立于演员角色和背景来调整文本角色。

1. 单击“绘制新角色”图标。
2. 单击“造型”标签页（或者是直接到“绘制编辑器”画布那里）。
3. 单击“矩形”工具。
4. 选择“实心”模式。

5. 选择黄色（或是和将来放说明框的地方的背景能有对比的颜色）。
6. 放大到100%，这样可以画一个和舞台上几乎一样大的矩形。后面会缩小它的。
7. 单击矩形的左上角。
8. 拖动鼠标到矩形的另一个角，然后松开鼠标或触摸板上的键。
9. 把这个矩形拖到舞台上合适的位置。

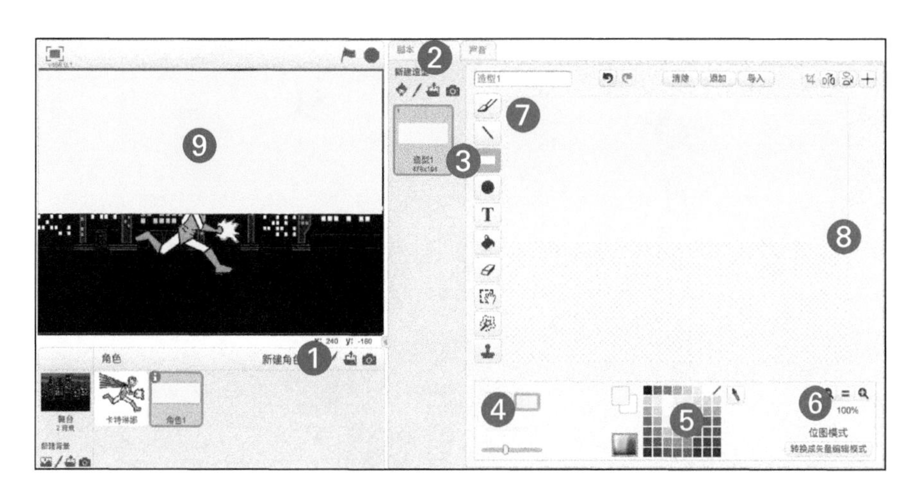

和“椭圆”工具一样，只要这个矩形还处于选中状态（没有单击其他工具或矩形以外的区域），就可以改变它的大小和位置。还可以按住键盘上的Shift键来画出正方形。

也许你会想：“为什么这个矩形要这么大？”因为还不知道要放多少文字，把文字放进去以后，显然去掉多余的地方比增加要容易些。

输入场景说明

在绘制编辑器画布上，看上去最熟悉的工具，也许就是“文本”工具了。可以在刚才绘制的矩形里输入说明文字。

T

1. 单击“文本”工具。
2. 选择与矩形有对比的颜色（我选择黑色）。
3. 选择字体［我选择“Marker（马克笔）”，它看起来像漫画书上的字］。
4. 在矩形内部的左上角单击一下。
5. 输入场景说明的第一行。
6. 在键盘上按Return键或Enter键来换一行。

7. 输入完成后，在文本区域外单击一下。
8. 拖曳文本到合适的位置。
9. 在文本窗口外再次单击，或选择新的工具来结束编辑。

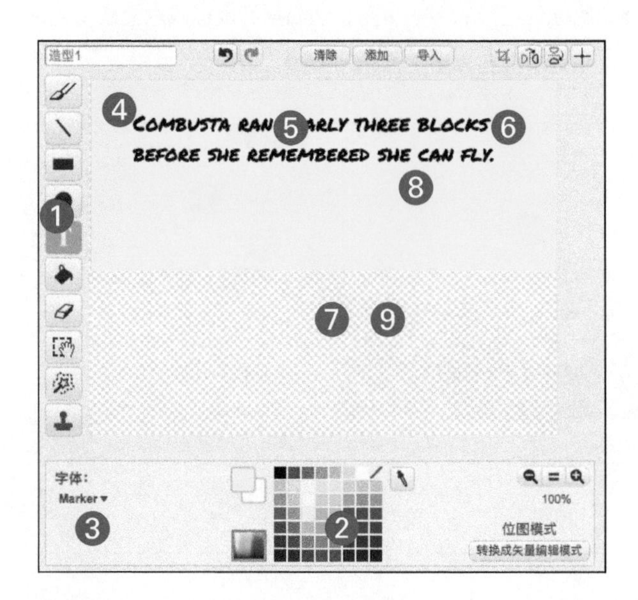

看到我为什么要建议画一个较大的矩形了吧？可以用“擦除”工具，不过我喜欢用“选择”工具来去除一片大的区域。

不开玩笑！危险！

一旦输入了文本，就不能修改或修正了。要修改刚才的文本，需要单击“ 撤销”，重新输入全部内容，再调整位置。如果以后需要修改，就需要重新画矩形然后再用文本工具。

缩小图形

“ 选择”工具能做的事情比它的名字所表达的更多。用它可以选择、移动、改大小和旋转造型，不过这里要用它来删除矩形的一部分。

1. 单击“选择”工具。
2. 放大到 100%，这样可以看到整个矩形。
3. 单击拖曳矩形中要删除的第一个部分。
4. 松开鼠标或触摸板上的键来形成选择。
5. 按键盘上的 Delete 键或 Backspace 键。

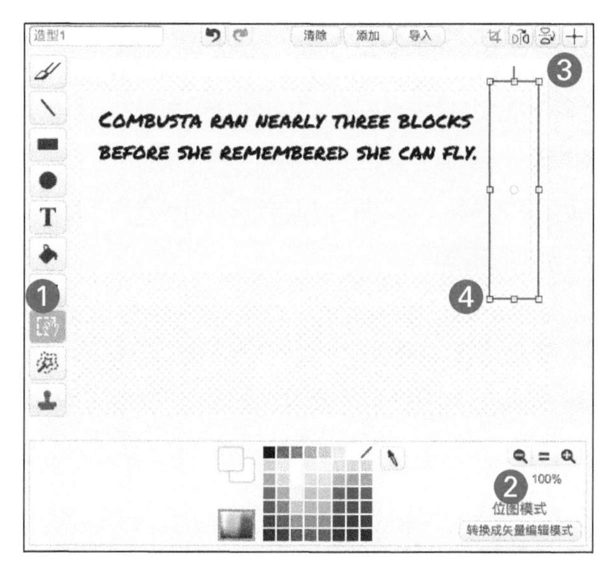

用相同的办法修剪矩形的另一边，直到文字周围的边界看上去合适为止。

现在可以在舞台上把这个说明角色拖曳到合适的位置，通常它们是在漫画画面的顶端或底部。

说明是有用的，但是要让超级英雄鲜活起来，还需要让她发出声音。怎么做呢？你得创建一个那种经典的表示说话或思考的气泡！

使用说话和思考的积木块

可以用绘制编辑器来画出表示说话和思考的气泡，来表达超级英雄的思想、感觉和个性，不过我还知道一个更酷的办法：用可编程的积木块！

1. 选择超级英雄角色（双击舞台上的角色或单击舞台下方的角色区里的图标）。
2. 单击“脚本”标签页。
3. 单击“外观”模块。
4. 找到“说……”积木块。
5. 拖到脚本区。
6. 单击这个积木块里面，把“Hello”换成你的英雄所说的第一句话。

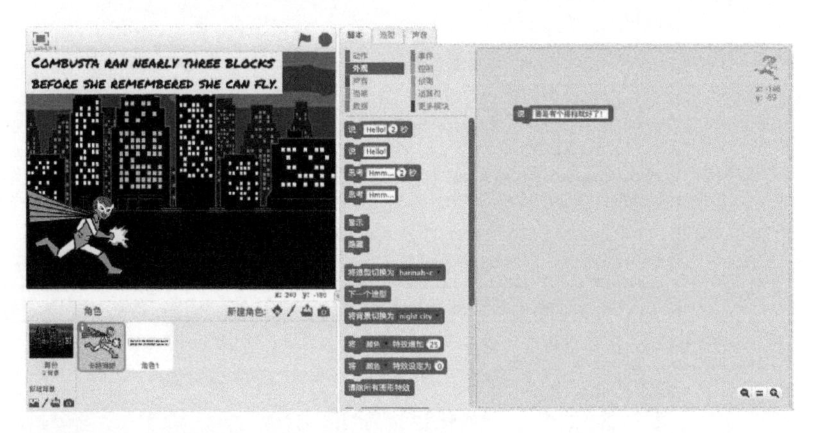

要在舞台上显示这个说话的气泡，单击“说……”积木块一次，这样做就会出现说话的气泡，但是位置并不合适。

这个说话的气泡可能会出现在角色的右边，但是 Scratch 并不知道卡特琳娜（ 我是说康巴斯塔）的头在哪里。我有点控制欲，想要调整一下，把说话和思考的气泡精确地放到我认为正确的地方去。

单击“说……”或“思考”积木块会让文字显示在舞台上，如果要想它们消失，单击舞台右上角的“停止”按钮。

精确定位说话气泡

要想在舞台上移动说话（或思考）的气泡，可以创建一个特殊的说话 / 思考的角色，方法如下。

1. 单击“绘制新角色”图标。
2. 单击“造型”标签页。
3. 单击“椭圆”工具。
4. 选择“实心”模式。
5. 选择浅红色。
6. 放大到 100% 来看舞台上的形状有多大。
7. 按住键盘上的 Shift 键，然后单击拖曳来画出一个小的圆形。
8. 在舞台上，拖动那个圆圈来盖住角色的脑袋。
9. 如果在舞台上看不见圆圈，可能需要在圆圈的外面单击一下。

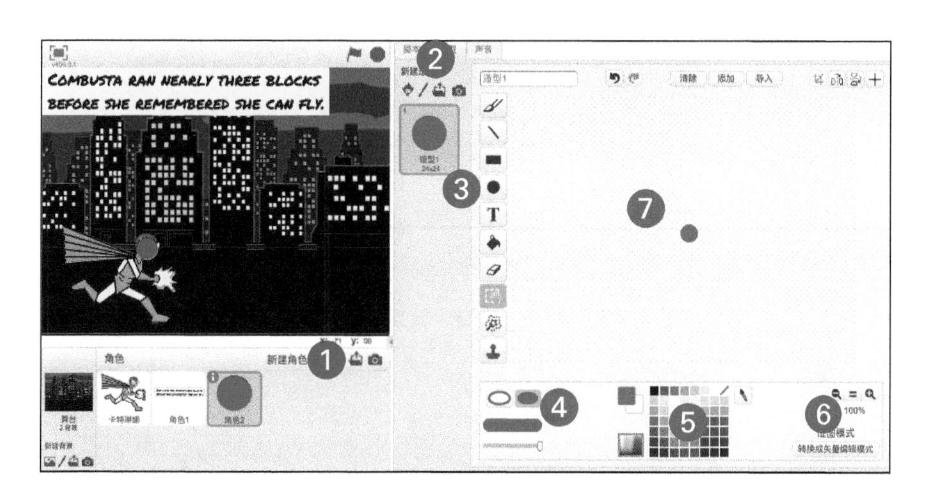

不是在超级英雄身上放“说……”积木块，而是在这个新的角色上放。在舞台上拖曳

角色，说话或思考的气泡就会跟着走。

唯一的问题是我们应该不想让这个浅红色的圆圈盖住英雄的脸，对吧？有一个简单的办法解决这个问题，有点像是 Scratch 的魔法。在舞台上，单击超级英雄，然后保持鼠标键几秒，好啦！

每次向舞台上添加一个角色，就会创建一个新的图层。在一个角色上单击并保持几秒，这个角色就跃到最上面的图层来了。

还可以用“外观”模块（就是“说……”和“思考……”所在的模块）里最下面的“移至最上层”和“下移1层”积木块来调整角色所在图层的位置。不需要把这些积木拖曳到角色身上，只要选中角色，然后单击模块中的积木块就可以做相应的调整了。对于“下移1层”来说，可以单击多次（取决于舞台上有多少图层），也可以在单击前先设置积木块中的数值。

打包起来

T　在这个作品中，我们几乎用了所有的位图绘制工具和功能。唯一落下的是“复制”工具。这个作品用不到，不过你自己可以试出来怎么用（在照片上用特别有意思）。

下面的几章里，我们要探索更多的绘制工具和技术，到矢量图的世界去看看。如果想让动漫角色鲜活起来，可以直接跳到第 11 章，那里会告诉你如何创建简短的动画。

把照片、绘画或你自己装进 Scratch

为什么只有那些 Scratch 的角色可以独享欢乐？除了可以从角色库中加入新的角色，你也可以上传绘画或照片来创建新的角色。要上传计算机里的图像，单击“从本地文件中上传角色”图标（造型和背景也都有这个图标）。

这是我的外甥瑞恩在纸上画的超级英雄。他把图扫描进计算机，导入到 Scratch，用“擦除”工具去掉了背景，然后用了本章介绍过的 Scratch 代码块让英雄开口说话。

如果你的计算机有摄像头，可以拍照然后单击“拍摄照片当作角色”。第一次使用摄像头的时候，可能需要根据下面的说明来让它能用于 Scratch。

第 1 步：如果出现了“Adobe Flash 播放器设置”窗口，单击“允许”。

第 2 步：如果在网页顶端出现一条消息，也单击“允许”。

第 3 步：调整摄像头的高度，直到预览的图像是满意的，然后单击“保存”。

这样，就可以在 Scratch 里像修改其他角色的造型一样修改图像了。

第 3 章 用 Scratch 设计动物

感谢 Scratch！有了 Scratch，想要多少宠物就可以有多少宠物，仓鼠、海马或者鹰马兽都可以。其实鹰马兽可能是 Scratch 最完美的 logo，不是吗？鹰马兽可以看作是鹰和马的混合体——这比一只普通的橙色小猫更加有 Scratch 范儿。

很多小朋友都能画一匹马、一头狮子或者一条龙，但是，使用 Scratch 可以轻易地在草原上画几十头狮子，或者在天空画 300 条龙。

其他书中教数字绘画的章节可能会首先教你画一个简单的动物，比如蚂蚁，但这本书不是。一本真正的“傻瓜书”应该从画一个相当复杂的动物开始，比如一只凶恶的乌龟！什么？你认为我在开玩笑？当我在我的后院看到一只像垃圾桶盖那么大并且像一位数学老师那样无所畏惧的鳄龟时，我真不是在开玩笑。

画一只大乌龟

你可以自己决定是使用 Scratch 的离线编辑器还是在线编辑器。如果是第一次使用 Scratch，请参考第 1 章中的说明。

1. 访问 scratch.mit.edu 或打开 Scratch 2 离线编辑器。
2. 如果是在线使用，单击蓝色工具条中的“创建”，如果是离线，菜单选择“文件⇨新建”。
3. 给作品取个名字（ 在线的话，在“Untitled”文本框里输入“ 乌龟”，离线的话，选择“文件⇨另存为”，然后输入“乌龟”。

让我们通过赶走一只小动物来开始这次 Scratch 之旅。当创建一个新的项目时，请删除那只小猫。按住 Shift 键，单击小猫，然后选择“删除”。

画龟壳轮廓

画一只乌龟先从龟壳开始比较好。因为 Scratch 允许事后旋转角色，所以通常先让乌龟面向右方。切记要在龟壳周围给乌龟的头、脚和尾巴预留足够的空间。

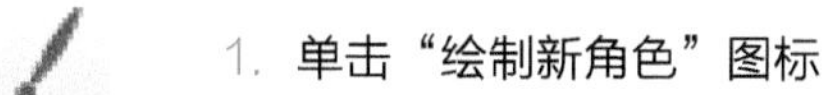

1. 单击“绘制新角色”图标
2. 单击“Info”按钮（在舞台下方的角色图标上），把名字从“角色 1”改为“乌龟”，然后单击“ 回退”按钮（ 蓝底圆圈上有白色三角形的图标）。项目中的角色越多，对它们命名就越重要。当学到动画和游戏设计的时候，这一点将很有帮助。
3. 在绘图画布区单击“椭圆”工具。

4. 单击“轮廓“模式。
5. 向右拖动线宽滑动条调整线的宽度。
6. 从调色板中选择黑色
7. 单击椭圆的起始位置。
8. 拖动鼠标到椭圆的终点，然后松开鼠标或触控板。

当椭圆仍被选中时，可以拖曳每条边上的小圆点来对椭圆进行缩放。按住 Shift 键并拖动一个角来对椭圆进行均匀缩放。单击被选中的椭圆内部可以把它拖到画布中新的位置上去。当你对椭圆的大小和位置满意时，单击椭圆的外部或者其他工具就完成了椭圆的绘制。

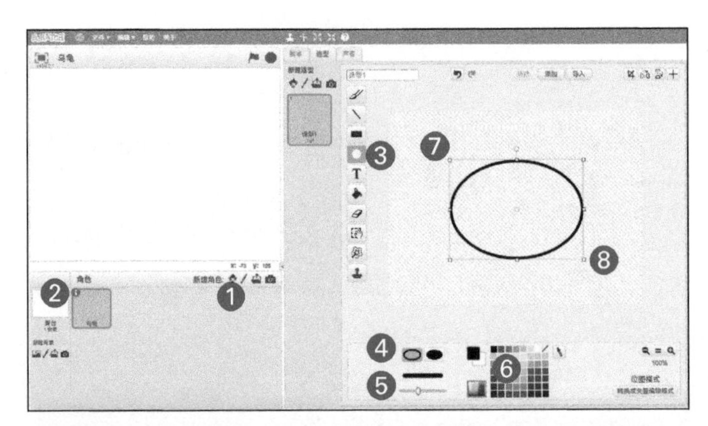

请根据需要随意使用“撤销”按钮或“清除”按钮并重画龟壳的形状。职业设计师可能会画几十、上百遍才能找到他们满意的形状。

填充龟壳

恭喜你，现在画出了一个空心的、黑色的椭圆。为什么不画一个实心的呢？黑色的轮廓线条能让一幅数字图画看上去更专业，而且用颜色填充一个形状比事后再为这个形状画轮廓线更容易。在 Scratch 中，可以很容易地为形状填色并添加细节。

1. 单击“用颜色填充”工具。
2. 选择“实心”样式。
3. 为你的龟壳选择颜色（我会选择绿棕色，或者棕绿色？）。
4. 单击龟壳内部进行填充。

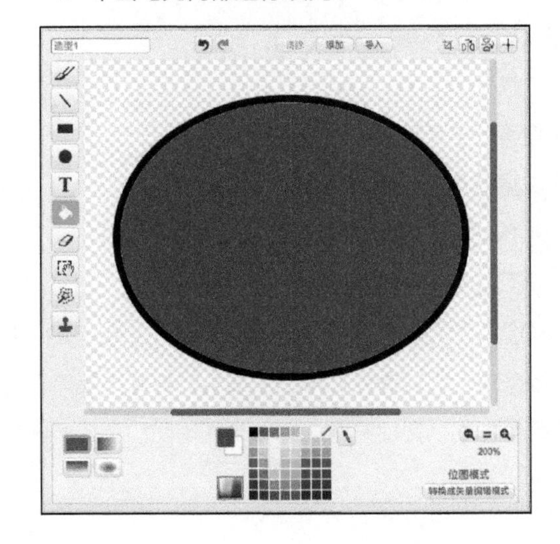

画龟壳内部

1. 单击一次“放大”按钮放大到 200%(通常说来在画布上修改大的图形比较容易一些)。

2. 单击“线段”工具。
3. 使用线宽滑动条调整线的粗细。
4. 选择黑色。
5. 单击并拖动来画出每一条线 (按住 Shift 键来画出完全水平或垂直的线)。

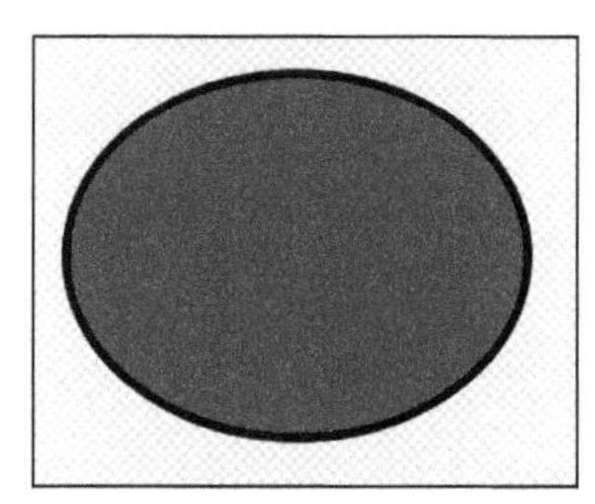
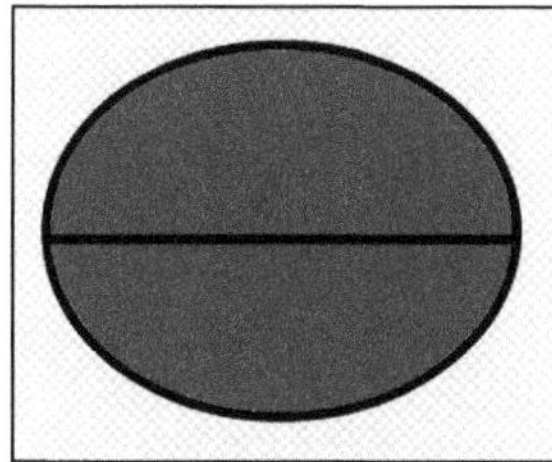
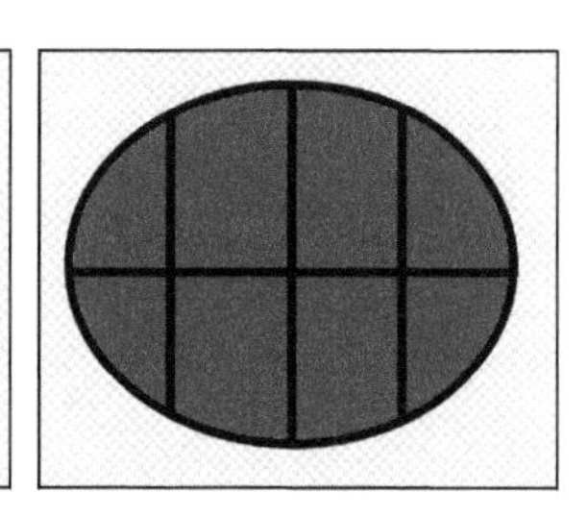

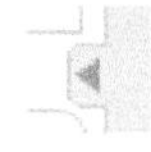

如果需要更大的绘画空间，可以选择“编辑➪小舞台布局模式”或者单击画布和舞台边界处的小三角。单击同一个按钮或菜单返回原来的绘图模式。

添加头、腿和尾巴

可以直接在当前这个造型上画乌龟的头、腿和尾巴，但是比较好的做法是复制这个造型，然后把其余部分添加到第二个造型上。为什么呢？万一将来在某个动画或游戏中需要一只把身体都缩进龟壳的乌龟呢？

1. 右键单击“造型 1”并选择“复制”。

2. 单击“画笔”工具。

3. 调整线宽滑动条使得线的粗细和椭圆一样。
4. 选择黑色。
5. 画出乌龟头、腿和尾巴的轮廓。

6. 单击“用颜色填充”工具。
7. 选择想要的颜色。
8. 单击每一个形状来给它着色。

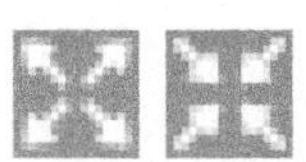

可以先把你的角色设计得大一些，这样有助于给它们添加细节。之后可以使用与角色大小有关的积木或“放大”和“缩小”工具来改变它们的大小。

添加身体细节

添加细节可以把之前简单的设计变成一副生动、真实的图画。细节的设计完全取决于你，不过我会分享一些我所喜欢的。

1. 按住 Shift 键单击造型 2 并选择“复制”。
2. 单击刚复制出的新造型（造型 3）选择它。
3. 选择“椭圆”工具，选择“实心”模式，然后选择浅绿色或黄色。
4. 在乌龟的头部添加一些大小不一样的椭圆。

5. 使用如下快捷方式给乌龟的腿添加斑点：a. 在乌龟的背上画一些小圆圈。b. 单击“复制”工具。c. 单击并拖动这一组斑点。d. 单击并将选中的斑点拖到乌龟腿部的另一个位置。（单击并拖曳边角来调整大小使之能放入乌龟腿上。）e. 单击并拖曳方框上的小圆圈来旋转这些斑点。f. 重复多次直到乌龟的腿部布满斑点。

添加龟壳细节

增加高亮（浅色部分）是另一项专业设计技能，它能让角色更加生动。

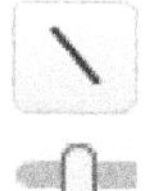

1. 单击“线段”工具。

2. 调整线宽滑动条使线条的宽度比黑色更细一些。

3. 选择一种浅的颜色（我会使用和斑点一样的浅绿色）。

4. 按住 Shift 键在龟壳的每个部分画平行横线。

5. 按住 Shift 键在龟壳每个部分画平行垂线。我发现从第 4 步中的平行横线尾部开始从中间向外画这些垂线会相对容易一些。

6. 使用“线段”工具连接每个部分中的横线和垂线完成该部分的绘制。

我一直使用直线是因为我画不好曲线。（第 4 章中，我们可以使用矢量图来画更精确的曲线。）

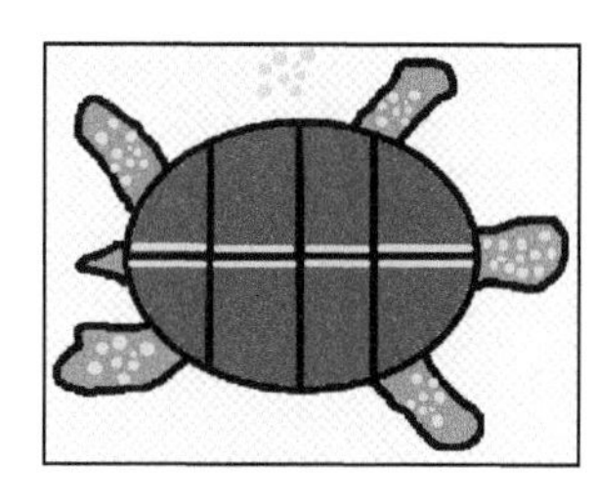  

请原谅我偷偷在你的艺术作品中加了一点儿几何，但是插画师和设计师也应该知道平行线。在数学中，平行只是简单的表示一起延伸却永不相交的线。

如果回到本章开始看看这只乌龟，可能会注意到龟壳的轮廓线和内部的绿色填充之间没有空隙。我们可以简单地在整个龟壳轮廓上画另外一个黑色空心椭圆来消除这些空隙。这个新画的椭圆仍处于被选择状态时，可以把它调整到合适的大小，如果和乌龟的边线还有距离，还可以删除一些多余的点。

 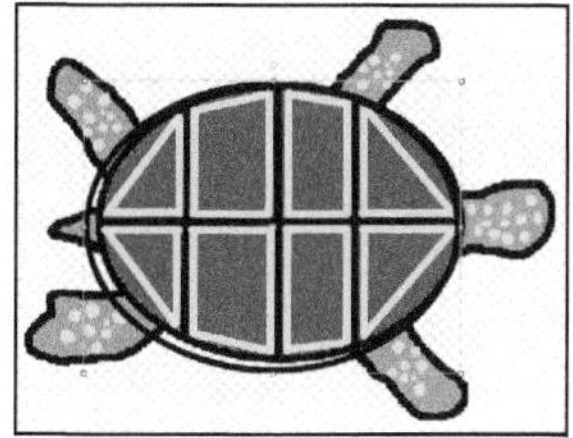 

如果乌龟放大到 100%，它会看上去更动人一些。

尽管到第 6 章才会开始讲动画制作，但是我忍不住在这里就分享几个能让你的乌龟动起来的小步骤。

添加代码让乌龟动起来

如果完成了第1章的“飞扬的蝙蝠”（或者直接跳到了其他包含代码的章节），那么这个任务会变得超级简单。但万一这是你第一次接触编程呢？所以，我不会跳过任何东西。

小贴士大用途

如果找不到某一块积木，试着到和这块积木颜色相同的积木模块中去找找看。

让乌龟爬起来

1. 单击乌龟角色，再单击脚本标签页。
2. 将下面的积木拖到脚本区并把它们接起来。

3. 单击舞台右上方的“ 绿旗”按钮测试你的代码。发生了什么？有生以来看到过的最快的乌龟，对吗？它轻快地跑到了舞台的边缘。

让乌龟慢下来

可以使用“移到x……y……”和“等待……秒”积木让乌龟回到舞台中央并慢慢爬行。

我把“移到x……y……”积木中的x和y值都设成了0。x表示水平位置而y表示垂直位置。当x和y都为0时，这块积木就会将角色移到舞台中央。

现在单击绿旗按钮时，乌龟将会跳到舞台中央并开始移动，非常慢地移动。你知道如何让乌龟移动得稍微快一点儿吗？

让乌龟快一点儿

单击舞台上的停止按钮。

可以让乌龟一次移动超过 10 步或者减少等待时间。试一下将“ 移动……步”积木中的值改为 5，将“ 等待……秒”积木中的值改为 25。我还想加一块积木告诉乌龟当它碰到舞台边缘时应该怎么做。

现在当绿旗被单击时，乌龟应该会移动的快一点儿了，而且当它碰到舞台边缘时，它会掉头反向爬行。这只乌龟会不停来来回回地爬，来来回回，直到你不想再看下去为止！

还不够刺激，对不对？我们将乌龟缩小一点儿来给它更大的活动空间，并且让它随机转向怎么样？

我添加了另一块“当绿旗被单击”积木，并把新的积木接到了它下面。一套积木让乌龟移到舞台中央然后开始向前移动，另一套积木将乌龟缩小并让它每秒转一点儿。

让乌龟的腿动起来

有什么简单办法可以让乌龟的腿看起来像是在移动一样呢？我知道，我知道，这一节不是动画章节。但是，我实在忍不住分享这个能让运动看起来更真实的简单小技巧。

1. 单击“造型”标签页。
2. 将当前造型重命名为“右”。
3. 按住 Shift 键单击该造型并选择“复制”。
4. 单击选中新复制的造型，将它重命名为“左”。
5. 单击“上下翻转”按钮。

现在单击“脚本”标签页增加第三套积木。请确保造型的名字已经是“右”和“左”并且“等待……秒”积木的值为 0.25。

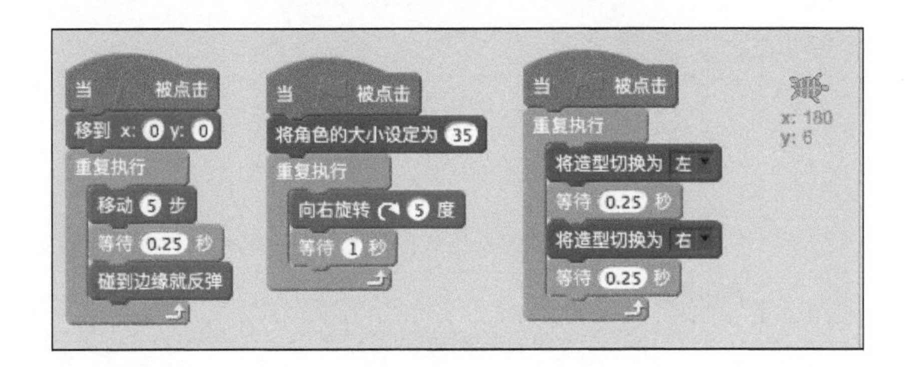

已经单击过绿旗按钮了吗？还在等什么呢？！

如果所有的积木都放在了正确的位置上，应该已经看到一只小乌龟在舞台上摇摇摆摆爬来爬去了。很酷，对不对？！但是，乌龟先到此为止吧，让我们来画一只更危险的猛兽。

“非常易怒，鹰马兽，永远、千万不要招惹，哪怕只是一只，否则那将可能是你此生做的最后一件事。”

——鲁伯·海格和他霍格沃茨班里的同学讨论鹰马兽

我想要一只野生的鹰马兽！

知道为什么我想教你们设计一只自己的鹰马兽吗？尽管对大多数孩子（包括大多数大人）来说，相比画一只鹰马兽，他们更有信心画一只乌龟。不过幸运的是，在Scratch中，要画一只鹰马兽，并不需要从一张白纸（或空白舞台）开始。

可以在原来的作品上继续画下去（想在一幅Scrartch作品中放多少角色都没有问题），但是，我更喜欢重新创建一幅新作品。

1. 访问scratch.mit.edu或打开Scratch 2离线编辑器。
2. 如果是在线使用，单击蓝色工具条中的“创建”，如果是离线，菜单选择“文件⇨新建”。
3. 给作品取个名字（在线的话，在“Untitled”文本框里输入“鹰马兽”，离线的话，选择“文件⇨另存为”，然后输入“鹰马兽”。
4. 选中剪刀并单击小猫来删除小猫，或者右键单击小猫并选择删除。

查看角色库

让我们从角色库中选择一个好用的角色，然后通过不断修改直到把它改成一只像模像样的鹰马兽。角色库中的小马看上去太卡通，还是让我们选择独角兽吧。

1. 单击舞台下方的“从角色库中选取角色”。
2. 找到角色“Unicorn”并双击。（单击“奇幻”模块来缩小选择范围。）
3. 单击“Info”按钮（在舞台下方角色图标上）并将名字改为“鹰马兽”。
4. 单击“回退”按钮（蓝底白色小三角）。
5. 单击“造型”标签页。

Convert to bitmap

6. 单击“放大”工具（在“脚本”“造型”和“声音”标签页上面）。
7. 单击独角兽（很快就会变成鹰马兽）12 次。
8. 单击“转换成位图编辑模式”按钮。

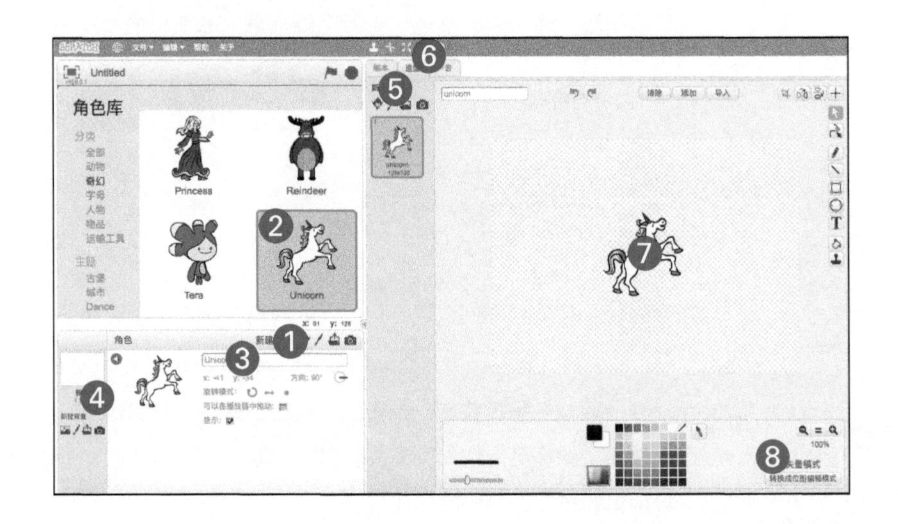

为什么要这么做？独角兽角色是矢量图，这意味着无论放大多少都不会影响它的清晰度。但是我们刚才没有使用放大（zoom），而是使用“长大”让独角兽在变成位图前变得大一点儿。但是为什么要转换成位图呢？因为我说要！开个玩笑。其实是因为使用位图绘制工具相对简单一些，所以这一章先讲位图，下一章再介绍矢量图绘制工具。

如何知道角色是位图还是矢量图呢？看一下图形编辑器的右下角。还可以根据绘制工具的位置来判断，如果绘制工具在左边，那当前就处于位图编辑模式。同样，如果绘制工具在右边呢？对了，是矢量图编辑模式。别担心，你会慢慢熟悉它们的。

装扮你的奇幻动物

如果要把这只惹人喜爱的独角兽变成一只凶恶的鹰马兽，那就得把那条彩虹尾巴去掉，还要去掉彩虹鬃毛、耳朵和角！可以使用“擦除”工具，但你可能也发现了使用“选择”工具删除角色的部分更快更容易。

1. 单击“擦除”工具。
2. 使用线宽滑动条增加橡皮擦的大小。

3. 使用“放大”按钮一次将角色放大到200%。

4. 单击并拖曳来擦除尾巴、鬃毛、耳朵和角（除非你想要一只独角鹰马兽！）。当需要擦除很小的东西时，要缩小橡皮擦。

如果使用的是笔记本的触控板，可能用两只手来画图会更容易一点儿，擦除也会更精确一点儿。我是右撇子，所以我用左手食指单击并按住触控板按钮，用右手中指来控制鼠标。有点儿像手指画。试试看。

添加一条新尾巴

现在角色身上已经没有可爱的部分了，可以把它的颜色从白色变成更鹰马兽一点儿的颜色，再使用“画笔”工具重新给它画一条尾巴，使用“擦除”工具擦去头顶和前蹄，然后给它画上鹰嘴和鹰爪。

1. 单击“用颜色填充”工具。
2. 选择实心模式。
3. 选择喜欢的颜色（我选择浅黄色）。
4. 单击鹰马兽的身体给它填充选中的颜色。

5. 单击“画笔”工具。

6. 使用线宽滑动条调整线条粗细。
7. 选择黑色。
8. 单击、拖曳来画一条新尾巴。

9. 要重用造型中的某个颜色（比如鹰马兽身体的颜色），使用“选取颜色”工具（位于调色板的右边）。

10. 再次使用“用颜色填充”工具给尾巴填色。

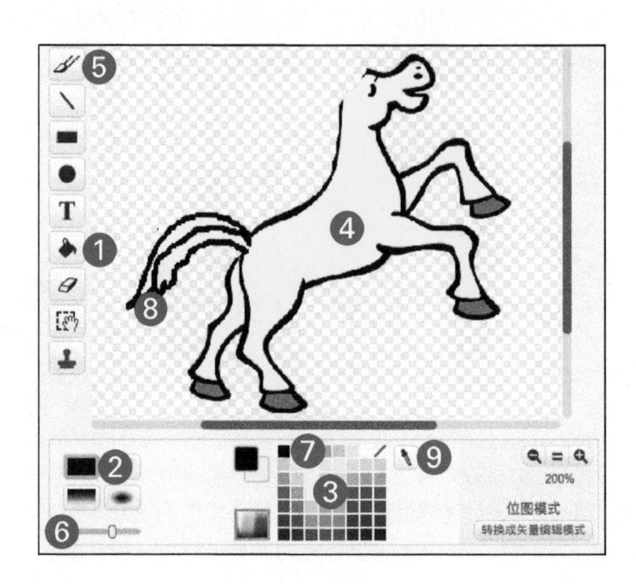

绘制鹰嘴和鹰爪

你应该比较熟悉各种绘制工具了，现在让我们加快点儿速度。

1. 擦除鹰马兽头的前部和前蹄。
2. 画一个老鹰样的头和前爪的轮廓。
3. 用颜色填充头和前爪。

添加翅膀和凶恶的眼睛

比起独角兽，现在的角色更像是一只鹰马兽了，但还有一些重要的事情要做:翅膀和头部。

1. 绘制翅膀的轮廓。
2. 给翅膀填色。
3. 选择黑色。
4. 绘制鹰眼，使之尽可能倾斜，这样这只鹰马兽看上去会显得更危险。

要使鹰马兽看起来凶恶，它的眼睛的绘制是关键。

既然这是你的鹰马兽，想要添加什么细节都可以（比如把前端画得更有羽毛质感一些，比如在后背画上马的鬃毛）。

添加鹰马兽的嘶叫声

前面已经给乌龟添加过代码，公平对待，我们也给鹰马兽添加代码，不过不是添加移动代码，而是添加代码让鹰马兽发出声音！我们从声音库中选择一段声音，并添加相应的积木使得按下空格键时播放选中的声音。

1. 单击“声音”标签页。
2. 单击“从声音库中选取声音”按钮。
3. 单击“动物”模块，然后双击“horse”声音。
4. 单击“脚本”标签页。
5. 添加如下积木块，并从积木的下拉列表中选择正确的键和声音。

当按下空格键时，应当能听到真实的马叫声。如果想要一段更恐怖的鹰马兽声音，可以使用“声音”标签页上的“录制新声音”按钮来录制你自己的声音。

继续

当完成一个动物或生物的设计之后，可以给它画一幅背景图或者从背景库中为它选择一幅背景。当然，你能想到的肯定比我的好！

如果能设计出一个真实的乌龟和一只奇幻的鹰马兽，你应当有信心能创造出任何可以想象得出来的动物，而且，你甚至写了几行代码让你的作品动了起来。

这里有一些我了不起的侄女凯特琳在 Scratch 中画的动物。

把自己创作出的四角动物向你的家人和朋友炫耀过后，就可以翻到下一页开始学习第 4 章了！在那里你终于可以开始学习我诱惑了你很久的矢量绘图工具了。

使用鼠标或触控板画图，你觉得困难吗？

使用鼠标画图小技巧：

1. 使用无线鼠标。
2. 从鼠标垫中间开始画。
3. 使用一个大的鼠标垫。（你可以用硬纸板自己做一个鼠标垫。）

使用触控板画图小技巧：

1. 用左手食指单击左下角，用右手食指来画图（如果你是左撇子的话就反过来）。这样做起来有点儿像在画手指画。
2. 试着从左下角开始画（如果你是左撇子的话则从右下角开始）。
3. 如果笔记本上的触控板比较大，可以试试用平板计算机上的触笔。

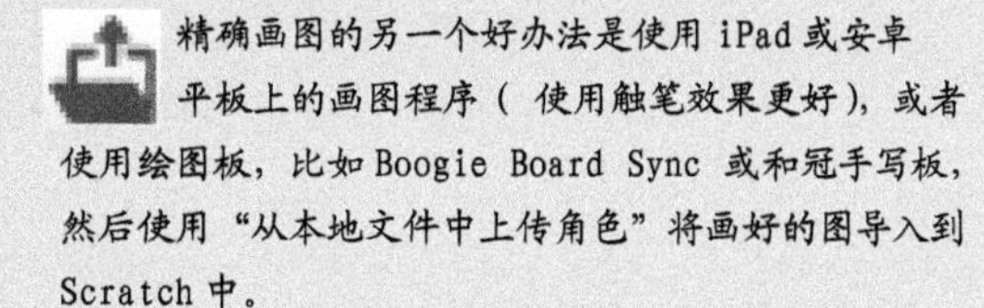

精确画图的另一个好办法是使用 iPad 或安卓平板上的画图程序（使用触笔效果更好），或者使用绘图板，比如 Boogie Board Sync 或和冠手写板，然后使用“从本地文件中上传角色”将画好的图导入到 Scratch 中。

第4章 做矢量机器人

当我还是个孩子的时候，我对机器人很着迷，从《星球大战》里的droids机器人，到《太空堡垒卡拉狄加》里的赛昂人，再到电视剧《神童》里极客孩子卧室里的机械臂，我都着迷。那个时候，我真的想要一个自己的机器人。

今天机器人可能没那么可怕了，不过父母可能还是更愿意给你买电子书阅读器，而不是电影里和真人一样大小的瓦力或 EVE 机器人，更不用说买机械臂了。那为什么不设计一个自己的 Scratch 机器人军队，来满足自己的机器人梦想呢?

探察矢量设计

用上矢量模式的设计工具，就能快速制作出和你所想一样真实的机器人来，然后再做几步就可以实现动画了。只需要一个按钮你就可以在 Scratch 中开始全新的设计之路了！

1. 打开 scratch.mit.edu 或是 Scratch 2 离线编辑器。

2. 如果是在线的，单击“创建”，如果是离线的，选择“文件➪新建”。

3. 给作品取个名字（在线的，选择标题然后输入“矢量机器人”，离线的，选择“文件➪另存为”，然后输入“矢量机器人”）。

4. 删除……等下！先别把那只猫给删了！

你也许会想，“ 这个傻瓜说过我们每次都应该先删了那只猫。他让我兴奋地要开始做自己的矢量机器人了却又叫我不要删除那只猫？！那只卡通猫可一点儿也不像机器人！”

我知道我知道，不过，我们先来看一下那只猫，就一会儿。你能相信这只我那么不喜欢的 Scratch 猫其实是用矢量图做出来的吗？你怎么才能分辨呢？单击一下那只猫，再单击“造型”标签页。有没有注意到绘图工具是出现在窗口的右侧而不是左侧的？而且有些图标也和之前章节中所用的不同。不过，暴露真相的，是出现在“放大”按钮下方的“矢量模式”这几个字。

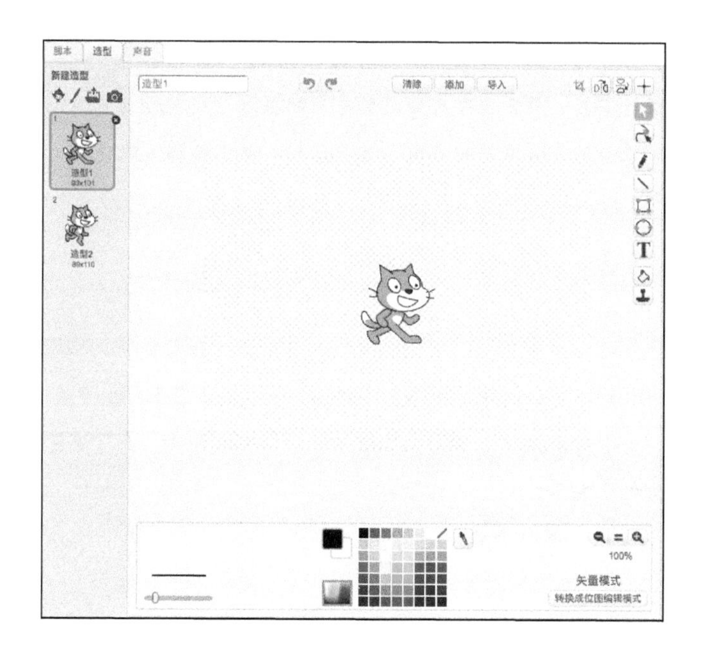

好了，现在你可以把那只糟糕的猫给删了（用剪刀工具或是右键单击那只猫然后选择“删除”)!

矢量模式有什么大不了的?

我设计的几乎所有角色都是用矢量模式做的。为什么?因为在矢量模式下,设计工具比在位图模式下有多得多的手段来修改形状和线条。矢量图形的另一个优势是能任意放大角色而不会损失任何细节。再见了像素!

对 Scratch 用户来说,矢量图形最大的好处是,它对角色的单个部分有更多的控制,任何时候你都可以选中然后移动机器人、游戏人物或场景的任何部分。还记得上一章中要删除独角兽的某些小部件有多麻烦吗?马上就会看到在矢量模式下做这样的修改有多轻松了!

不要因为觉得我的机器人看上去烂烂的就跳过这章不看!出版社又不是看上了我绝妙的艺术细胞(看看上一章我画的鹰马兽就知道了)。这些作品的目的是带你尝试矢量模式的各种设计工具,展示那些可能对你有用的技术。我坚信你可以设计出比我的更好的机器人,不过跟着做一遍这里的步骤,可以学到一些小技巧,能让你的机器人更酷!

雕刻机器人形状

我还没在这本书里用过雕刻这个词,你应该也想不到它可以和 Scratch 或者计算机联系在一起吧。怎么能在计算机上"雕刻"东西呢?在 Scratch 的早期版本(1.4 版)中,一旦画了一个位图角色,要做大的修改就只能彻底重画。有了新的矢量图形,修改造型和背景就易如反掌了!

1. 单击"绘制新角色"图标。
2. 单击"造型"标签页。
3. 单击"转换成矢量编辑模式"。

4. 放大到 100%。
5. 单击"矩形工具"。

6. 选择“轮廓线”方式。
7. 选择黑色的。
8. 单击矩形的一个角。
9. 拖动到另一个角放开鼠标或触摸板的键。

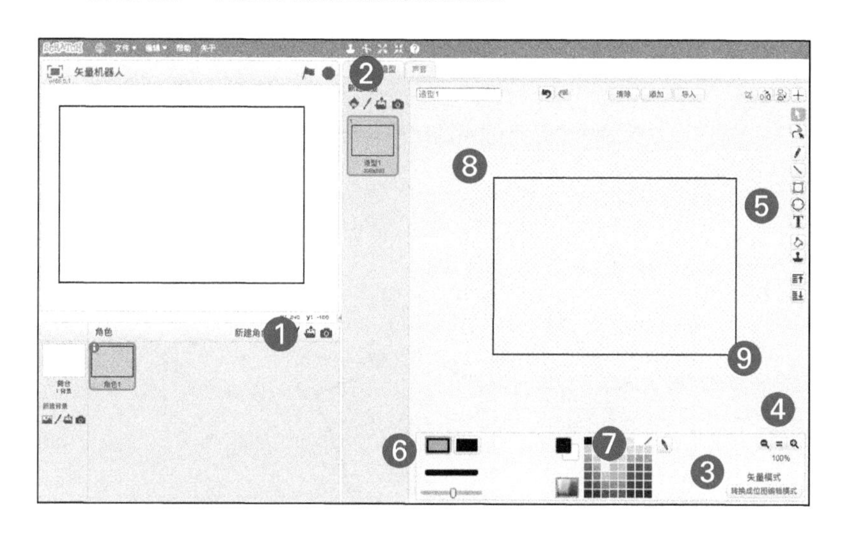

哇噻！惊艳到了吧！看看这个完美的矩形！我知道，没什么嘛，对吧？可是，我刚刚是不是说过什么雕刻形状？

在笔直的边线上做变形

1. 单击“变形”工具。
2. 单击矩形的某个角，然后拖一拖。然后另一个角，再一个角……

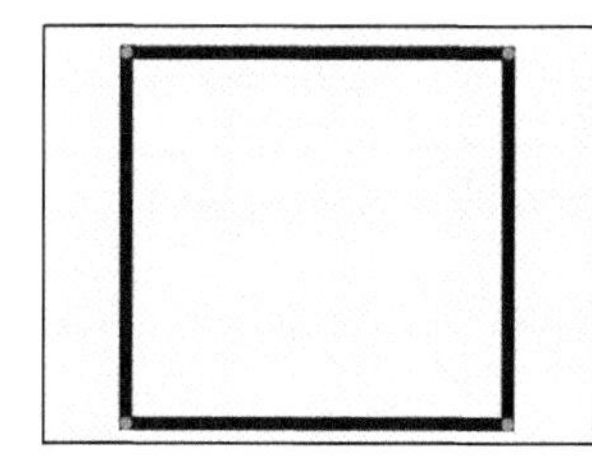
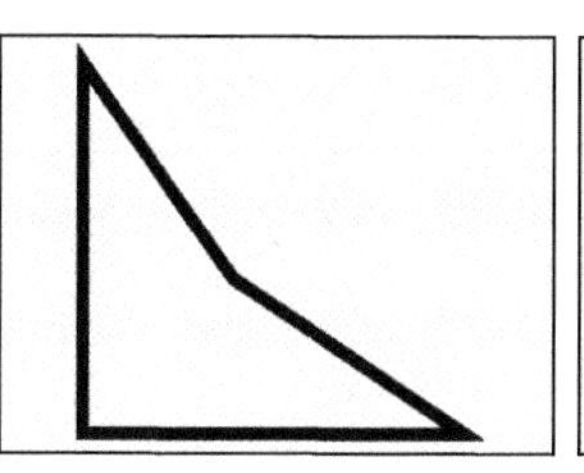
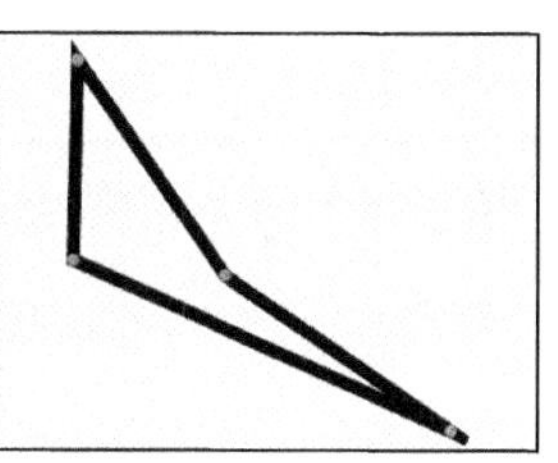

添加和删除点

除了可以移动角，“变形”工具还可以添加新的点或删除点来做出更复杂的形状。

1. 在线段的两个点之间单击就添加了一个新的点。

2. 单击拖曳这个新的点可以改变形状。

3. 重复第 1、2 步可以做出一个五角星。

4. 单击一个已有的点就删除了它。

5. 要打开一个围起来的形状，按住 Shift 键的同时单击一个点，这样也会清除形状内部填充的颜色或渐变色。

6. 要把两个分开的点连起来，把一个点拖曳到另一个点的上面（ 就像把一条导线的两端熔接起来一样 ）。

7. 两个端点合并之后，单击“为形状填色”工具，选择实心或渐变色模式为形状填充颜色。

在曲线上做变形

要体验雕刻形状的真实感觉，你得在椭圆上试试“变形”工具！

1. 单击“椭圆”工具，然后画一个中等大小的圆。

2. 单击“变形”工具。

3. 单击画出来的椭圆以选中它。

4. 拖曳椭圆上的点来改变形状。

5. 在点和点之间单击来添加点，然后拖曳来改变形状。

6. 双击已有的点来删除点，这样能简化这个形状。

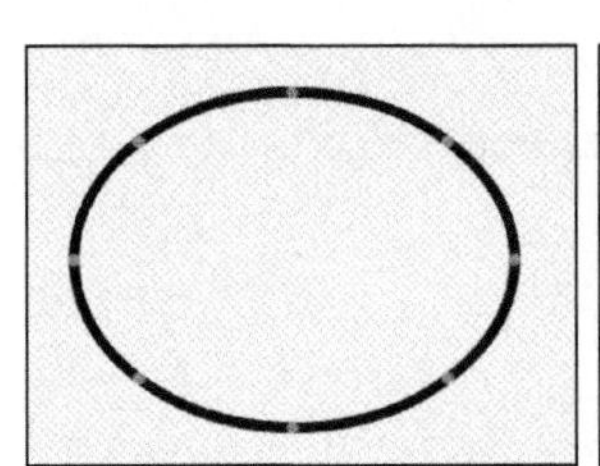
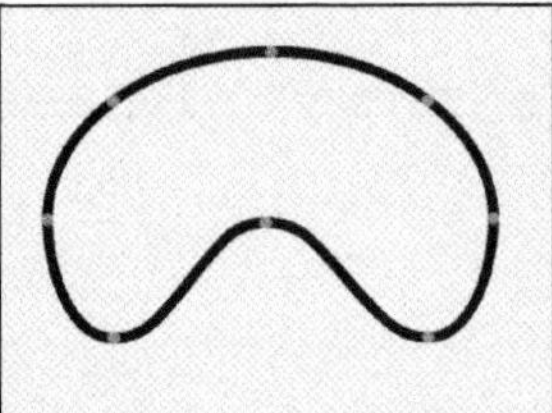
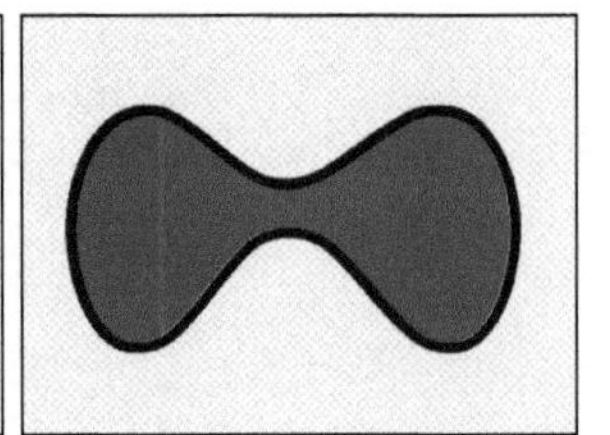

和在矩形上变形一样，可以按住 Shift 来单击点把封闭的曲线形状打开，也可以把两个端点拖曳到一起从而可以再次为形状填色。

我喜欢先给形状填好色再用“变形”工具来雕刻，这样更像是在雕刻黏土而不是乱搞一堆空洞的形状。

给矩形加上曲线

我们已经用过“变形”工具来移动顶角、添加顶角、删除顶角、雕刻曲线形状，甚至把封闭的形状打开。假如那些手段还不够用，我们还可以给直线加上曲线。试试这个。

1. 单击“变形”工具。
2. 在一段直线上的两个端点之间右键单击并拖动来做出一段曲线。

可能需要刚好在实心形状的边缘内单击。如果一次不成功，试试在那条线段的其他地方右键单击看看，然后拖成你想要的样子。

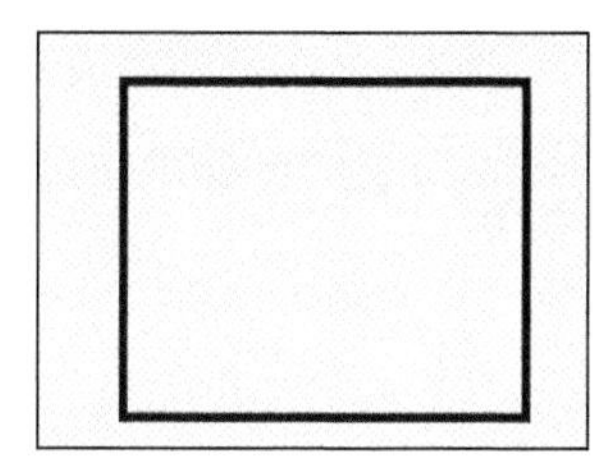
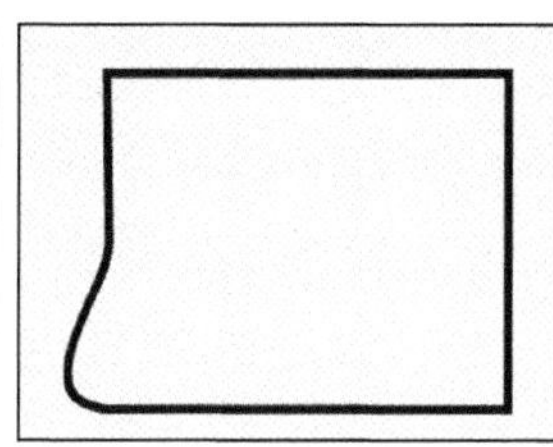
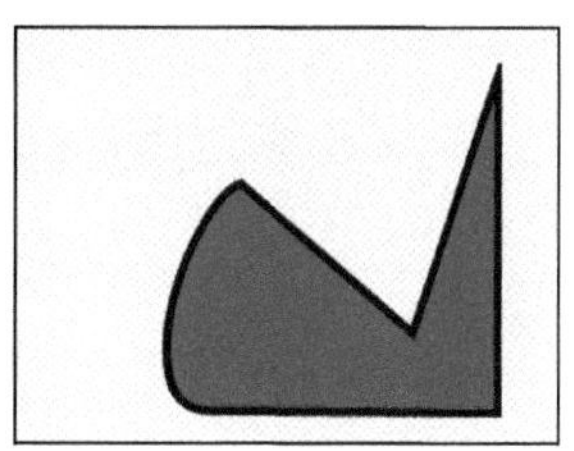

组合矢量图形

另一种很酷的做出复杂形状的方法，是打开一个矩形，打开一个椭圆，然后拖曳端点把两个形状连起来。

1. 紧挨着画一个矩形和一个椭圆。
2. 右键单击矩形和椭圆的端点打开它们。
3. 单击拖曳一个形状的一个端点到另一个形状的端点来把两条线融合在一起。
4. 单击拖曳来调节原有两个形状融合点左右两边的线段。
5. 用颜色填充组合成的形状内部。

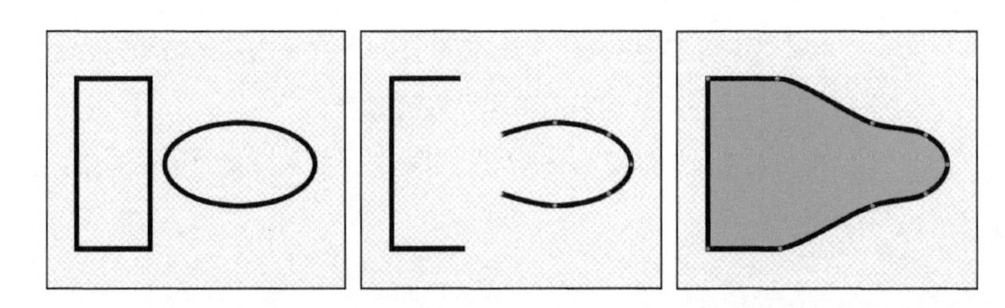

还记得在位图模式下，只有在刚画完角色的某个部分的时候才能修改那个部分吗？矢量模式可以在任何时候回头去修改角色的任何部分，几分钟甚至几个星期后都可以！

开始机器人设计

接下来的步骤，是设计本章开头的那个机器人。可以自由使用已经创建的形状来做定制的机器人，也可以把那些形状都删了来紧跟着这些步骤做。

首先做一些矩形来做尖角的形状，做一些椭圆来做圆形的形状。另外把绘图画布区域扩大点也是有好处的。

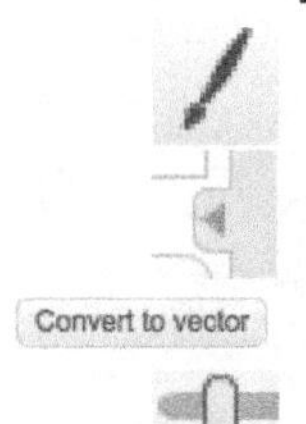

1. 单击“绘制新角色”图标。
2. 单击这个“推拉”按钮来扩展绘图画布（或在菜单中选择“编辑⇨小舞台编辑模式”）。
3. 单击“转换成矢量编辑模式”。
4. 拖曳“线宽”滑动条来调节线宽。
5. 用“矩形”和“椭圆”工具画出一些机械部件。
6. 用“变形”工具把部件雕刻成较不规整的形状。

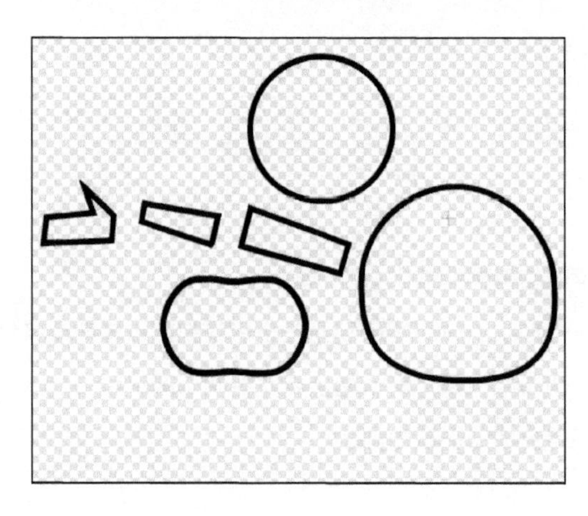

7. 选择灰色，然后用“为形状填色”来填充这些部件。

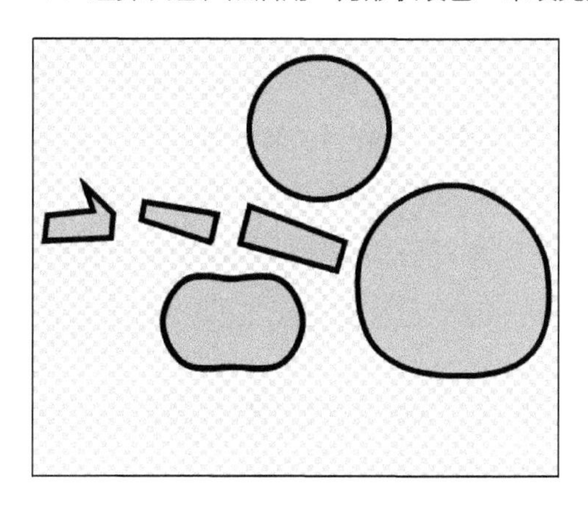

8. 用“选择”工具单击拖曳部件到合适的位置。

9. 用“ 椭圆”工具，按住 Shift 键来画出实心的圆，来表达手腕、手肘、肩膀和脖子连接的地方。

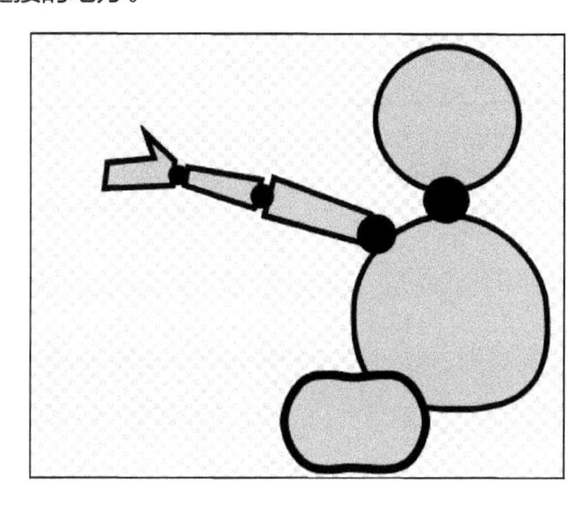

把部件移到不同的图层去

如果你读过了之前的章节，可能会想为什么之前没有用一堆独立的部件来画海龟和鹰马兽。没那么做是因为在位图模式下要选中并移动图像的某个部件是非常困难的。

在矢量模式下，在造型或背景里画的每个形状都有它自己的图层（就像舞台上的每个角色有它自己的图层一样）。除了可以在绘图画布上四处移动矢量形状之外，还可以用“上移一层”和“下移一层”按钮把某个物体移到其他物体的上面或下面。

“下移一层”和“上移一层”按钮原本是隐藏的，选中了某个形状后它们才会出现。

1. 用“选择”工具单击机器人的某个关节。
2. 按住 Shift 键，同时单击“下移一层”按钮。

按住 Shift 键单击就把物体一直送到最下层，而不按住 Shift 键单击就只会一次往下送一层（这两种操作对于“向上一层”按钮也是一样的）。

重复这两步把所有的关节都送到下层去，这样看起来这些关节就位于机器人的身体部件之内了。

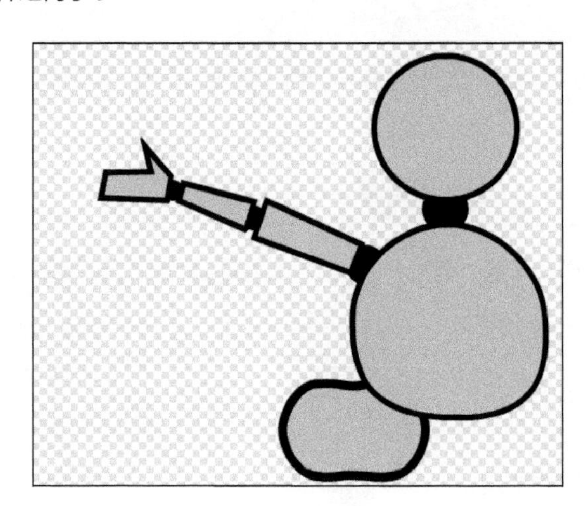

把形状组合起来

矢量图形还能把多个形状组合在一起。我敢说你一定在想:“嘿，傻瓜，一个角色里所有的形状不就是组合在一起的么？”是的，但是，你知道为什么把一个角色内的某些部件组合在一起也是有用的吗？比如把手臂的所有部件都组合在一起，有什么作用呢？我们来试试看！

1. 单击“选择”工具。

2. 有两个办法可以选中多个物体。

a. 在第一个物体上单击（比如手），然后拖曳覆盖到所有要组合的物体。当部件分布合理的时候，这样做是可以的，能方便地选中而不会涉及到其他部件。

b. 按住 Shift 键，然后单击每个要组合的物体。这样能保证你选中每个部件，但是可能在选择较小的物体、只有细轮廓线的中空形状或者在其他物体后面的物体时比较麻烦。

3. 单击“分组”按钮。

有没有看到之前放到后面去的肩膀现在又出现在机器人身体的前面了？这是因为组合物体的时候，整个组会自动移到最上面的图层来。

“分组”按钮平时是隐藏的，只有选中了不止一个形状的时候才会出现。

4. 单击组中的任何一个物体，就可以把整组物体拖动到一个新的位置。现在先把这个组拖离机器人的身体。

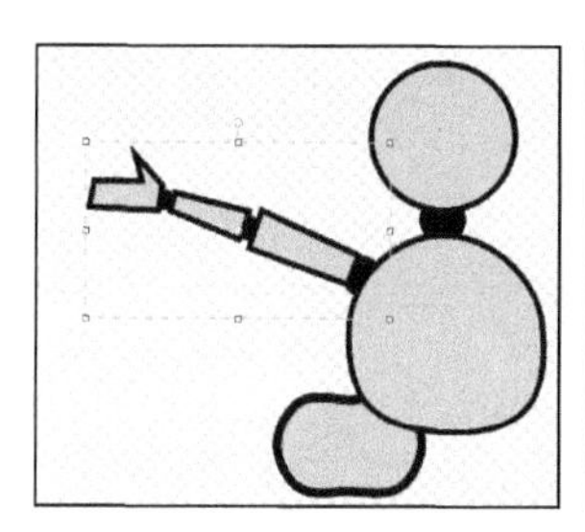

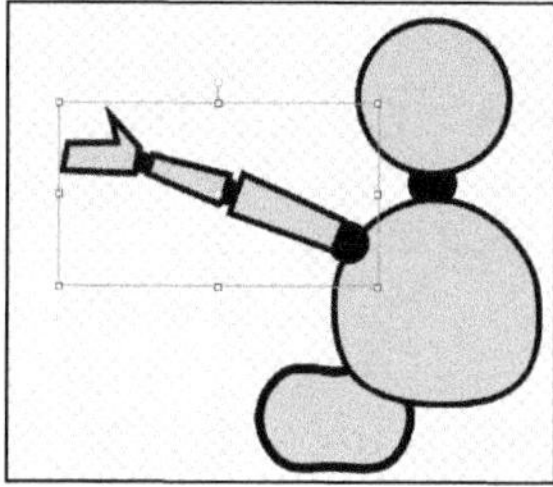

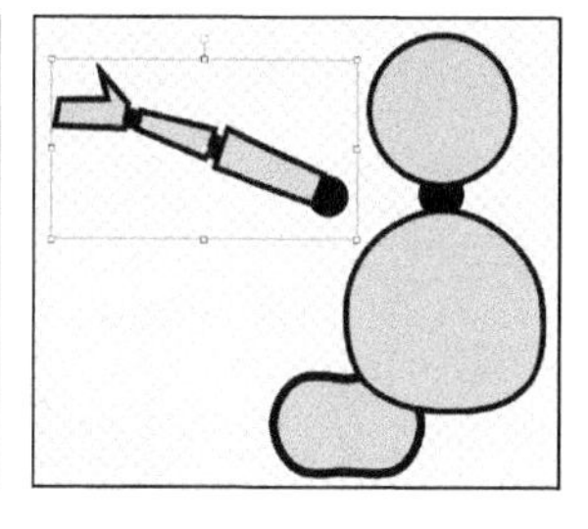

如果发现把不需要的物体也组合进来了，可以使用“取消分组”按钮，然后重新选择那些想要组合的东西。如果还不行，也许需要把要组合的东西先拖出来，然后再选择、组合。

除了移动，还能对手臂组合做什么呢？还可以对所有组合起来的东西同时做旋转或改变大小。现在应该能看出来为什么做动画时矢量形状做成的角色要比位图图像好很多了吧？

我想你的机器人应该不止想要一只胳膊或一条腿。不过先别急着冲过去画更多的部件，因为我还有技巧要教你！

复制身体部件的组合

你猜到为什么要你只画左边的胳膊和腿了吗？因为你可以用“复制”工具来复制组合，然后用“翻转”按钮来翻转复制出来的肢体，水平或垂直翻转都可以。这不仅节约了时间，还保证了身体两侧的部件具有完全相同的形状和大小。

1. 单击“复制”工具。
2. 单击拖曳手臂组合来把它复制到一个新的地方。

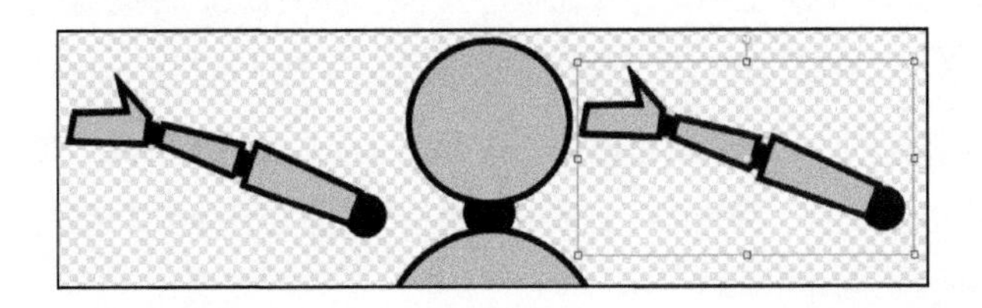

3. 单击“左右翻转”按钮，然后再次调整新手臂的位置。

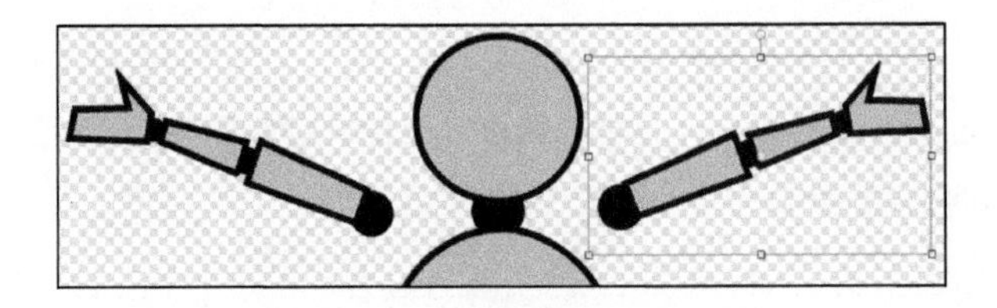

4. 单击拖曳，把两条手臂放到机器人身上。

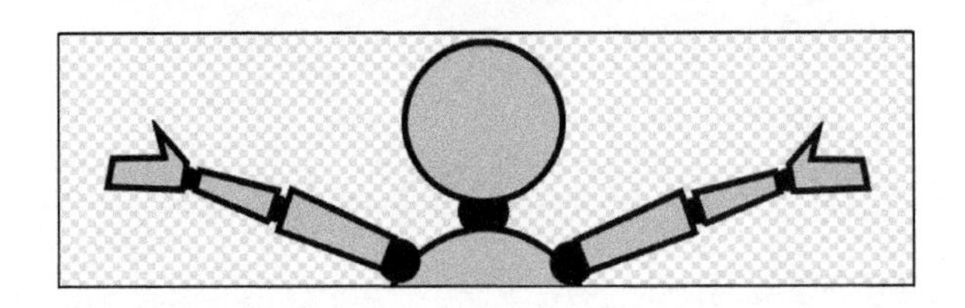

5. 选中每条手臂组合，按住 Shift 键单击“下移一层”，这样肩膀关节就出现在身体里了。

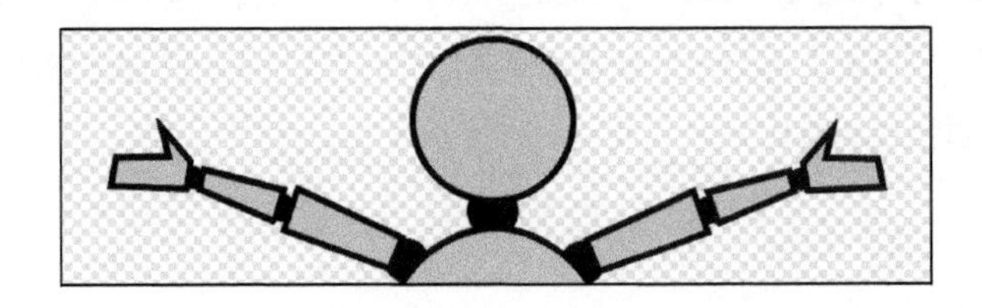

看看，节省了多少时间？现在你可以在机器人左侧或者任何你想让机器人两侧都出现的部件上使用相同的技术了。在设计中，让物体的两边具有相同的部件称作对称。“左右翻转”和“上下翻转”按钮能方便地做出对称的背景和角色。这对于画人、动物和机械部件特别方便。

用渐变做出金属质感

是什么让金属看上去像金属？如果一个形状里填充了实心的颜色，就会看上去平淡，像卡通或示意图。要模仿金属有光泽的表面，有一个办法是用渐变色填充。可以混合灰色和白色来实现较亮的表面，或是灰色和黑色混合来实现较暗的阴影。

1. 单击“为形状填色”工具。
2. 选择中度灰色的颜色。
3. 单击当前颜色下面被遮住一个角的颜色，就交换了两个颜色，然后再选择白色。
4. 你会发现颜色的顺序（ 哪个颜色在上面，哪个在下面 ）对于渐变的效果有很大的影响。
5. 单击“辐射填充”按钮(中间亮四周暗的那个)来填充圆形，也可以用某个“线性填充”按钮来做更刚性的形状（ 有尖角的 ）。将鼠标移到要填充的形状然后单击填充。
6. 如果不喜欢这个渐变，可以交换背景和前景颜色，再单击填充一次看看。

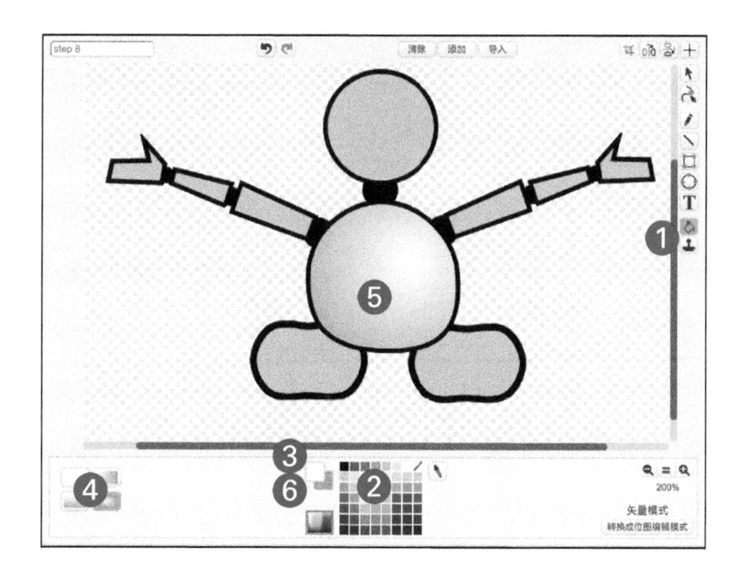

圆形渐变相比其他渐变方式有一个长处：如果在一个形状内部单击拖曳，可以指定圆形渐变的中心，这样能方便地指定高光或暗点的准确位置。

用线段工具来实现细节

如果你读过了前面的章节，应该已经学过可以用“线段”工具来画两点之间的直线。看起来矢量模式下的画线方式是一样的，单击起点然后拖曳到终点，接着松开鼠标或触摸板的键就画好了线。不过如果继续单击拖曳，就能做出连续的轮廓线，最后单击到起点的话，还能形成封闭的折线。

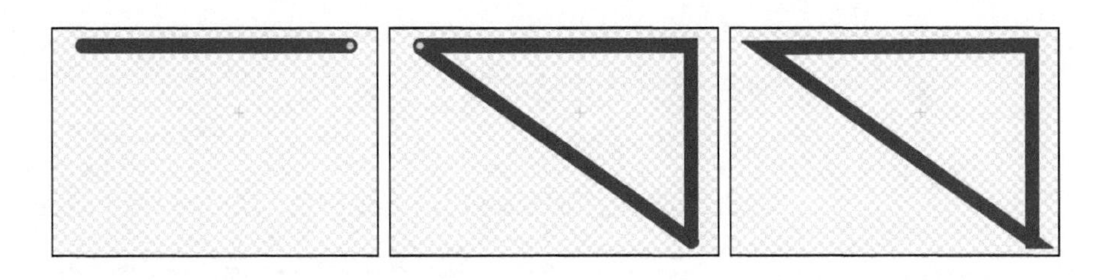

一旦一个形状封闭起来，往往会在某个角落有点乱（就像下面那个三角形的右下角）。通常用“变形”工具可以修好这样的角落，单击那里的点，然后拖到合适的地方。

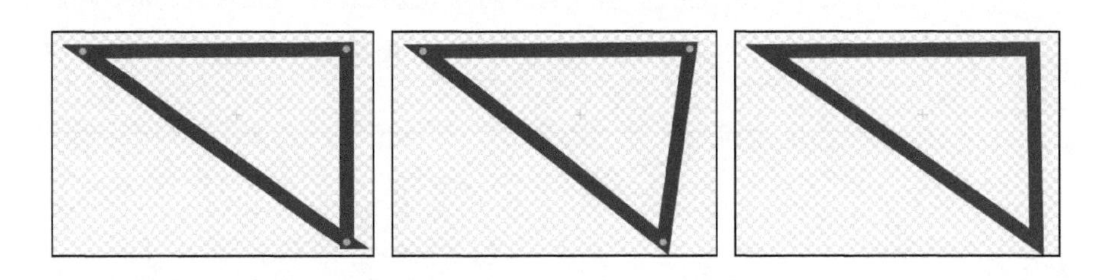

用“线段”工具，加上“椭圆”“矩形”和“变形”工具，可以画出机器人更多的细节来。

矢量模式下的线条宽度都是可以调节的（ 包括形状的轮廓线），选中线条或形状，然后用线宽滑动条（在调色板的左边）就可以调节。

最后要做的细节，是给渐变的高光加上旁边的阴影。

给矢量形状加阴影

做阴影最快的办法是复制一个形状部件（比如表示身体和头部的形状），在复制出来的新部件内用较暗的颜色填充，让边缘线和内部同色，用“变形”工具压扁，然后选中并拖回原上面。

没有代码的机器人算什么?

在 Scratch 中作画的乐趣，有一半是来自于用代码让它们能交互起来。

用方向键让机器人移动

打开机器人的脚本标签页，然后加入下面的代码。

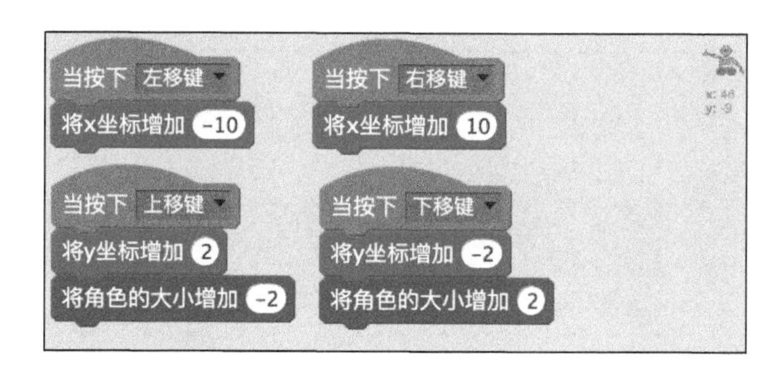

不是单击舞台上方的绿旗，而是按键盘上的方向键来测试这个代码。可能需要调整在“当按下上移键”和“当按下下移键”下面的积木块里的数值，来让机器人的移动在你的背景衬托下看起来更自然些（就好像机器人在远离或靠近观众）。

加入机器人的声音

还有一个事情可以让你的机器人与众不同，就是可以让它不时地发出一些哔哔嘟嘟的声音，好像人在说话一样。在之前的章节里，我们试过了给鹰马兽添加声音库里的声音（或自己录音）。这里做机器人化的声音的办法有所不同。

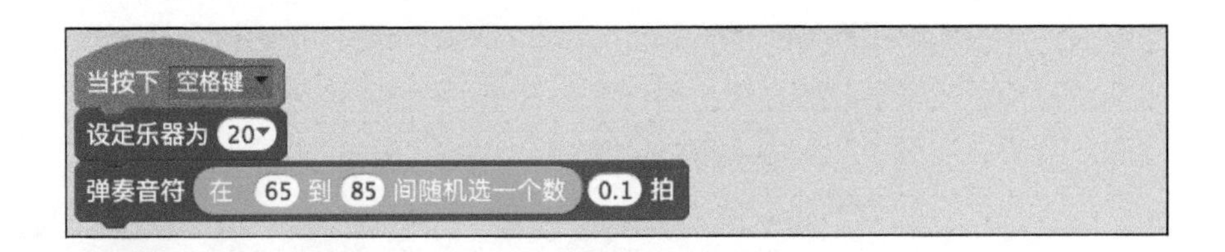

按住空格键就能发出随机的哔哔声，也可以间歇按下空格键来发出有自己节奏的哔哔声（就像旋律优美的的莫尔斯码一样）。试试修改“在……到……间随机选一个数”里的两个数值来获得不同的调调。另外，还可以修改“弹奏音符……拍”里的拍子数来延长或缩短哔哔声。

完成这个作品

尽管角色库里已经有了很多矢量人物、动物和物体，背景库里却只有位图图像。去选一个背景吧。我喜欢我的，因为看着机器人出现在沙漠中有点喜感（尽管斯瑞皮欧不这么想）。

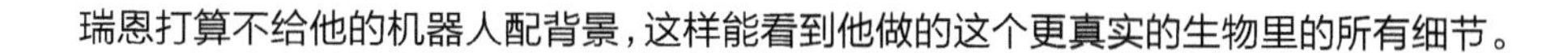

瑞恩打算不给他的机器人配背景，这样能看到他做的这个更真实的生物里的所有细节。

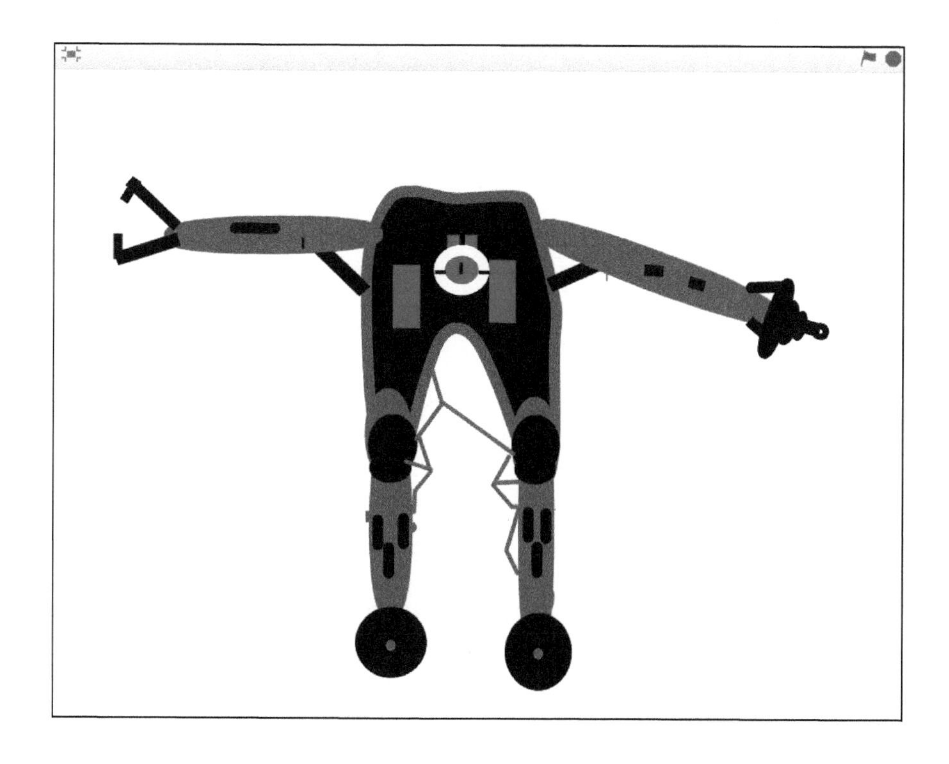

如果你直接去读动画的章节（第 6～10 章），会发现更多的矢量设计和 Scratch 编程技术。

观察细致的读者也许已经发现我所选择的沙漠背景和机器人比起来有点模糊。那种模糊是因为，你猜到了，像素化是位图和矢量图比较时的致命缺点。设计你自己的矢量背景能让场景在任何大小的舞台上看起来都很清晰。

关于机器人的更多内容

在 Scratch 中，还有很多方法可以用矢量模式下的设计工具来做机器人。

设计仿真人或仿真狗：既然有图层，就可以用你自己或朋友（甚至是宠物）的照片开始，把照片转成矢量图形，然后在图像上画出机器人化的部件来。

做一个机器人工厂：创建一个初始的机器人角色，它具有很多不同的形状，可以混合、配合来快速创建出一堆机器人。

让机器人活起来：在完成了机器人设计之后，复制造型然后做些细微的修改，比如胳膊收起来或是武器打开。

第5章
数字拼贴

有些孩子（可能数量还不少）学到后面其他章的时候，可能会觉得更酷一点儿，他们会想“这第5章有什么呀！”。你可能也是这么认为的。你有没有重新看看第5章并疑惑，“这个家伙说数字拼贴到底是什么意思？我已经做过一大推拼贴画了，有些是为了交作业，有些仅仅是做着玩玩。用Scratch做的数字拼贴画到底有什么不同？”

当我还是个孩子的时候，我可能也会跳过本章。但是，我可以告诉你另一个秘密吗？现在，这是我最喜欢的章节之一。实际上，想到只有很少数的读者会读这一张，我很开心，因为这意味着你肯定是很严肃地对待拼贴艺术的。好吧，现在我们就一起来探索一些Scartch中真正好用的拼贴画制作技巧。

开始创建Scratch拼贴作品前，要先选择你的作品想表达的主题或中心思想（除非你的老师已经以家庭作业的形式帮你选好了）。我要选择我最喜欢的主题之一——土豆沙拉。你难道不喜欢蛋黄酱、芥末拌土豆碎吗……开玩笑啦！我第一个拼贴画的主题是有点儿普通的——友谊。

新建一个作品

1. 打开 scratch.mit.edu 或是 Scratch 2 离线编辑器。
2. 如果是使用在线编辑器，单击“创建”，如果是使用离线编辑器，选择“文件⇨新建”。
3. 给作品取个名字（在线的，选择标题然后输入“数字拼贴”，离线的，选择“文件⇨另存为”，然后输入“数字拼贴”）。
4. 选中剪刀工具单击小猫删除它，或者右键单击小猫并选择删除（拜托，你不会认为我想让那只烦人的猫成为我的拼贴画的一部分吧，你这么认为？！）。

选择角色

首先使用角色库中的角色来快速制作一幅拼贴画（如果希望导入自己的图像，可以跳过前面的几页）。

1. 单击“从角色库中选取角色”。
2. 选择“人物”模块，这样就只能看见人物了，再选择“位图”，这样就可以使用位图绘制工具了。（我们等会儿再使用矢量绘制工具。）
3. 双击任何想要的角色。（我这里会一直使用人物，先选择 Cassy Dance，因为我喜欢她的姿势。）
4. 使用同样方法再选择几个人物。（我添加了 Amon, Jodi 和 Breadancer2，因为他们看上去能成为好朋友。）

不开玩笑！危险！

浏览图库可能是设计拼贴画中最有意思的部分了。但是，浏览图片也会消耗很多时间。可以先把寻找图片的时间限制在 10 到 15 分钟，然后开始拼贴，当有了更好的组织图片的想法后，可以再回去寻找合适的图片。

开始排版

排版指在页面、画布或 Scratch 舞台上安排素材，元素就是素材（ 这些名词让你听上去比普通的读者更聪明些，更别提一个专业的数字艺术家了。)。花几分钟四处移动一下不同的角色。如果单击每个角色再单击“造型”标签页，你会发现有些角色有多个姿势不同的造型。

作为一个数字艺术家，当尝试对角色进行不同的安排方式时，我关注两个要素，要素指的是不同的组合方式。第一个是显而易见的，我查看哪种姿势有用以及各个角色如何相互适合。第二个不那么明显但却非常重要，特别是在拼贴画中。在艺术学校中，他们把第二个要素叫作负空间。通俗地讲，负空间就是指角色之间及周围的空白。

为什么拼贴画中负空间很重要？因为负空间是你放置所有非主要素材的地方。用艺术的术语讲，角色是前景元素，或者说是你希望出现在前面的素材，这是为什么先处理前景角色再慢慢填充背景是有道理的。

选择背景

我想不好在我的友谊拼贴画中该怎么安排人物的位置。在不停胡乱尝试旋转、翻转和其他方式切换造型之前，先把人物放进一个背景中可能有助于我找到排列他们的最好方式。

1. 单击“从背景库中选择背景”图标（在舞台下方）。
2. 你可以选择喜欢的背景，不过我建议选择一幅照片（而不是插图）。我选择 Brick Wall2，因为我觉得我的角色在它前面看上去不错。

看，在砖墙背景中，角色们是不是看起来很棒？好吧，好吧，还不是很棒。但是，如果我再花几分钟来调整一下他们在新背景中的位置……

喂，我喜欢把他们叠起来的想法，有点儿像啦啦队长。现在，我希望我喜欢的角色能更多一点儿。

复制角色

Cassy 和 Amon 的姿势让我想到可以复制和翻转他们。使用素材的复制是拼贴画中的一个常用手段。

1. 右键单击角色或按住 Shift 键单击角色并选择“复制”来复制想要复制的角色。
2. 选中“造型”标签页并单击“左右”翻转按钮来翻转角色。
3. 看看这些对称的姿势是否让你在拼贴画排版上有了新想法。

我会复制除 Jodi 外的所有其他角色，这样 Jodi 就会成为关注的焦点，让人觉得所有其他的人都是她的朋友。

发现了吗？单击并在舞台上拖曳一个角色会让他处于上层。我就是这样来决定你看到的这些朋友到底是手放在脚上、还是脚放在手上（或者头上）的。如果想让一个角色走到上层而不改变他的位置，那就单击那个角色并按住鼠标停留一会儿。

添加更多素材

添加新素材之前，再花几分钟想一想你的主题。如果有帮助的话，请闭上眼睛，别管其他，再哼一首歌。（我想到的第一首歌是披头士的“With a Little Help From My Friends”——对，他们的乐队就是叫这个名字！）

好了吗？现在把你的舞台全屏幕显示，看看没有了 Scratch 的按钮、工具、窗口等东西，你的作品是什么样子。

我觉得人物已经足够了。我准备再添加一两个物品。再回到角色库！

1. 单击“从角色库中选取角色”。
2. 单击“物品”和“位图”模块。
3. 找一个符合拼贴画或作品主题的角色，双击它。这块幸运饼干角色给了我灵感……
4. 单击并把选中的角色拖到舞台上。

用一块巨大的幸运饼干代替 Jodi 的脑袋并不是我最初的想法，但是我忍不住要这么做。这给了我等比例缩放的想法。

改造你的角色

我说改造，不是说要把人变成机器人（ 那是上一章的内容！ ）。在绘图画布上，可以使用“选择”工具对角色进行翻转和缩放。我们来对幸运饼干进行缩放和翻转。

1. 选择想改造的角色并单击“造型”标签页。
2. 单击“选择”工具。
3. 单击并将图像拖曳到绘图画布上。
4. 按住 Shift 键单击并拖曳一个角来均匀缩放选中的图像。（我把它缩小了一点儿）。
5. 单击并拖曳顶部手柄的左边或右边（小圆圈）翻转选中的图像。
6. 单击另一个工具或者直接单击舞台查看修改后的作品效果。

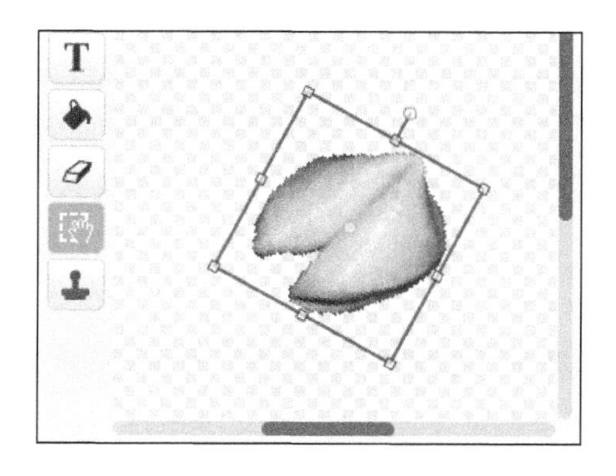

当在位图模式下工作时，要尽量避免放大角色，因为像素化的关系，放大的越多，图像的质量就越差。

现在你可能在疑惑，“幸运饼干和友谊的主题有什么关系？”

添加矢量图

我的想法是使用幸运饼干制作一个有关友谊的幸运符。这里使用矢量图比位图更合适，因为这样可以更方便地控制背景和文本。

位图角色和矢量图角色对文字的处理是很不同的。在矢量图模式，能进行更多的控制。可以在任何时候缩放、编辑文字，而且增加文本的大小不会让它像素化或者变模糊。

可以先输入幸运词然后再画文字后面的矩形的纸（而不是猜测幸运符多大才合适）。

1. 单击“绘制新角色”按钮。

Convert to vector

2. 单击绘图编辑器中的“转换成矢量编辑模式”按钮。

3. 单击“文本”工具，选择字体（我选择 Donegal），再选择一个深一点儿的颜色（我选择黑色）。

4. 单击绘图画布的左边缘附近，输入你的幸运词。如果想调整文本大小，请单击“选择”工具，按住 Shift 键（进行均匀缩放），再单击并拖曳任意一个角。

5. 单击“矩形”工具，选择“实心”模式，再选择白色。

6. 单击、拖曳并释放鼠标或触控板，在文本消息上画出背景纸。

7. 单击“下移一层”按钮，把纸放在文字的后面。

8. 在舞台上，单击并拖曳，把幸运饼干放在幸运词的左边（做出幸运词从幸运饼干里出来的效果）。

我想把文本放在纸的合适位置并且靠近幸运饼干，但是碰到了点儿困难。一个好办法是用画布中的“选择”工具单击文本，查看幸运饼干和幸运词在舞台上的效果，然后使用键盘上的上下左右箭头键将文本每次微调一个像素（有点儿小）直到它移到合适的位置。

将舞台放大到全屏看看拼贴画的效果。我看到有很多可以改进的地方（比如一些角色周围有些白色，还有些部分非常粗糙）。拼贴画中添加了矢量图会让位图部分看起来相当糟糕，特别是在全屏的情况下。这里就不再花时间修改或添加新的元素了，让我们直接跳到设计拼贴画最重要的部分：在 Scratch 中导入自己的图像。

设计高级拼贴画

如果对比一下前面做的简单拼贴画和本章开始时的安妮•弗兰克拼贴画，你会发现有很多不同。我不想说哪一个更好（特别是当两个作品的设计者都是我的时候），但是你可以想象得出来我在哪一幅作品上花了更多的时间和精力，对吧？

我想把我这么多年学到的技巧分享出来（有一些我一直保密到现在），这样你也就可以创造出更复杂的拼贴画。与其在前面的友谊主题拼贴画上继续创作，还不如从一个更容易点儿的开始，你猜对了：从头开始！

开始创作一幅伟大的拼贴画

这两幅拼贴画的一个重要区别是，第一幅中的角色几乎全部来自于Scratch的角色库，而另一幅则基本上全部由导入的图形组成。这些图形是我从互联网上搜来的，如今大多数人也都是从网上找图的。

不开玩笑！危险！

很多小朋友可能在学校里学过什么是海盗行为。我说的海盗行为，可不是指杰克船长和他那些醉醺醺的船员。我指的是那些下载电影、音乐或图片却不付费的行为。使用网上的大多数图片都是不合法的，除非被许可。这件事情相当复杂，所以我想我应该列一些网站给你，在那里下载和使用图片不受任何限制。（这些图片被称为公共领域，他们免费给公众使用。）

- 维基共享资源：commons.wikimedia.org。
- 美国国会图书馆：loc.gov/pictures。
- Pics4Learning: pics4learning.com。

我的安妮•弗兰克拼贴画里的大多数图片都是从维基共享资源网上找到的（属于维基百科）。其他的图片我是用谷歌图片搜索得到的。（你可以在 google.com 中设置一个过滤条件使它只显示公共域的图片。输入搜索关键字，然后选择“图片⇨工具⇨使用权限⇨可再利用”。）

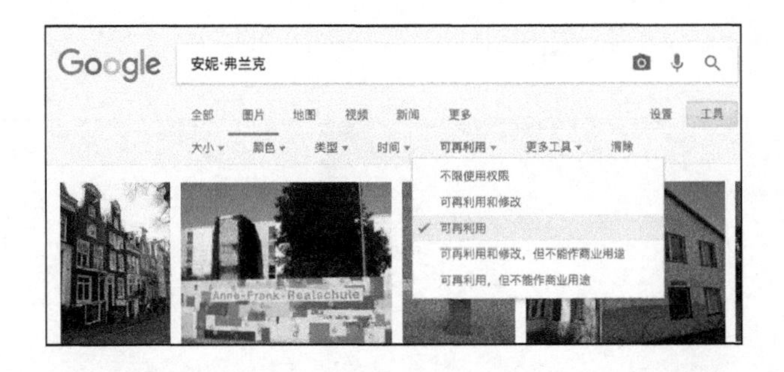

导入图片

不需要创建和我的一摸一样的拼贴画，你可以使用你自己的图片跟着我做安妮•弗兰克拼贴画的步骤去做一幅个性化的拼贴画，你可以把它作为礼物送给一个朋友或家中特殊的人（当然也可以作为学校的家庭树项目作业）。

现在请停止使用 Scratch。离开计算机！去找一本家庭相册或从墙上的相框里抽一些照片（请小心点儿）。有的人可能会在 Facebook 或 Flicker 或其他网上找到一些非常好的照片，或者曾经请专业人士制作过精美的照片。如果你和一些名人有关系，你也可能在网上找到他们的照片。

如果你的照片已经是数码照片了，并且可以在计算机上访问它们，那就可以跳过“上传角色图片”部分。如果计算机上没有照片，那么有如下三个选择。

1. 如果照片在数码相机、手机或平板计算机上，使用 USB 线、闪存卡、发邮件给自己等方式导入计算机。

2. 如果照片在相册或相框里，把它们取出来，使用扫描仪扫描或数码相机重新拍摄，然后使用步骤 1 中的方法导入计算机。

3. 如果计算机或笔记本有摄像头，可以把照片举到摄像头那里然后单击“ 拍摄照片当作角色”图标。

不太会用摄像头？那第一次在 Scratch 中使用摄像头时，可能需要多几个步骤。你可以在第 2 章末尾的“如何设置摄像头”部分找到更详细的说明。

上传角色图像

Scratch 的开发团队让我们可以很容易的上传图片，并把它们作为新角色、角色的新造型、或者舞台的背景来使用。就拼贴画而言，我发现把每个图像都当作新角色来处理会让你在排版作品时拥有更大的灵活性。

1. 单击“从本地文件中上传角色”。

2. 从计算机中找到要上传的图片，然后通过单击来导入图片。

到计算机的“图片”或“下载”目录下去寻找，因为很多照片都会放在这两个地方。

当在 Scratch 中添加图像时，Scratch 会自动调整图像的大小来适应舞台（舞台宽 480 像素、高 360 像素）。大多数智能手机和数码相机拍的照片都比这个大。如果是专门为 Scratch 作品拍照，并且想要照片充满整个舞台，那就要尽可能地靠近拍摄主题并横着拍。

擦除部分图像

你的照片中有需要擦除的地方吗？你肯定知道应该用哪个工具。对，擦除工具。

1. 右键单击或按住 Shift 键单击造型 1，然后选择“复制”以保留原始图复制。

2. 使用擦除工具擦去照片中不需要的部分。如果需要大面积去除，使用“ 选择”工具会更方便。

3. 单击“选择”工具，单击并拖曳要去除的部分，然后按下键盘上的 Delete 键。

隐藏和显示角色

如果你的作品中图像比较多（ 我有 8 个），先隐藏掉一些可能比较好。按住 Shift 键单击每一个想隐藏的角色，然后选择“隐藏”。现在，可以在舞台上随意移动剩下的图像，并根据作品需要把隐藏的角色逐步显示出来。

擦除粗糙的边缘

任何傻瓜都可以使用画布上的擦除工具擦除角色的一部分，对吧？当我开始制作我的拼贴画时，我选择的安妮•弗兰克看起来是这样的。

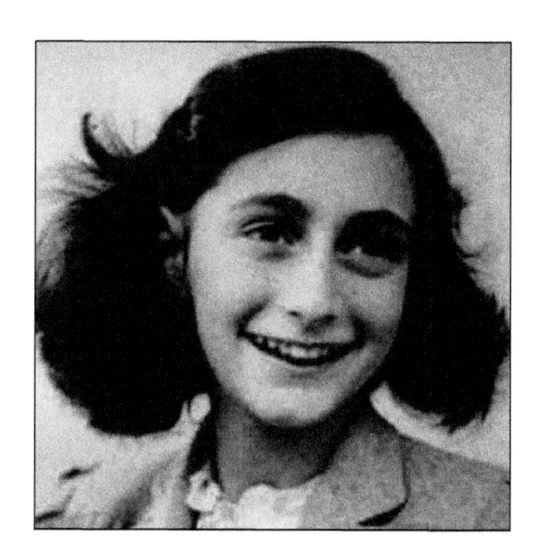

如果想擦除照片的背景，那围绕安妮头部的那些灰色部分该怎么办？有没有发现最难擦除的部分是头发的周围？类似的还有草或者树——绝大多数拥有粗糙边缘的东西。

1. 单击舞台边缘的小三角形来扩展画布大小（或者选择“编辑➪小舞台布局模式”）。
2. 单击要编辑的角色，单击“造型”标签页，按住Shift键单击要编辑的造型，选择“复制”。保留原始的图像，在复件上做所有修改，这样万一想改了很多又想从头开始的话，会比较方便。

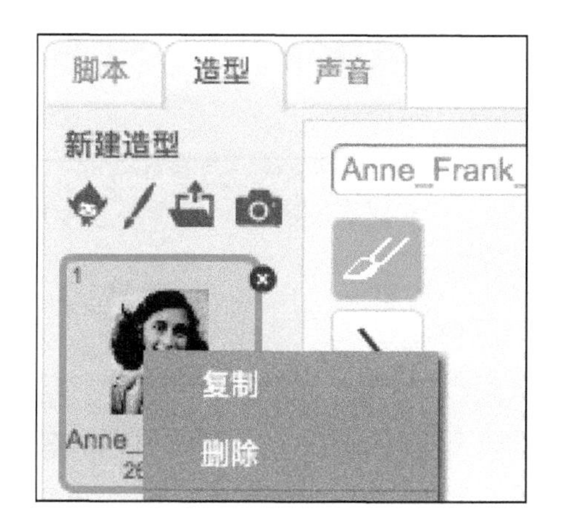

3. 单击“擦除”工具。
4. 拖动滑块调整橡皮擦的大小。
5. 单击并在照片上拖动来擦除大面积区域。
6. 逐步减小橡皮擦的大小来匹配要擦除部分的大小。

对于紧密部分，将橡皮擦移到要擦除部分并单击一次（ 而不是拖曳过去）。然后再将橡皮擦移到另外地方再单击。如果要擦除外部区域，将鼠标移到要开始擦除的区域，单击然后向图像边缘部分移动。

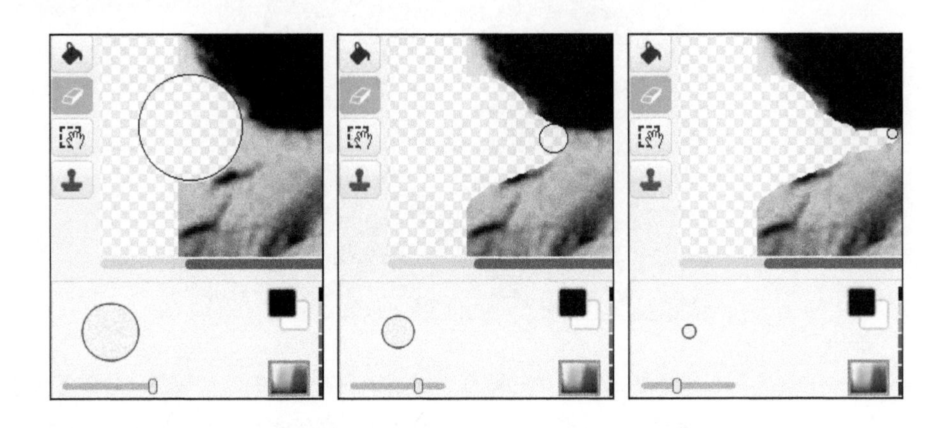

从位图中擦除复杂形状

这个技巧绝对会让你的朋友印象深刻！你知道自己可以将一个位图转换成矢量图吗？要切除大卫之星的外围部分，需要将位图转换成矢量图，然后再将矢量图转换回位图。

如果是用自选的图像创建的拼贴画，可以用这个技巧来裁剪图形或创建不同形状的洞来看到这个图形下面图层的内容。

1. 单击其中一个位图角色（我单击那张大卫之星照片）。
2. 单击“造型”标签页，按住 Shift 键单击造型（导入的图片只有一个造型），然后选择“复制”。

Convert to vector

3. 单击“转换成矢量编辑模式”按钮。

4. 单击“矩形”工具，选择轮廓模式，再选择绿色（或者你的图像中没有的颜色）。
5. 单击、拖曳并释放鼠标左键或触控板来画一个覆盖住图像上半部分的矩形。

6. 单击“ 变形”工具，在矩形中间单击一次选中它，然后单击并拖曳矩形的每个角

来适应六角星的每个拐角。

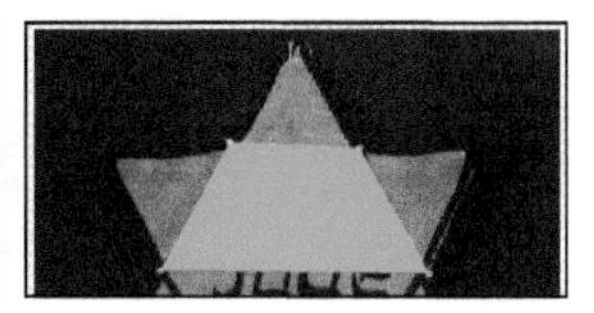

7. 单击上面图形中拖动点之间的边来增加一个新的变形点。
8. 向六角星上的拖动点处向外拖动该变形点。
9. 继续修改直到六角星的上半部分被覆盖。

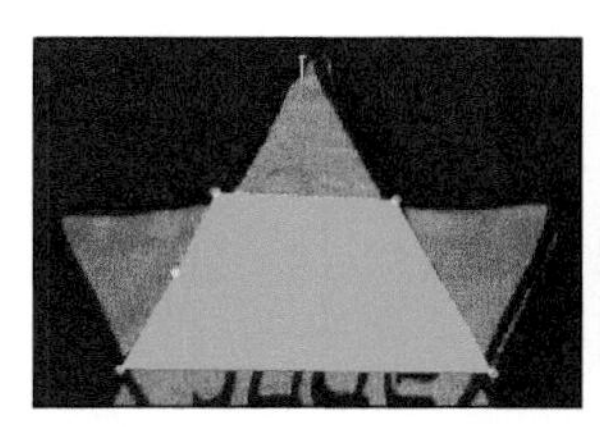

现在将图形内外翻转。什么？！怎么可以将一个二维图形内外翻转？还记得我说过的负空间吗？让我们来修改绿色形状，让它不要覆盖住六角星的上部，而是覆盖住将要擦除的空白的上部。

1. 仍然使用“ 变形”工具，单击绿色形状的下边缘来创建一个新的变形点，再单击一次创建第二个变形点。
2. 将新建的两个变形点向上拖过六角星直到离开画布。
3. 在绿色形状的左右每条边上各增加一个变形点。

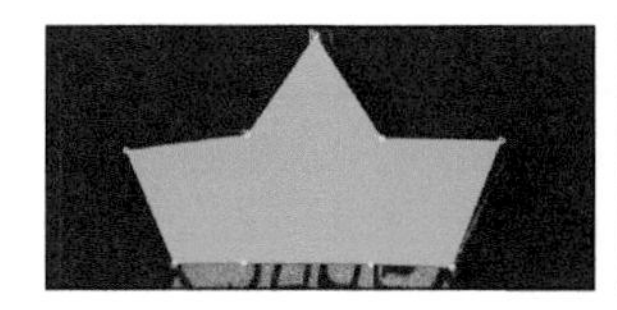

现在，如何选择六角星上半部分剩下的空白呢？我们为什么要在每条边上新增一个变形点呢？

1. 向下向外拖动新增的变形点。
2. 为六角星剩下的每个角增加一个变形点，并拖动到转角处。

非常棒！现在只需要再增加一个新的变形点，就会有神奇的事情发生。

1. 单击创建最后一个变形点并拖动到六角星的底边。

2. 可能需要将绿色形状外面四个角的拖动点向外拖以确保绿色形状完整地覆盖住了整个背景。

3. 按住 Shfit 键单击刚刚修改好的造型并复制它。

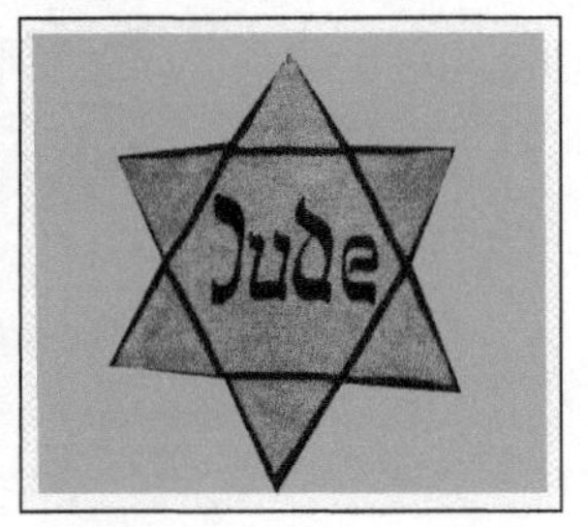

还要复制？一点儿都不神奇！不管怎么说，你已经做完了这么多工作，万一有哪里不对了，不希望再从头做起，对不对？还有，这个形状等会儿肯定会用到的。好了，现在，奇迹要发生了！（这次我是认真的。）

还记得我说我们将把一幅位图转换成矢量图然后再转回位图吗？现在知道为什么要这么做了吗？稍等，看这里。

Convert to vector

1. 单击“ 转换成位图编辑模式”按钮。（ 可能需要花几秒时间。转换完成的的时候，工具条会出现在画布左侧。）

2. 单击“用颜色填充”工具，选择空白颜色（白底红色斜线）。

3. 将鼠标移到绿色形状上并单击一次。

4. 这就是我所说的奇迹！是不是很酷？当然，花了很多步骤，但是如果在位图模式下使用擦除工具来做的话，将会需要更多、更长的步骤，而且，看上去还不会这么清晰。

如果在背景上还能看到细线，使用“擦除”工具擦除或者使用“选择”工具把它们删除。如果边缘部分还有些颜色，没关系，等我们使用另外的拼贴技巧将它和其他角色混在一起后，看起来就没那么明显了。

刚刚创建的覆盖住部分图像的矢量形状就像一个遮罩，就像刷卧室的墙壁时在窗户四周贴的覆盖胶条。不过，可别告诉你父母说我允许你重新粉刷你的卧室（除非只是在 Scratch 里做一个虚拟的粉刷）!

使用虚像效果修改角色

有没碰巧注意到有些前景角色是有点儿透明的，以至于可以看见部分它后面的图像？要做到这种照片和其他图像混合的效果，需要在 Scratch 中编写一些脚本，不过这么做绝对是值得的。

让角色透明

我们只让两个角色变得透明（我用安妮•弗兰克和大卫之星）。

1. 单击要变透明的第一个角色（我单击安妮弗兰克的肖像）然后单击“脚本”标签页。
2. 将绿旗积木和“将颜色特效设定为……”积木拖到脚本区。
3. 单击“将颜色特效设定为……”积木中的颜色后面的倒三角，选择“虚像”。
4. 在同一块积木中将数字0改为30。

现在，当单击舞台上方的绿旗时，我们的角色就会马上变透明了（明白为什么叫“虚像”特效了吗？）

当单击舞台上方的“停止”按钮时，角色的特效就会关闭，只有当再次单击绿旗时，它才会再显示。

可以使用同样的步骤把另一个角色变透明，不过我们使用一个更简便的方法。

1. 找到刚修改的角色的脚本，单击“当绿旗被单击”积木，将整个代码块拖到另一个想让它变透明的角色上面（在舞台下方）。

2. 单击刚拖到的角色，会发现绿旗积木和特效设置积木都已经被复制过去了。

3. 将虚像特效值从 30 改为 50，这样第二个角色（我这里的大卫之星）会被混合得更多。

4. 单击绿旗按钮查看一下作品的效果。

想从一个角色拖多少脚本块到另一个角色都可以，但是这些脚本必须是拼在一起的才能被整体复制，也可以把造型和声音从一个角色拖到另一个角色。

调整角色亮度

我把安妮•弗兰克的签名加进了前面的图像以显示颜色的重要性。这个签名放在安妮的透明肖像前，是不是让你眼前一亮？

另一个让某个图像抓住注意力、或者说让其他图像不那么引人注意的方法是调整它的亮度。我通过变暗后面建筑物的颜色来让安妮的肖像更显眼。

1. 单击要调整的角色。
2. 将下面的积木块拖到积木区，并将里面的数字调整到合适的值。

3. 单击绿旗按钮（或直接单击积木块）查看效果。
4. 不断调整角色的亮度直到达到你满意的效果。

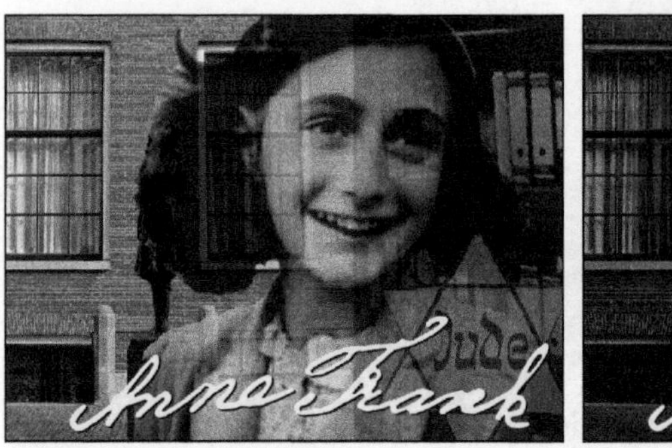

将建筑物照片的颜色调暗使得它和书架更协调，这样它们之间就没有明显的的分界线了。也可以通过调整最重要元素的亮度来让它吸引注意力。如果我给安妮的肖像增加一条亮度为 20 的积木会怎么样呢？

调整角色的颜色

设置特效积木还可以用来调整角色的颜色，这一点用在颜色靓丽的角色上效果最好。

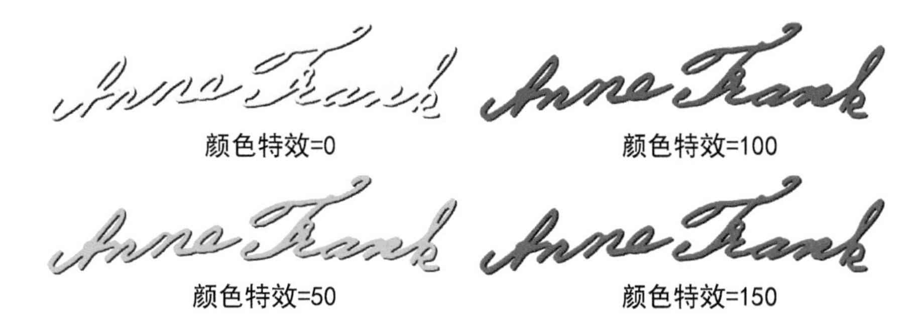

颜色特效=0　颜色特效=100

颜色特效=50　颜色特效=150

对于黑白色的角色（或灰度），颜色特效积木会给它增加一点儿淡彩色。

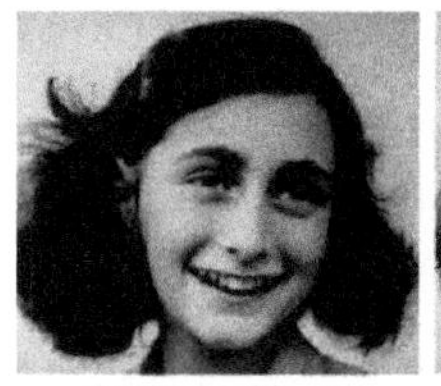
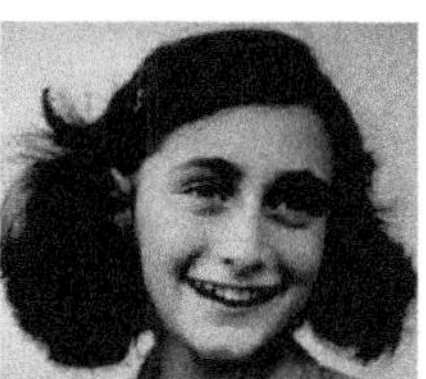

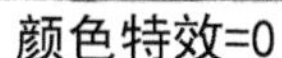

颜色特效=0　颜色特效=50　颜色特效=100　颜色特效=150

还记得我们是如何隐藏角色的吗？现在让我们把这些角色一个个显示出来（按住 Shift 键单击舞台下面的图标，然后选择“显示”），并尝试给它们设置不同的颜色、亮度和虚像特效。是不是有点儿折腾？（或者说我有点儿过头了？我是一个 Scratch 痴迷者，难道不是吗？）

如果想在程序运行的时候把角色重设成原来的样子，可以使用“清除所有图形特效”积木。

用矢量文本制作标题

我的拼贴画中安妮的签名就是一幅矢量图。不过，为了你，我要把这个签名隐藏起来（按住 Shift 键单击，然后选择“隐藏”），然后再使用矢量文本创建一个新的角色。

1. 单击“绘制新角色”。
2. 单击“造型”标签页。

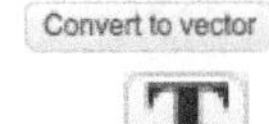

3. 单击“转换成矢量编辑模式”按钮。
4. 单击“文本”工具。
5. 选择一种字体（我选择 Helvetica）。
6. 选择一种颜色（我选择黄色，因为它比较适合深色的背景）。
7. 在绘图画布左边缘附近单击并为你的拼贴画输入标题（ 因为是矢量角色，事后还可以再编辑）。
8. 如果需要调整文字大小，单击“选择”工具，再单击并拖曳任意一个角。

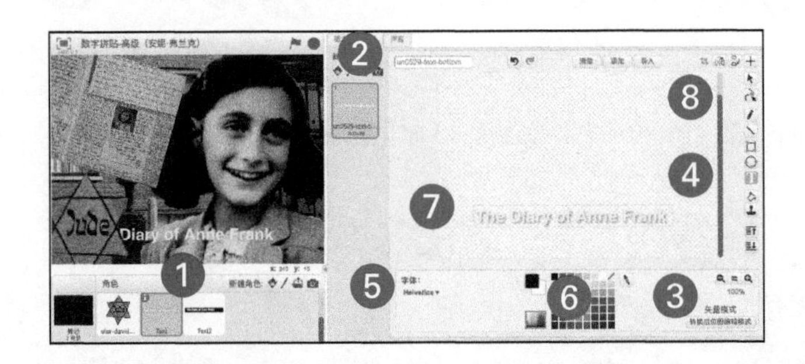

有可能会需要将这个文本角色拖到舞台上某个位置然后再在画布上调整它。我通常会来来回回调整好几次才能调好。我把这个标题放在拼贴画底部以便不遮挡安妮的脸或大卫之星上的字。

当背景上既有浅色又有深色的时候，选择文本的颜色可能会有点儿困难。可以通过给文字加一个背景矩形框来解决这个问题（浅色文字配深色背景框或者深色文字配浅色背景框）。

1. 选择包含标题的文本角色并单击“造型”标签页。
2. 单击“矩形”工具。
3. 选择轮廓模式。
4. 选择一个和文本颜色对比鲜明的颜色。
5. 在文本的左外上角单击并拖到右下角来包围住整个文本。

6. 单击“为形状填色”，再单击矩形的内部来为它填色。
7. 单击“选择”工具，再单击矩形选中它。
8. 单击“下移一层”按钮。

完成你的拼贴画

重新检查我的作品，我发现我忘记添加安妮的日记了，这可是最重要的照片之一。通过研究舞台上其他角色的组合，我发现右半部分的图像比较多，因此，我把安妮的日记显示出来并把它放到左边。我决定不对日记做透明处理，因为这样看上去更真实。

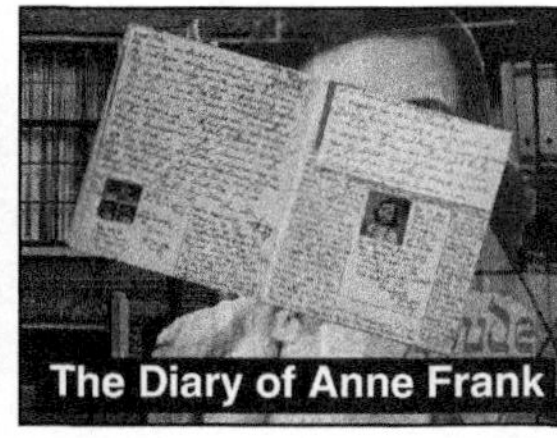

我几乎已经对这幅作品满意了，不过我还有一个想法，我想重新排列一些角色以达到我最喜欢的布局效果。

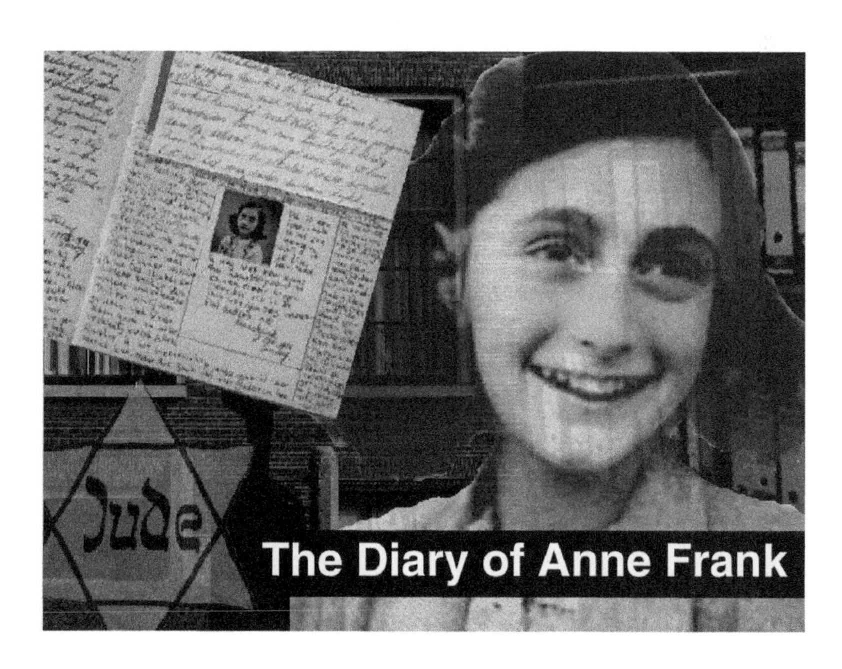

我想说我真的非常满意我的这幅安妮•弗兰克拼贴画。我觉得这幅作品的质量也反映了我对这位英雄女孩（也是一位了不起的作家）深深的敬意。

瑞安一点儿也不反对安妮•弗兰克，不过他不太可能围绕一个女孩的照片制作一幅完整的拼贴画。他用自己喜欢的一位英雄——哈利•胡迪尼，制作了一幅非常酷的拼贴画。他的作品展示了一种完全不同的图像排版方法，使得作品整体比其部分更有意义。

拼贴画技术的用途

这些技术不仅仅对制作拼贴画有用，还可以利用这些技术做如下事情。

- 将不同的元素，比如天空、云、树木、小山、草地等，组合起来制作非常漂亮的背景。
- 改变角色库中角色的颜色来增加多样性。
- 让文本特效随时间变化，比如制作动画贺卡和学校或俱乐部的展示作品。
- 将矢量图和位图组合在一起来改变角色的装扮。
- 通过给造型添加矢量形状来逐步给游戏中的角色添加武器、工具和其他物品。

第2部分

成为 Scratch 动画大师

这一部分里……

第 6 章　动画
第 7 章　大人物的动画
第 8 章　地方、地方、地方
第 9 章　听起来不错
第 10 章　灯光、摄像，开拍！

第 6 章
动画

原本这里该谈谈动画的历史，然后说说不同的分类，再给一堆的例子，接着……算了吧！也许我就是彻头彻尾的傻瓜，我们何不直接开始做个动画呢？

在这一章，我们要从最简单的动画形式开始，用简笔画来讲一个小故事。简笔画一个显而易见的好处是做动画就和把它们画出来一样简单（特别是在矢量模式中）。

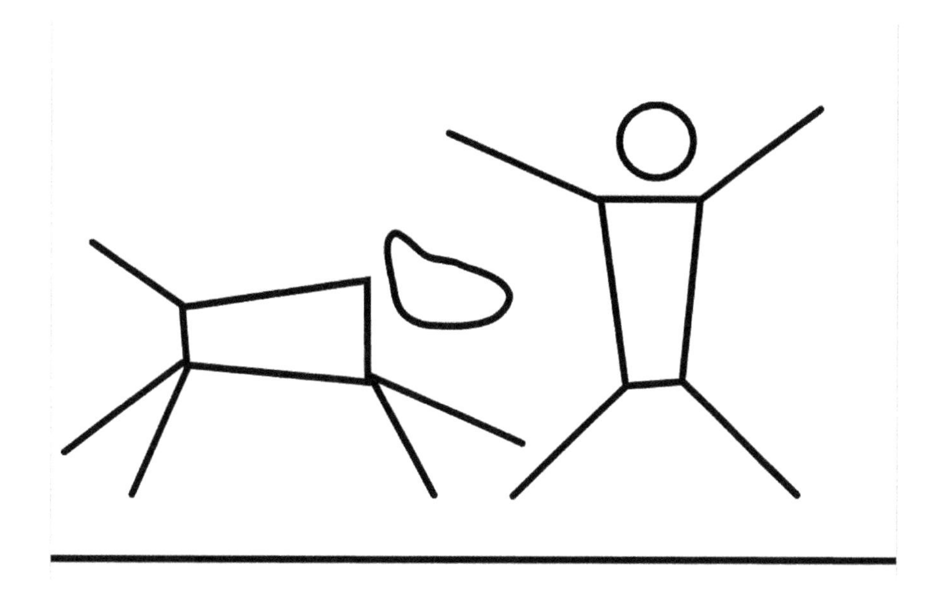

画第一个角色

在过去还没有计算机的时候，艺术家必须得为一秒的动画手工绘制十几幅图片。如果想要做一分钟的动画，恐怕就得做至少 600 张图片！不知道你怎么样，我得花上很多个星期才能完成。还好，使用一些 Scratch 技巧和手段，只用画出几幅图片然后再用矢量工具或代码块修改就可以做出动画来。

创建一个作品

1. 访问 scratch.mit.edu 或是打开 Scratch 2 离线编辑器。
2. 如果在线使用，单击“创建”。如果是离线使用，选择“文件⇨新建”。
3. 给作品取个名字（在线的话，选择标题然后输入“简笔画动画”；离线的话，选择“文件⇨另存为”然后输入“简笔画动画”）。
4. 把那只猫给删了（右键单击然后选择“删除”）。

画身体部件

作为一幅简笔画，需要有个圆圈来作头、一个矩形作身体，还要一些线段来作胳膊和腿脚。一开始先分别把它们画出来可能会更容易一些。

1. 单击“绘制新角色”图标。
2. 单击“造型”标签页。

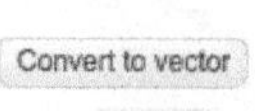

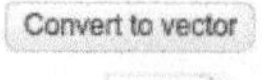

3. 单击“转换成矢量编辑模式”按钮（在绘制编辑器的右下角）。

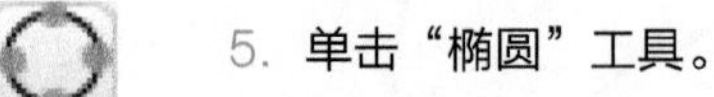

4. 单击一次“放大”按钮放大到 200% 的比例（这样画的时候会比较容易）。
5. 单击“椭圆”工具。
6. 单击调色板左边的“轮廓线”方式。

7. 拖曳线宽滑动条来调节线宽。
8. 选择黑色。
9. 单击拖曳画一个小的、空心的头。别忘了要按住 Shift 键来画正圆。

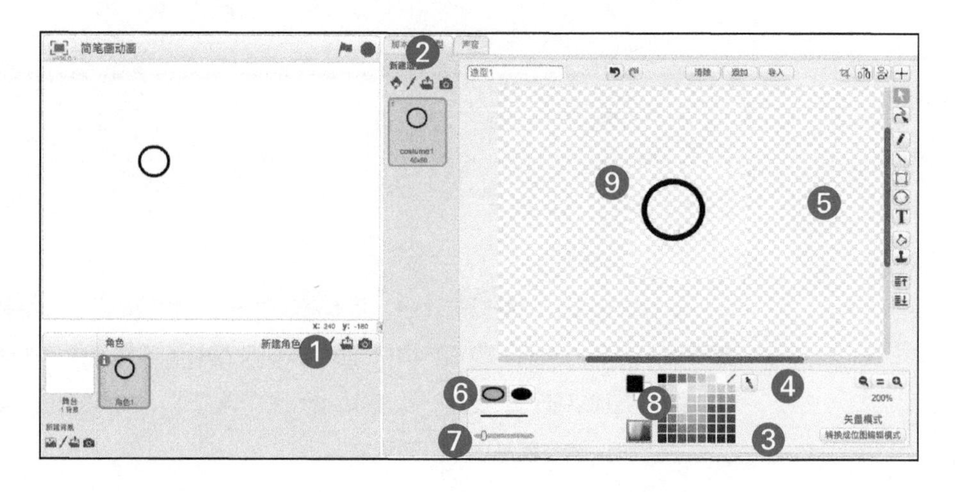

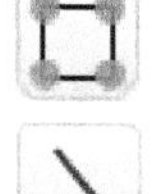

10. 用“矩形”工具画出一个空心的身体。
11. 用“线段”工具画出胳膊和腿脚。

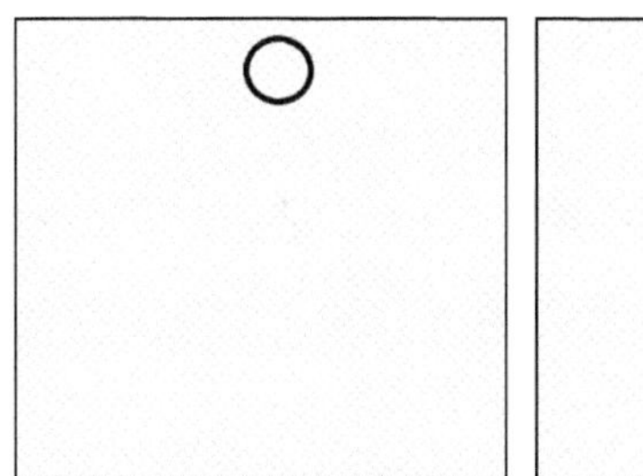
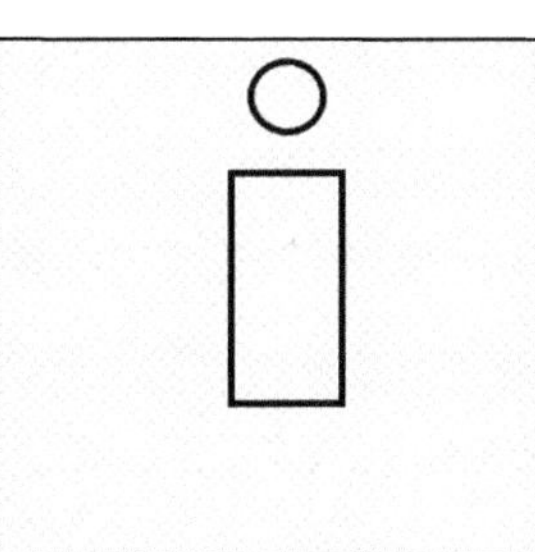
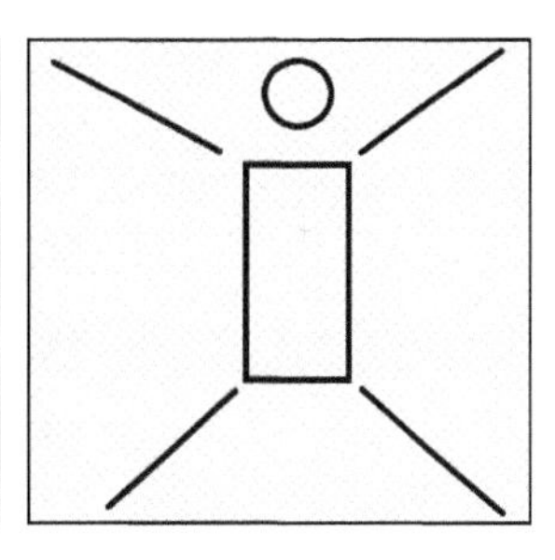

我绝对不会想在位图模式下用简笔画来做动画，因为这样就无法使用最有用的工具——“变形”工具。

用变形工具雕刻身体

下面是如何让那个矩形更像人的身体、并和胳膊腿脚连接的步骤。

1. 单击“变形”工具，然后单击身体的轮廓线。
2. 单击拖曳身体的每个角到新的位置。
3. 单击拖曳胳膊的端点到身体上面的两个角上，也就是肩膀应该在的那个位置。
4. 单击拖曳腿脚的上端到身体下面的两个角上。

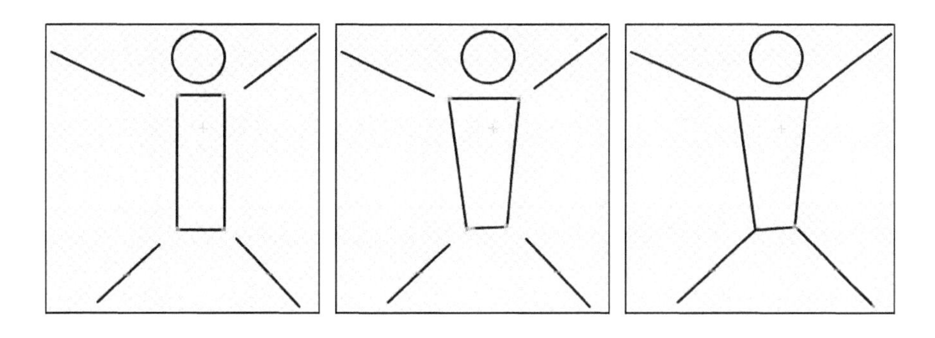

看到用“变形”工具来修改简笔画有多方便了吧？因为是在绘图编辑器的画布上放大了 200% 来画的，还需要检查下舞台上的图看起来怎么样。我的线条看起来太细了点。

调整多条线条的宽度

好在只要还是在矢量模式，就有一个快速调整角色中所有线条的办法。在位图模式下的话，就得逐一修改了。

1. 单击“选择”工具。
2. 单击并拖曳划过绘图编辑器画布上的整个图，把所有的线条都选中。

3. 使用线宽滑动条来增加线条的宽度。
4. 查看舞台上的角色，找出最适合的宽度。

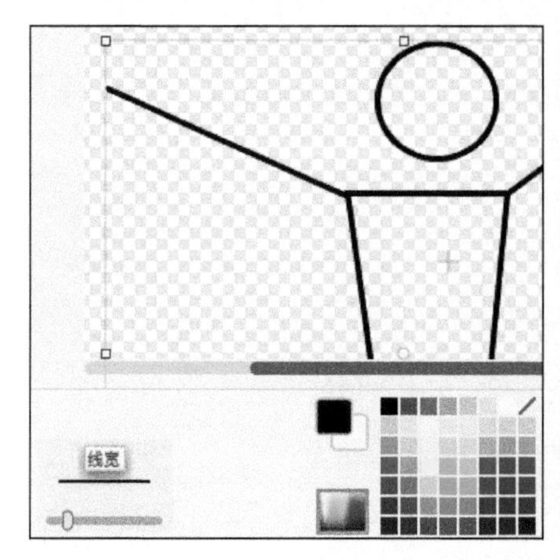

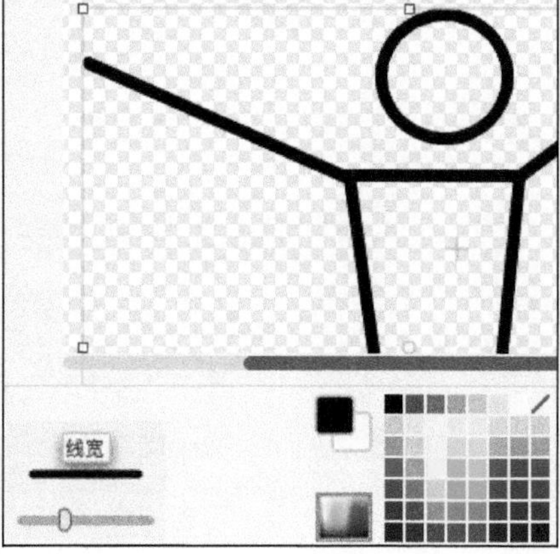

让简笔画动起来

在 Scratch 中，有两个办法可以让角色动起来:改变它在舞台上的位置，或切换角色内的造型。比如说想让人物做几下开合跳，我们已经有了四肢伸展的姿势，只需要做处四肢并拢的姿势就好了。

1. 右键单击“造型 1”，然后选择“复制”。

2. 选择“变形”工具，单击左边的胳膊，然后单击并把有手的那端往下拖。
3. 对另一只胳膊和两条腿重复第 2 步。
4. 反复选择“造型 1”和“造型 2”来查看变化。

我在“ 造型 1”和“ 造型 2”之间交替单击的时候，有些地方不对劲。我的角色看起来不是在做开合跳，更像是躺下在划雪的天使。

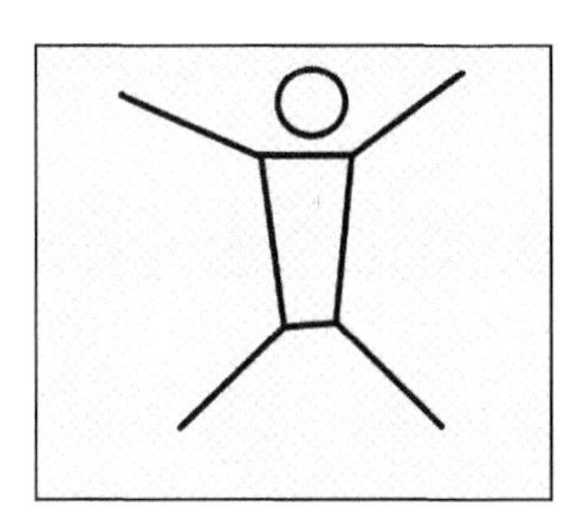
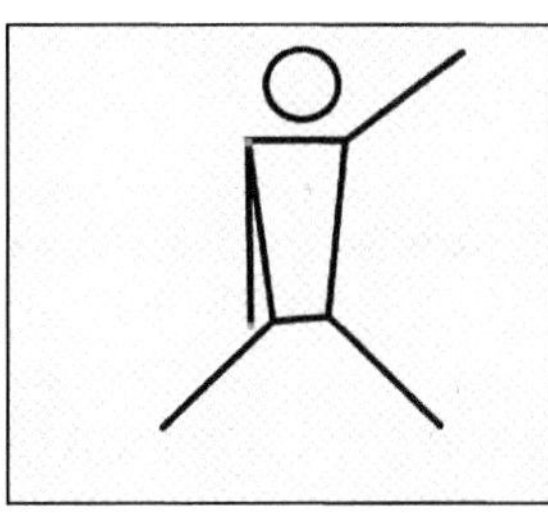

你想，当人们在跳开合跳的时候，并不只是在挥动四肢，身体也是在移动的。如何能做出使整个身体移动的效果呢？这就需要在身体上下移动的时候，有些东西保持不动。

画一个简单的背景

希望你自己能做这个了……画条直线！只要有一条表示地面的线，就能有很大的差异，真的。如果可以的话，我建议你仍然使用矢量模式，这样画面的一致性好，而且也便于以后修改背景。

1. 单击简笔画角色左边的“舞台”图标。

2. 单击“转换成矢量编辑模式”按钮。

3. 使用“ 线段”工具画一条黑色的线，在接近窗口底部的地方，贯穿整个绘制编辑器画布。画的时候按住 Shift 键以避免线条歪歪扭扭的。

4. 可能需要用线宽滑动条来调整线条的宽度，像在简笔画那里做过的一样（在舞台上检查一下角色和这条线的宽度是否相称）。

调整在背景下的移动

在开合跳的每种姿势中，脚都应该是在地上的。如果把绘制编辑器画布的底当作所有造型的地面行不行呢？

1. 单击简笔画角色，然后单击造型标签页上的“造型 1”。

2. 用“选择”工具单击拖曳选中整个图。
3. 按几次键盘上的下移键，直到简笔画的脚和绘制编辑器画布的底重合。

4. 可以需要用“变形”工具来对齐脚底和窗口的底。
5. 对“造型 2”重复第 1～4 步。

可以用单击拖曳为什么还要用下移键呢？因为这样可以避免不小心让角色往左或往右挪动（那样会让动画看起来是一抖一抖的）。

回到舞台上，单击简笔画，然后拖动它，让每条腿的底部都和地面对齐。如果在“造型 1”和“造型 2”之间交替切换，两脚应该能保持在地面上。

不过，好像还是少了点什么……你站起来做几个开合跳看看。真的！作为动画师，有一件事情是必须要做的，就是把每个动作都自己演一遍。

你的脚会始终在地上吗？当然不会。为什么叫作开合跳？因为要向上跳！

在开合中加入跳的元素

现在如果交替改变造型，看起来就好像脚在地板上划来划去。需要在“造型1”和“造型 2”之间加入一个姿势，让四肢位于另两个姿势之间的高度，而身体则在地面之上。做到这里，最好给造型取个名字，这样才不会弄混了。

1. 单击“造型1”，选择造型的名字，然后输入“举起手臂”。
2. 单击“造型2”，然后把名字改成“放下手臂”。
3. 右键单击“举起手臂”造型，然后选择“复制”。
4. 在造型列表中单击拖曳这个新的造型向上，让它位于“举起手臂”和“放下手臂”之间。
5. 把中间的这个造型命名为“手臂放中间”。

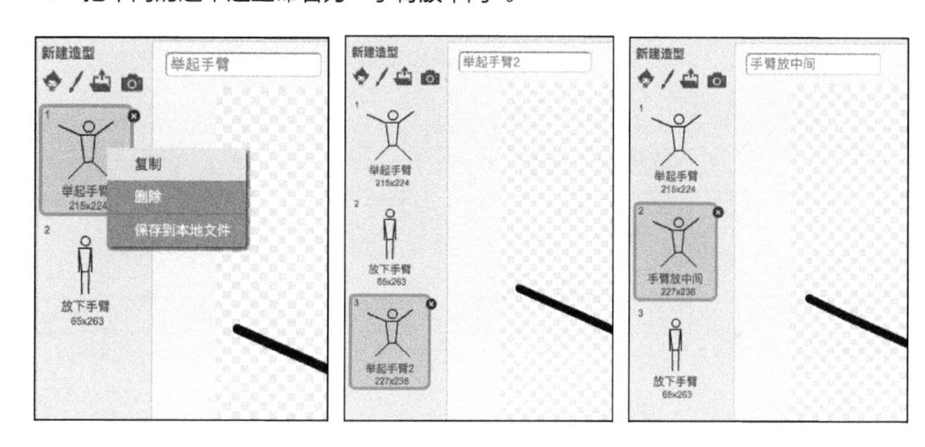

因为脚是在画布的底部，所以在重新安排腿的位置之前，需要选中整个图形然后向上移。

1. 单击“选中”工具。
2. 单击拖过整个简笔画来选中整个身体的所有部件。
3. 按上移键50次。

4. 用“变形”工具拖动胳膊和腿脚的末端，让它们相互靠近一点儿。

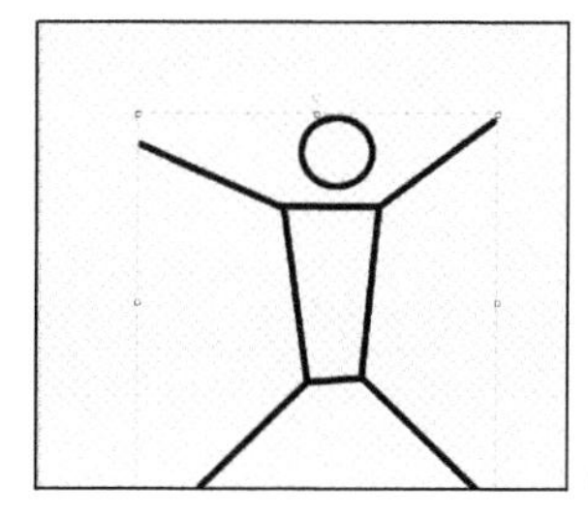 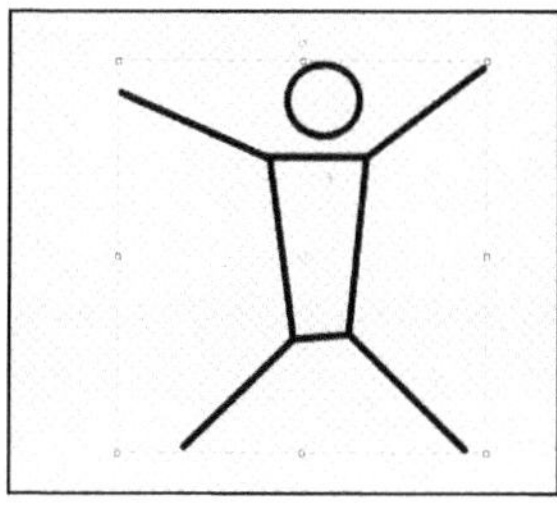 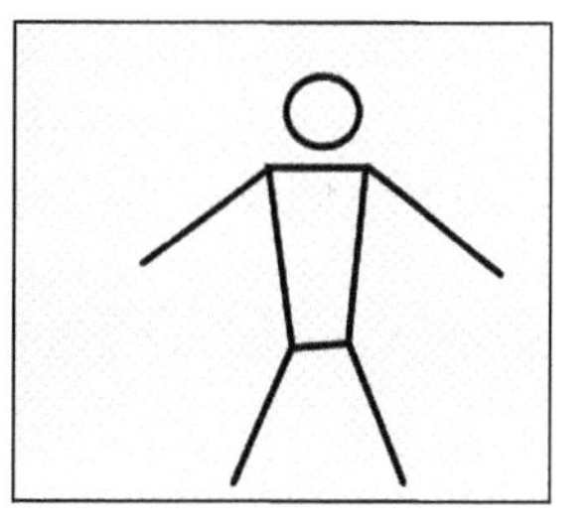

这样做了之后，腿脚的底端应该还是在地板之上的。如果想要它跳得高一些，就再次选中所有的部件，然后多按几次上移键。

现在有三个造型了，要轮流单击它们查看动画效果就比较困难了，所以，是时候给人物加上一些代码了。

用代码块做动画

对 Scratch 的积木块越熟悉，就能越快地做出动画来。先来创建一个循环（就像第 3 章里的乌龟），循环能让动画重复任意多次。要做 10 次开合跳，请按以下的步骤操作。

1. 单击“角色 1”的“脚本”标签页。
2. 把下面的积木块拖进脚本区，然后修改其中的数值。

```
当 被点击
将造型切换为 手臂向下
将造型切换为 手臂放中间
将造型切换为 手臂向上
```

单击绿旗来测试代码，发生了什么？看起来似乎什么都没有发生，因为造型切换得太快了，以至于都看不清了。就需要在两块“将造型切换为……”积木之间插入“等待……秒”积木让切换慢下来，这样才能看清楚。默认的 1 秒太长了，试试将等待的时间改为 0.25（四分之一秒）。

```
当 被点击
将造型切换为 手臂放中间
等待 0.25 秒
将造型切换为 手臂向上
等待 0.25 秒
将造型切换为 手臂向下
等待 0.25 秒
```

现在，按下绿旗按钮，就应该能看到造型切换了。如果想要让人物做 10 次开合跳，可以堆叠更多的积木块，也可以用“重复执行……次”积木块。

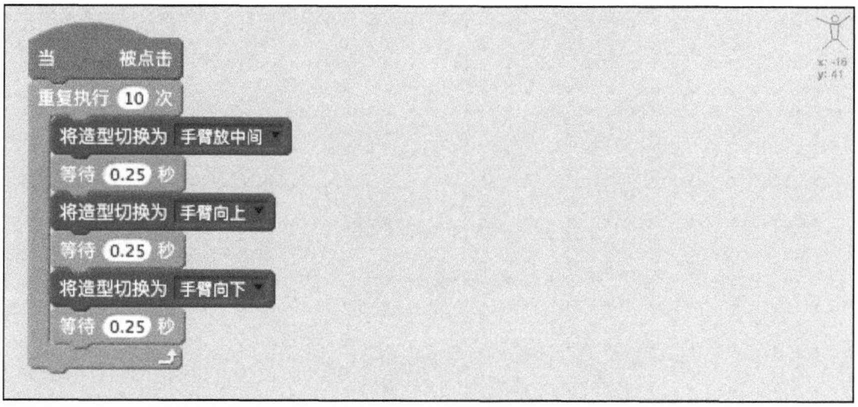

```
当 被点击
重复执行 10 次
    将造型切换为 手臂放中间
    等待 0.25 秒
    将造型切换为 手臂向上
    等待 0.25 秒
    将造型切换为 手臂向下
    等待 0.25 秒
```

简笔画中的人物应该要做 10 次开合跳，但是看起来并不是那么回事。你能找出代码中的问题吗？人物从两臂向下开始，切换到两臂在中间，然后两臂上举，然后直接跳到两臂向下再来重复。所以需要再加一次两臂在中间的姿势来让每次开合跳之间平滑过渡。当然每个“将造型切换为……”都需要一个“等待……秒”积木。

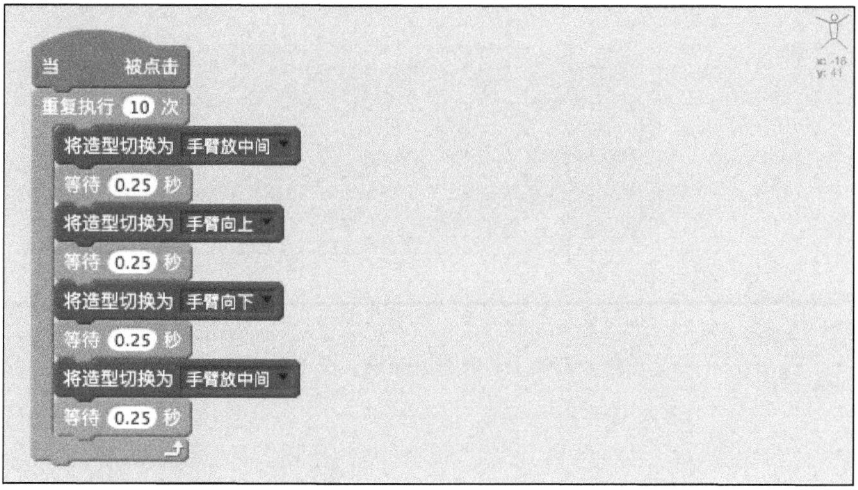

```
当 被点击
重复执行 10 次
    将造型切换为 手臂放中间
    等待 0.25 秒
    将造型切换为 手臂向上
    等待 0.25 秒
    将造型切换为 手臂向下
    等待 0.25 秒
    将造型切换为 手臂放中间
    等待 0.25 秒
```

现在单击绿旗按钮，就应该能看到 10 次开合跳中所有的造型变化了。不过还有一个问题。你自己跳开合跳的时候，难道不会在双臂上举和下垂的位置上停留一下吗？在那两个姿势上不是应该多等待一会儿吗？我花了几分钟来尝试各种不同的等待时间值，最后发现这些值的效果最好。

```
当 被点击
重复执行 10 次
    将造型切换为 手臂放中间
    等待 0.25 秒
    将造型切换为 手臂向上
    等待 0.125 秒
    将造型切换为 手臂向下
    等待 0.25 秒
    将造型切换为 手臂放中间
    等待 0.125 秒
```

这下单击绿旗按钮后看到的开合跳应该好多了。不过，当停下来的时候，它停在跳了一半的中间姿势上，所以需要在“重复执行 10 次”积木后面放一个“将造型切换为……”积木，把人物切换回直立的姿势。

```
当 被点击
将造型切换为 睡觉
等待 5 秒
将造型切换为 醒来
```

也许我是个急性子，我不愿意每次修改代码都要坐等 10 次开合跳完成。我通常在编程的时候会用较小的数字来测试，当开合跳的表现令我满意了之后，再把这个数值提升到 10（或 100）。

给动画加点幽默元素

去搜索优酷或其他在线视频网站时，会发现大量的搞笑简笔画动画，它们有什么共同的地方呢？和一个故事一样，动画应该有开头、过程和结尾。不过是什么让大多数动画有趣呢？通常是一些惊喜元素！

我知道跳 10 次开合跳的简笔画算不上什么惊喜。如果要让它有趣，可以加什么来让观众惊喜呢？现在的开合跳就像是一个只有中间过程的故事（没有开头，也没有结尾）。

要把这个场景转换成一个有趣的故事，需要回答两个问题。

1. 为什么简笔画中的人要做开合跳？

2. 什么事情能让他停不下来？

随便看个幽默场景，就会发现都有一个人物，他真的很想要某个东西，然后会有个障碍物阻碍他获得那个东西。在皮克斯电影《飞屋环游记》里，一个脾气暴躁的的老人想要远离所有人，于是他把手上所有的气球系在了房子上然后起飞。结果呢？一个烦人的童子军小男孩和他一起飞了起来。

一个跳几次开合跳的简笔画……如果每次跳起来就让它的脑袋变大一点，直到它能像一个气球那样飞起来呢？如果那个大大的气球脑袋旋转着带着身体向上、向上然后不见了呢？惊喜吧！是，但是还算不上是滑稽。

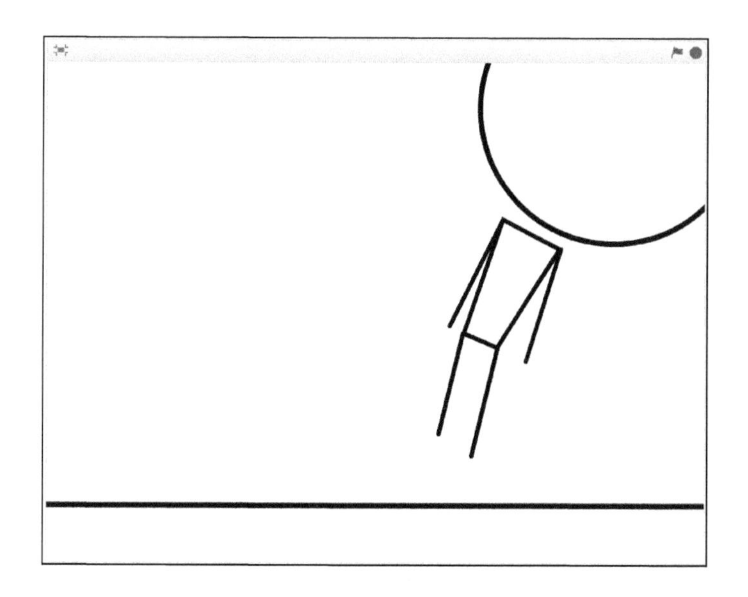

也许需要第二个人物了，比如《飞屋环游记》里的小男孩、《乐高大电影》里的蝙蝠侠，或是《怪物史莱克》里的那头驴，或是哪里的那条狗……。就是它了！给我们的简笔画人物加一个简笔画宠物！一条不让他做早操的狗！

添加简笔人的最好的朋友

这里又有一个我喜欢的Scratch简笔画动画技巧。不需要画新角色，可以复制第一个角色，然后重新组合身体的部件（ 有点儿像《 科学怪人弗兰肯斯坦》）。这样的话，要确保角色的大小合适，而且拼起来看上去也正常。既然会有不止一个角色，就应该给每个角色取个名字。

1. 右键单击“角色 1”然后选择“复制”。
2. 右键单击两个角色，选择“Info”，然后修改它们的名字。我把那个人叫作“ 斯蒂奇”，而第二个叫作“沃夫”。
3. 单击“回退”按钮离开“Info”视图。

当然你可以给自己的动画人物取更好的名字。我整天都在写 Scratch 动画，已经没什么创意了，哥们儿!

这样就有两个角色了。单击“沃夫”角色的图标，打开“造型”标签页，然后在每个造型图标右上角的那个小叉叉那里单击一下，把所有的造型都删了，只留下第一个，第一个造型是新角色的基础。

修改部件来创建新角色

用“选择”工具来旋转身体，然后把其他的身体部件拖曳到适当的位置，再用“变形”工具来雕刻狗的头。

1. 单击“选择”工具。
2. 单击身体形状。
3. 单击旋转把手（在选中的形状上方的小圆圈），然后拖曳着把身体旋转成水平的位置。
4. 单击拖曳四肢到对应的位置。

5. 单击“变形”工具。
6. 单击头，然后单击拖曳那些控制点，把它雕刻成更像狗头的样子。

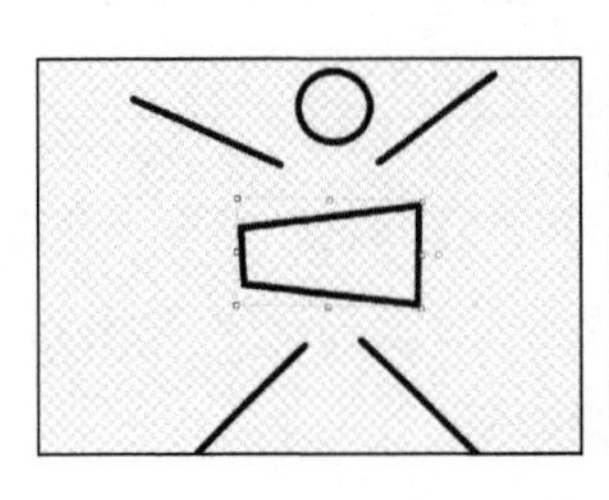
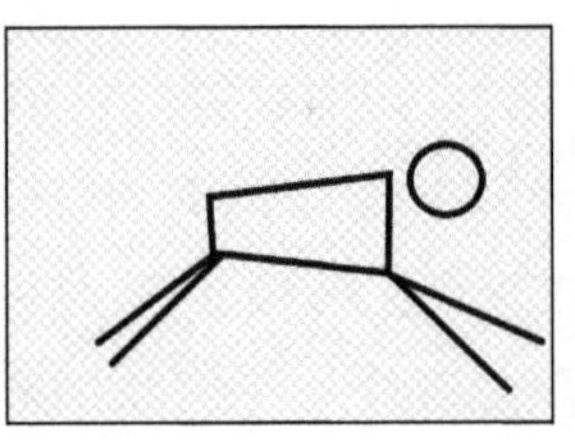
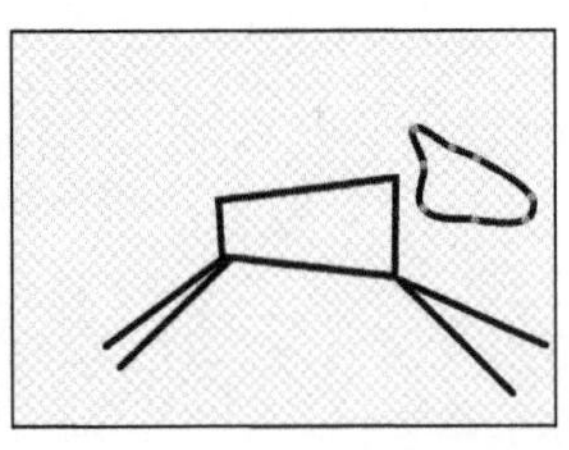

开发自己的幽默故事

狗狗会阻碍斯蒂奇做完早操，可是这个故事要怎么开始呢？为什么斯蒂奇要做操？我能想到各种各样的理由，可是哪一个是能方便快捷地表示出来的呢（这样就不至于要用一个小时来做动画）？人们为什么要锻炼，怎么能让锻炼有趣呢？要是斯蒂奇贴了张肌肉男的海报会怎么样？要是看到一个瘦削的简笔画人物走过舞台贴了一张海报，而海报上的简笔画人物却有着疯狂的肌肉，会不会有趣？

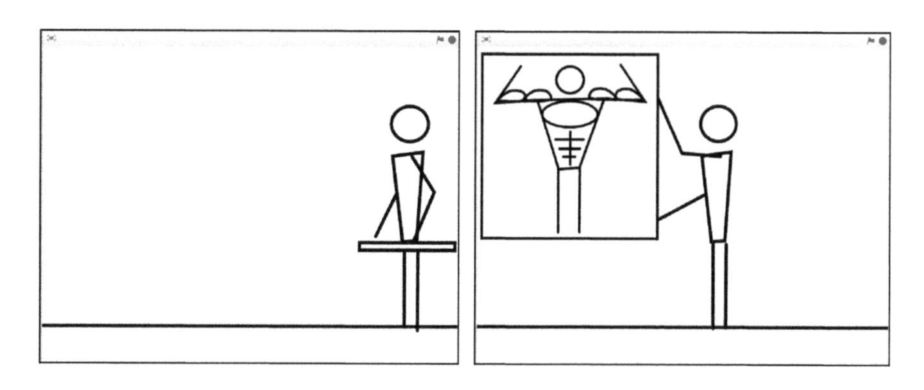

斯蒂奇开始做开合跳，可是狗狗却跑过来骚扰他。斯蒂奇不理睬狗狗，可是狗狗却跳起来撕破了海报，于是斯蒂奇去追狗狗。结果追了很久，以至于他的腿部肌肉变得非常发达，但手臂、胸部却还是老样子，也没有练出六块腹肌。那会是很有趣的故事。

不过，你能做得更简单一些吗？那样我们就能完成这第一个动画，好到下个章节去学习更酷的技术。如果斯蒂奇上台的时候，海报已经贴在墙上了怎么样呢？狗狗也可以已经在那里了，然后就只需要那个男人入场了。

像人一样走路

我们让斯蒂奇以尽可能快的速度到舞台上来，好吗？等下，他已经在舞台上了，把他弄下来！

1. 右键单击“沃夫”这个角色然后选择“隐藏”。
2. 选择斯蒂奇然后把造型换成“双手向下”。
3. 单击拖曳斯蒂奇到舞台的最右边。

我们想让斯蒂奇走到舞台上，然后再开始做开合跳，所以需要在“当绿旗被单击”和“重复执行 10 次”积木块之间加入新的代码。把下面的代码块拼到“当绿旗被单击”下面，然后修改其中的数值。

```
当 被点击
将造型切换为 手臂向下
移到 x: 260 y: 38
在 3 秒内滑行到 x: 100 y: 38
等待 1 秒
```

这时候单击绿旗来测试代码，斯蒂奇就应该从屏幕的右侧开始，慢慢地移到中间，停留一秒钟，然后再开始做 10 个开合跳的组合动作。

如果给沃夫加一个睡觉的姿势，然后让狗狗在斯蒂奇开始锻炼的时候醒过来怎么样？

用选择工具旋转部件

在矢量模式下，修改角色的形状主要有两个工具：选择和变形。在斯蒂奇身上用过变形工具来移动四肢的末端，有些人发现对于简笔画来说，这些工具非常快捷方便。但这个方法的问题是在移动端点的时候四肢的长度会改变。

要在旋转的时候保持线段的长度不变，可以用“选择”工具。对于矢量图形，按照下面的步骤，甚至可以改变旋转所依据的点。

1. 右键单击沃夫的图标，然后选择“显示”。
2. 单击沃夫选择这个角色，然后单击“造型”标签页。
3. 右键单击造型，然后选择“复制”（以免后面还要使用原来的姿势）。
4. 单击选择新的造型，然后改名为“睡觉”。
5. 单击“选择”工具，然后单击某条后腿。
6. 右键单击选中的矩形中间的小圆圈，把矩形拖到腿要与屁股连结的那端。
7. 移动鼠标到矩形外面的小圆圈，稍等一下让它变成环形的箭头。
8. 单击拖曳这个环形箭头向前旋转这条腿，让它位于狗狗的身体下方。

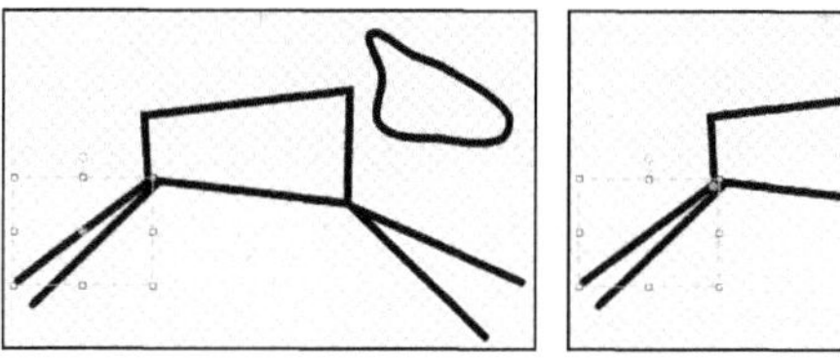
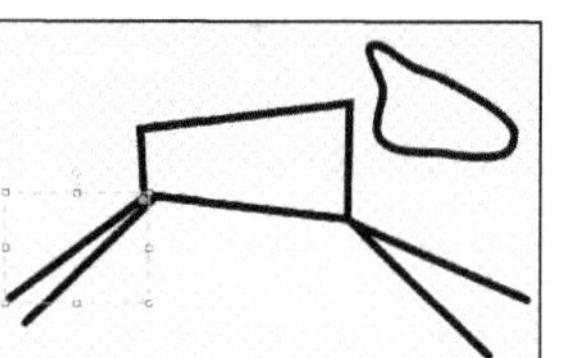
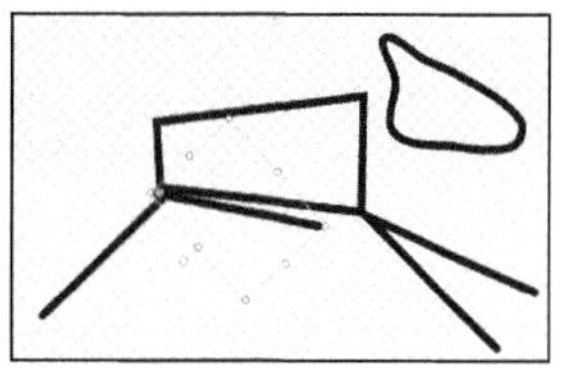

继续用相同的步骤旋转另外三条腿，把头低垂下来，然后单击拖曳整个角色到舞台的左侧。

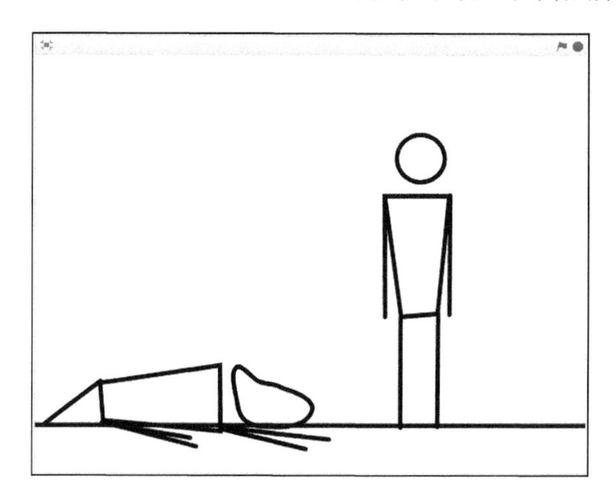

让狗狗动起来

最后，是时候让狗狗活过来了，不是吗。给沃夫设计一个醒来的造型。

1. 右键单击沃夫的睡觉造型，然后选择“复制”。
2. 重命名新的造型为“醒来”。
3. 单击“选择”工具。
4. 单击拖曳狗狗的头，让它抬起来一点（也可以用上移键来做更精确的移动）。
5. 单击拖曳让尾巴抬起来。

加上狗狗的动画代码

在动画中，特别是有两个或多个角色要交互的时候，时序是关键。你能看出狗狗在醒来之前应该等待多少秒吗？回头看看斯蒂奇的代码：滑过来要三秒，做开合跳之前要停一秒。所以狗狗应该等待大约五秒，对吗？

1. 单击“脚本”标签页。

不开玩笑！危险！

如果你的狗狗也像我的一样是用人物角色复制出来，那它应该已经有开合跳的代码了。右键单击“当绿旗被单击”，然后选择删除。

2. 把下面的代码块拖进脚本区，然后修改相应的数值。

单击绿旗按钮，狗狗就应该会睡五秒，然后抬起头和尾巴，好像醒来一样。狗狗接着

要怎么做？如果我走进房间，房间里正好有狗狗醒来，如果它认识我，通常它会摇摇尾巴的。

做尾巴摇摆的动画

摇尾巴最快的方法是什么？只要复制“醒来”这个造型，命名为“摇尾”，然后用“选择”工具再来旋转尾巴就可以了。

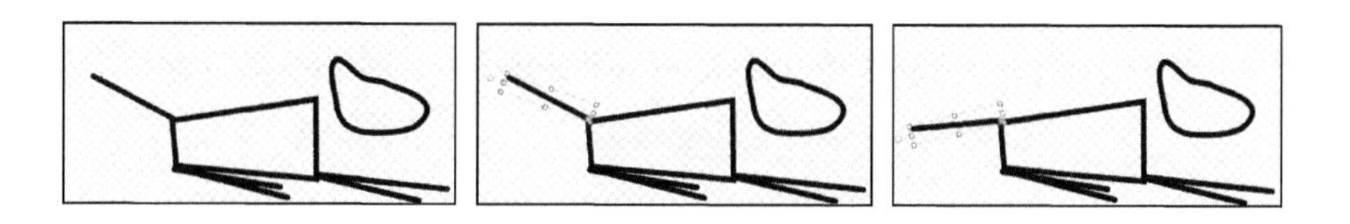

用“重复执行……次”积木在“醒来”和“摇尾”之间切换。我觉得还应该在刚醒来和开始摇尾巴之间加个一两秒的延时（显然狗狗一醒来还需要个几秒才能表现出兴奋来）。

```
当 被点击
将造型切换为 睡觉
等待 5 秒
将造型切换为 醒来
等待 2 秒
重复执行 5 次
    将造型切换为 摇尾
    等待 0.25 秒
    将造型切换为 醒来
    等待 0.25 秒
将造型切换为 睡觉
```

x: -106
y: 26

这时候单击绿旗，简笔小人就会滑过舞台到狗狗的地方，开始做开合跳，然后狗狗的头应该抬起来。接着狗狗应该等待两秒，然后摇摆尾巴 5 次。我不知道你的怎么样，可是我的看起来有问题。

像人一样说话

人物是简笔画，所以我觉得它最好是“坚持（英文中和简笔是一个单词，有趣吧？）”

用气泡来说话，而不是录音（第 9 章会介绍数字音频）。可以给新造型画一个说话的气泡，也可以做一个独立的角色，不过我发现用“说……”这个积木块更容易。

我想让它在跳开合跳的时候说话，如果把“说……”积木放到“重复 10 次”积木里面，斯蒂奇就会不断地重复说相同的东西，直到最后一次开合跳结束。

一位可怜的小动画师能怎么做呢？

如果已经做过了本书的某个游戏作品，可能已经注意到同一个时间，不同的角色之间，甚至一个角色内，可以有不同的代码序列。就是说可以在现在的简笔小人滑动和开合跳的代码之外，再加一个“当绿旗被单击”积木，然后用一些“等待……秒”积木来实现说话的时序。

1. 单击斯蒂奇角色的图标然后单击“脚本”标签页。
2. 把新的积木块拖进脚本区，放在现在的那组积木块的右边。

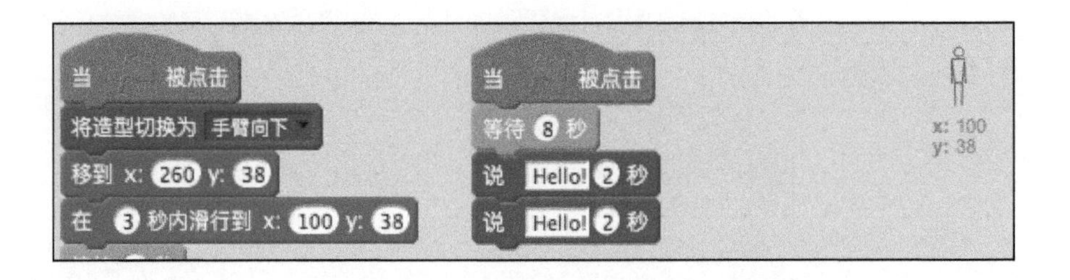

3. 单击每个“说……”积木块，把里面的“Hello！”换成你想要它说的内容（除非你就是要它说“Hello……Hello！”）。

我会让我的这个家伙说:“回去睡觉”，然后说“让我做完！”。

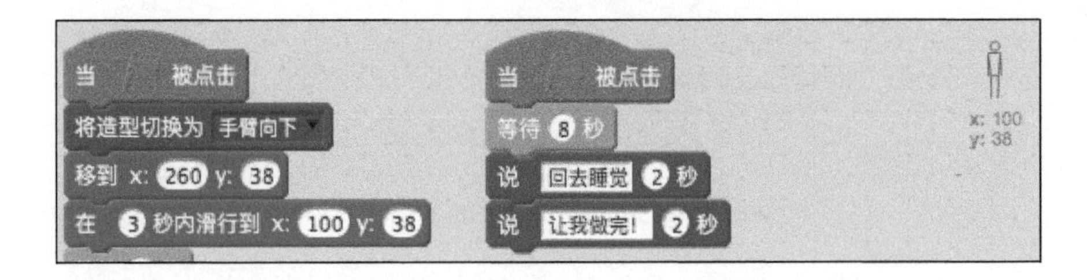

你自己完成动画吧。你已经拥有了所需的各种工具和技术来让沃夫坐起来、吠叫、做开合跳甚至攻击斯蒂奇。剩下的主要是故事情节了。你想要讲一个怎样的故事呢？你的故事要持续多久呢？这个故事能有多有趣呢？

如果你遇到困难了，可以看看我的完整版本，在 www.scratch4kids.com 可以看到所有的角色、造型和代码。

改进简笔画动画

接下去的几章，还会学到更多的动画人物，设计复杂的背景以及做声音和特殊效果。不过，如果想要深入研究现在的这个动画，想要进一步改进，可以做的事情有如下几项。

- 增加一两个人物：比如可以加上一只猫或一位家长来增加趣味性。
- 增加一些道具：前面提到过海报的主意，还有什么可以加给斯蒂奇或沃夫（或其他人物）让他们交互的？
- 改变位置：如果场景发生在室外或是更公共的地方呢？
- 增加声音：动作越是疯狂，声效对场景就越有效果（比如吼叫、吠叫和撞击声）。

第7章 大人物的动画

要做出流芳百世的人物，并不需要成为华特·迪士尼或塞思·麦克法兰或南方公园的动画师。无论年龄几何，我相信你知道足够多既酷又古怪还有趣的人来做出10部动画电影来。或许你自己就应该成为明星！

本章要用矢量绘图工具实现动画人物的独一无二的演出，并学习一些让角色鲜活的设计技术。

保持简单直白

我还年轻的时候，就知道了 KISS 的意思不仅是双唇相碰，它还可以表示“保持简单直白”。人物越复杂，要动起来就越难，所以要让人物设计简单，傻哥们儿！

如果目标是做简单的人物，不就应该从一些简单的形状入手么？在设计新人物的时候，我常常就从三个圆圈开始。

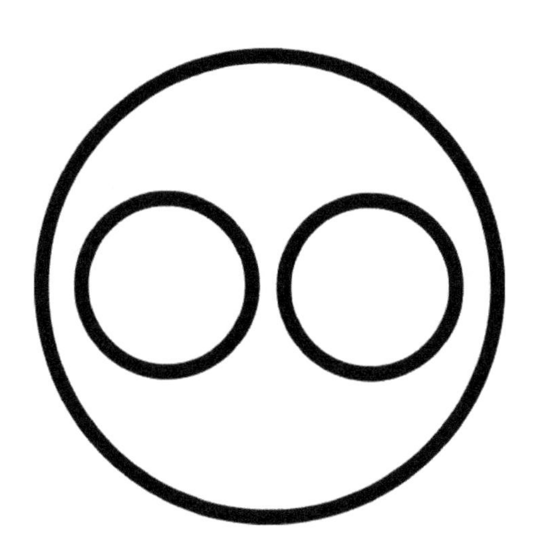

你看到什么了？一张脸，对吧？现在，如果把眼睛移动一下会怎样？

尽管三个圆圈的大小没变，但是眼睛放在不同的地方，就已经表现出来是不同的人物了。给每双眼睛再加一对小圆圈……

画一条直线来表示嘴……

然后用不同的颜色填充……

哇哦，我不知道你看到的是什么，我看到了僵尸、人和狼人！

我开始的时候并没有打算要画两头怪兽和一个正常人。我只是移动了一些圆圈，然后画了一些线条来看看能产生出怎样的脸来。为了保持简单，我会使用这些脸，编一个和它们有关的故事，再想办法让这些人物和他们的世界活起来。

从头开始

在开始之前，花点时间想想要讲的故事，哪些人物是最有趣的。如果还没有好的想法，别担心，可以先随便拿几个人物放在一起，看看能否带来什么灵感。

如果还没有用过矢量绘图工具，最好回头去读一下第 4 章，那里有很多相关的内容。

创建新作品

1. 前往 scratch.mit.edu 或打开 Scratch 2 离线编辑器。

2. 如果在线使用，单击“创建”。如果是离线使用，选择“文件➪新建”。

3. 给作品取个名字（在线的话，选择标题然后输入“动画人物”；离线的话，选择“文件➪另存为”然后输入“动画人物”）。

4. 把那只猫给删了（右键单击然后选择“删除”）。

绘制新角色

1. 单击“绘制新角色”图标。
2. 单击“造型”标签页。

3. 单击“转换成矢量编辑模式”按钮。

4. 单击“椭圆”工具。
5. 单击“轮廓线”选项。
6. 选择黑色。
7. 单击拖曳画出头和两个眼睛。按住 Shift 键可以画出正圆来。
8. 再画两个椭圆来做瞳孔。

如果想让两个眼睛一样大，可以用“复制”工具来做精确的复制。

人物开始有样子了吧？如果还没有，也许加上点头发会好一些。

快速发型

可以用“铅笔”工具画头发，也可以用椭圆或矩形用“变形”工具来画。我打算组合这两种技术来给僵尸画出独特的发型。

1. 单击“椭圆”工具。
2. 单击“实心”选项。
3. 选择头发的颜色。
4. 单击拖曳画出椭圆盖住人物的脸。

5. 右键单击“下移一层”按钮，把头发送到最底层（在头和眼睛的下面）。在矢量模式，每次使用新的工具画形状，就会创建一个新的图层。这样便于选择单个图形、安排哪些形状要盖在别的形状的上面。

6. 单击“变形”工具。
7. 单击头发选中它。
8. 单击拖曳控制点来做出头发造型。

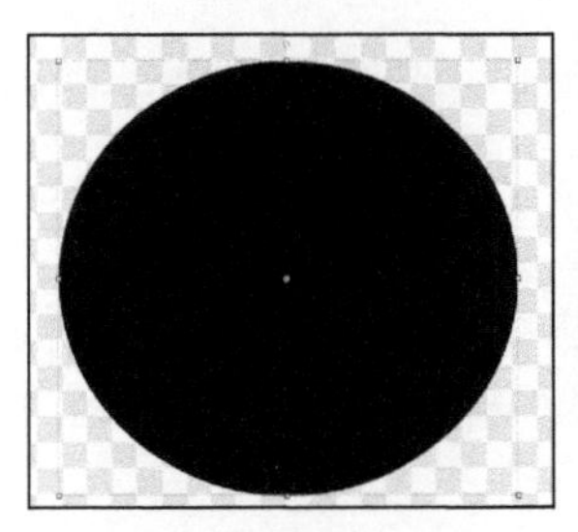 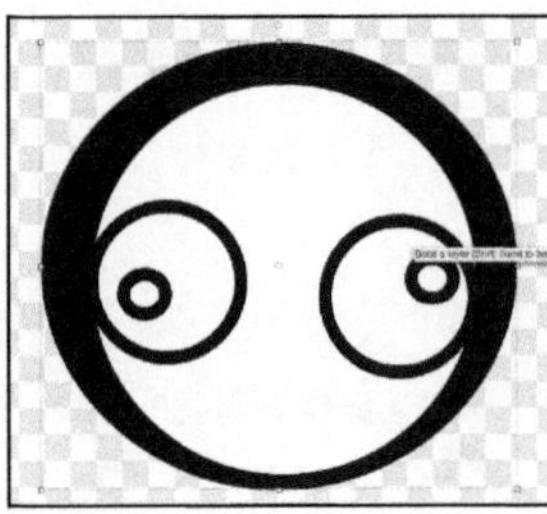 

“铅笔”工具画参差不齐的形状，就像僵尸的刘海那样的，更有优势（僵尸刘海听起来好像英国庞克乐队或是植物大展僵尸里的新武器）!

1. 单击“铅笔”工具。
2. 选择一个颜色。
3. 单击拖曳来作画。
4. 把铅笔拖回起点，以形成封闭的形状，从而可以用颜色填充。

5. 单击“为形状填色”工具，然后在新形状内单击来填充。

一般来说，用“铅笔”工具会比“线段”“椭圆”或“矩形”工具创建更多的控制点。还好，用“变形”工具把线条弄光滑，就能减少点的数量，让后续的雕刻和动画工作更容易一些。用“变形”工具单击任何一个矢量图形，然后“光滑”按钮就会出现在线宽滑动条的上方了。

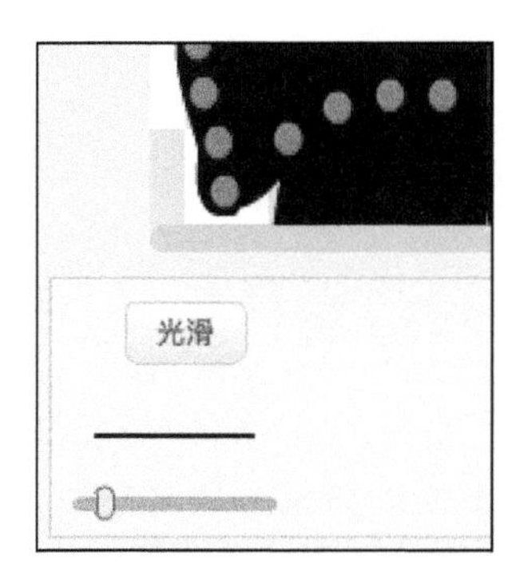

嘴开大点

要是僵尸没有了嘴，不能咬掉你的手臂或是嚼你的脑子，那还有什么乐趣呢？如果有一张大嘴，后面就很容易做动画了，所以先在嘴张开的位置画一个椭圆。

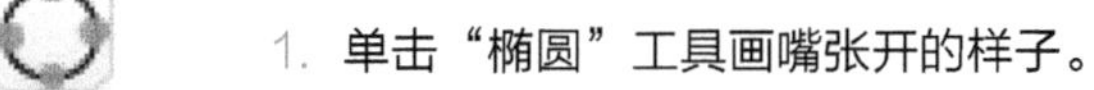

1. 单击“椭圆”工具画嘴张开的样子。
2. 单击“变形”工具，单击嘴一次，然后单击拖曳控制点来形成所要的形状。
3. 单击“为形状填色”工具，选择一种嘴唇的颜色，然后单击嘴的边缘来做出嘴唇来。
4. 单击“选择”工具，单击嘴，然后用线宽滑动条来调整线的宽度。

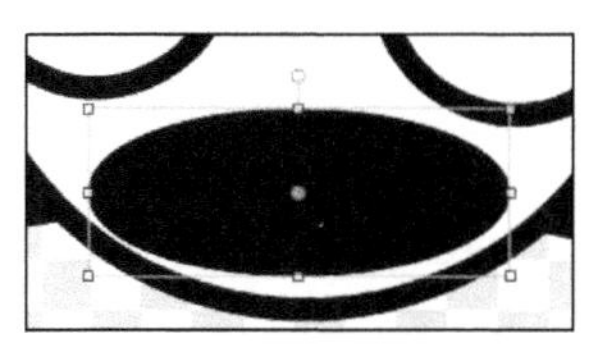 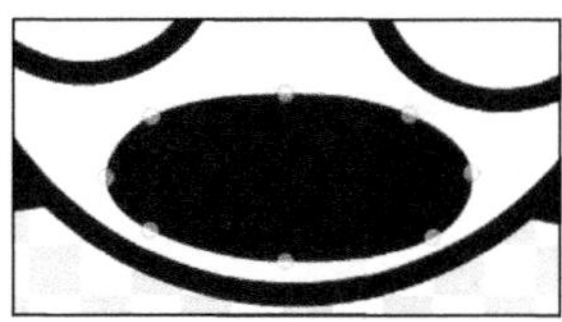 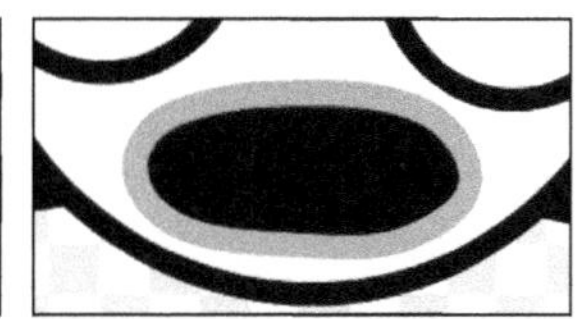

做鼻子整形

尽管有些僵尸可能走着走着就已经把鼻子弄丢了，但我觉得我的盗墓食尸鬼可以弄一个娇小玲珑的鼻子。用“铅笔”工具画一个出来，然后用“变形”工具把它弄光滑。

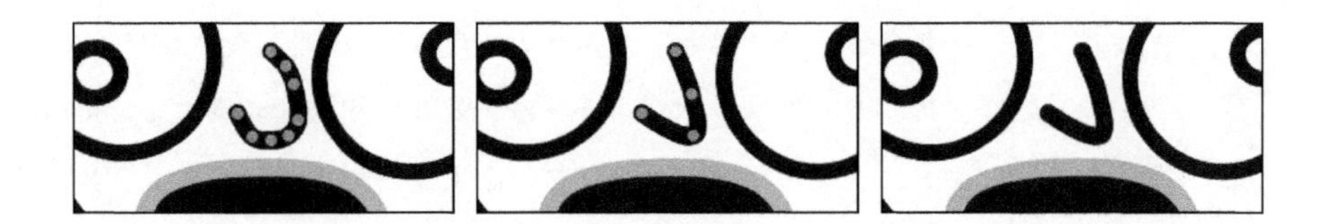

鼻子放哪里和眼睛、嘴一样可以影响你的人物，所以在确定脸的样子之前，可以试试不同的位置。

一点点身体治疗

至于说身体部件，我通常喜欢都连在一起 —— 除非打算要做动画的部分。把角色的身体、手臂和腿脚做成独立的部件，在讲故事的时候就能有更多的运动可能。而且，为了避免在我的书中出现裸体而带来麻烦，请一定要画上衣服。

1. 单击“椭圆”工具，选择轮廓线的颜色（我会选择经典的黑色），然后画一个大致符合身体尺寸的椭圆。

2. 单击“ 为形状填色”工具，选择角色的衬衫或裙子的颜色，然后在原始的身体形状里做填充。

3. 单击“变形”工具，单击身体选中它，然后单击拖曳控制点形成你最顺眼的样子。

加简单的腿脚

你马上就会看到我有多疯狂了。尽管可以画两条独立的腿，但是我打算采用 KISS 原则走捷径！

可以用“矩形”工具画两条腿，用“变形”工具在膝盖那里弯折，然后填上裤子、紧身裤袜或你选择的僵尸的肤色。

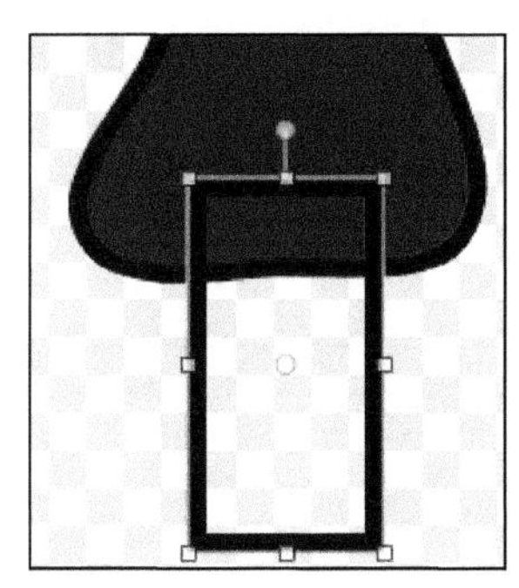
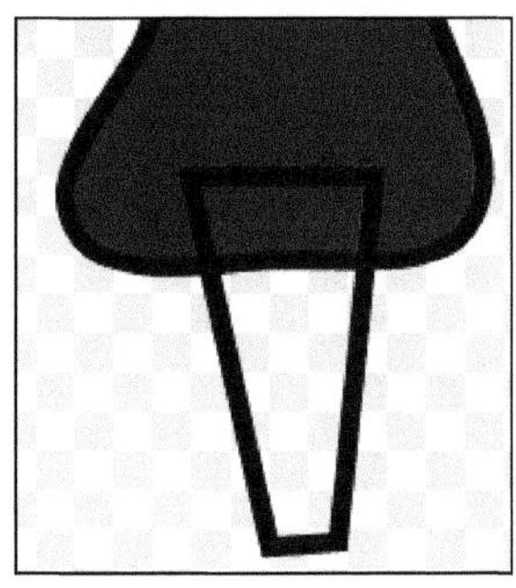

有地方看起来不对……哦，是的！我可不想让僵尸的衣服太短了。右键单击“下移一层”按钮，这样腿就躲在身体的后面了，然后画一个椭圆，把它变形成鞋子。

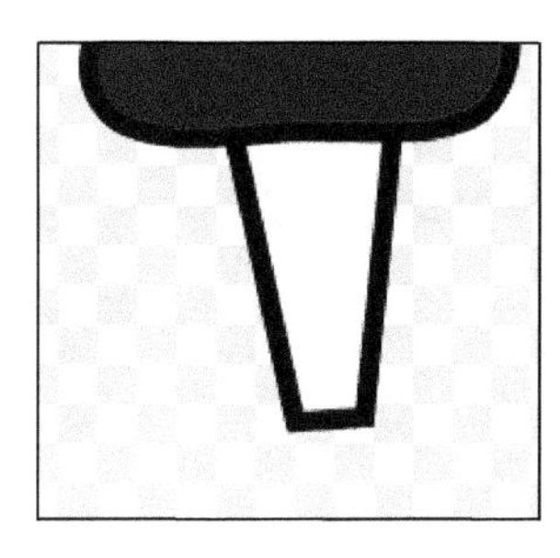
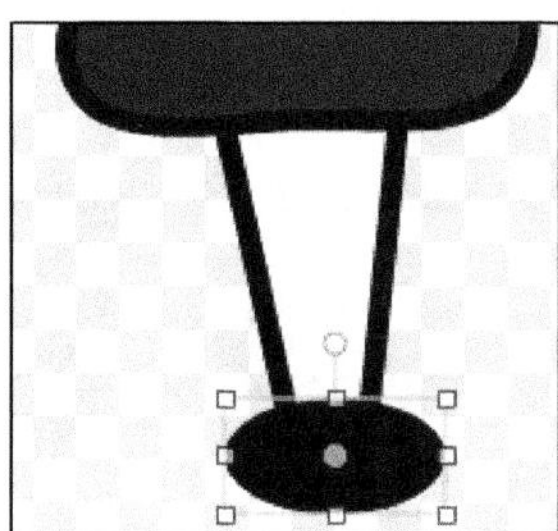

做人物的手臂

虽然可以侥幸做成合并的腿，但是这个人物应该有两只手，对吧？可以用懒惰的动画师的手段，画左手，然后用复制 - 翻转组合拳来画出右手。

1. 用“椭圆”工具画出左臂。
2. 用“变形”工具调整形状。

3. 用肤色填充形状（我选的是僵尸白）。

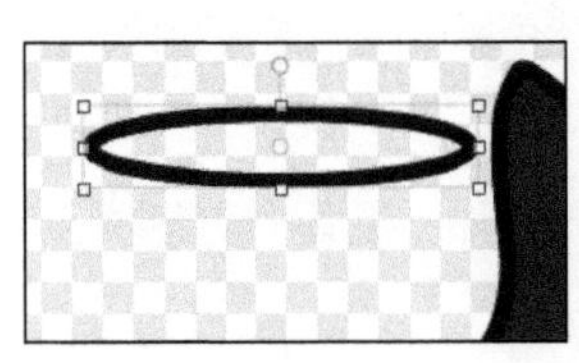
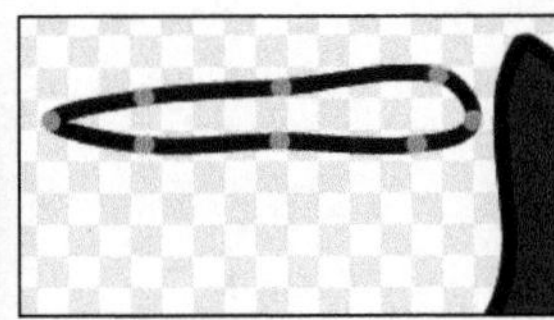
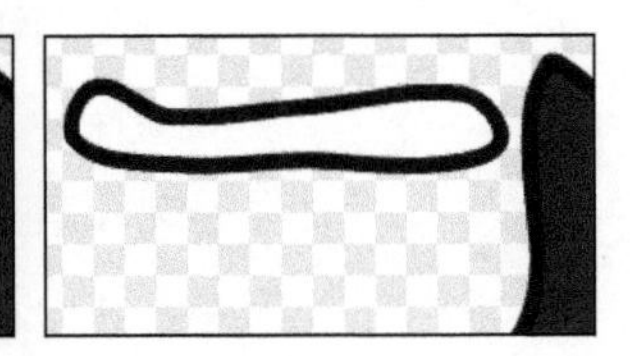

4. 单击“复制”工具，单击手臂，然后把复制出来的那份拖到身体的另一侧。
5. 单击“左右翻转”按钮。
6. 单击“选择”工具，然后把手臂拖到正确的位置。

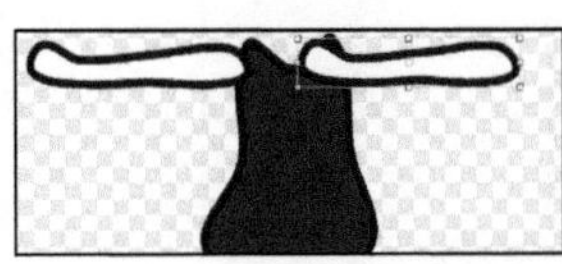
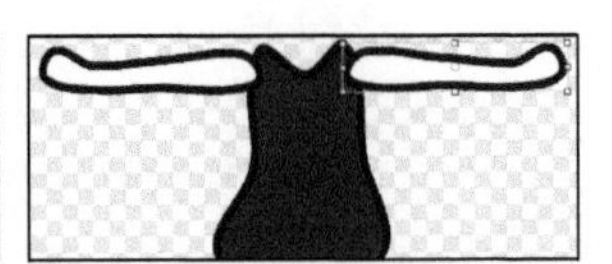

哦，我才发现我的人物少了脖子！为什么不复制腿的形状然后垂直翻转成脖子呢？

1. 单击“复制”工具，单击那两条腿，然后把新的腿拖到脖子应在的地方。
2. 单击“上下翻转”按钮。
3. 右键单击“向下一层”按钮。

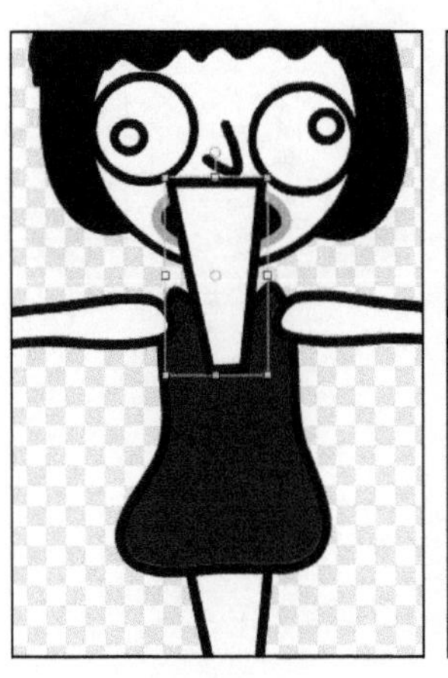
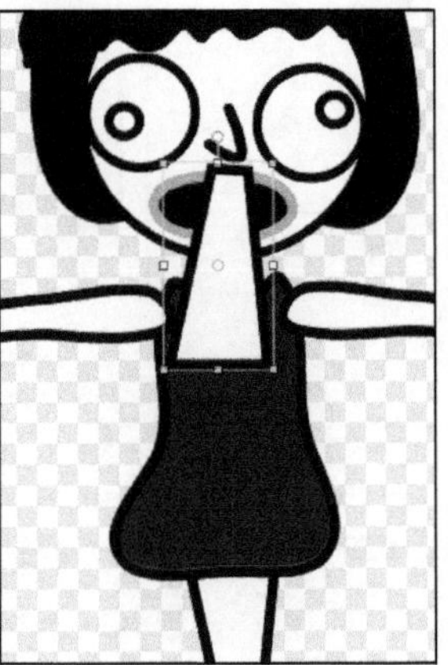

在做人物设计的时候，我常常右键单击“向下一层”和“向上一层”按钮。否则的话，

可能要单击 - 单击 - 单击很多次，因为每次创建一个东西就会创建一个图层。要一次移动多个东西到另一个图层，必须首选选择组合这些东西（“组合”按钮要在画布上选择了多个东西之后才会出现）。

收尾修饰

花点时间看看这个新人物在舞台上的样子。有没有什么细节可以加上去让它更出众的？我用“变形”按钮让僵尸裙子的下摆看上去破破的，而且决定要用蓝兮兮的皮肤和灰色无神的瞳孔，你觉得呢？

我知道你在想什么：“那要做太多事情了。我到底要怎样才能完成动画的另一个人物呢？”

好消息是你已经为另一个人物做了很多事情啦。用和复制人物的部件一样的方法，可以复制整个人物，然后做点简单的修改就能做出动画所需的另一个完全不同的人来。

复制 Scratch 的人物是可行的

在后面的章节中，会讲到如何用“克隆”块，不过现在，只要用“复制”工具就可以了。

1. 右键单击舞台上的第一个人物角色，然后选择“复制”。

2. 再次右键单击第一个角色的图标，单击信息按钮，然后给人物起个名字（ 我的僵尸女孩叫作僵尸女孩）。

3. 修改复制出来的角色的名字（这个会是我的狼人，所以就取名字叫“狼人”）。

做好第一个人物用了不止 7 页，我们来看看能否只用一页就创建出下一个人物！首先确保已经选中了克隆体，然后按照下面的步骤来做。

从死皮改成毛茸茸的野兽

改变一个人物最快的方法包括改变颜色、改变发型和给面部化妆。

1. 单击“为形状填色”工具，选择你的颜色，然后在要修改的形状里单击。

我的第二个人物这时候看起来有点像巧克力僵尸，我觉得该把那张脸弄得凶一点了。

2. 单击“选择”工具，然后单击拖曳眼睛和瞳孔到新的位置。

3. 单击“ 变形”工具，单击每一个要修改的形状，然后单击拖曳控制点来做出人物的新外貌。

4. 用“变形”工具来修改眼睛和头发的样子。

好吧，这样，狼人的样子肯定是对了。不过，嘴里是空空的，还是不够像凶残的野兽。

獠牙才是野兽的样子

在画有细节的形状，比如尖锐的牙齿的时候，要么放大画布去画，要么先把形状画得大大的，然后再缩小它。

1. 单击“线段”工具。
2. 单击黑色。
3. 单击拖曳画出獠牙的一侧。
4. 最后在第一个点那里单击一下封闭形状。
5. 单击“为形状填色”工具，单击白色然后在形状内单击。

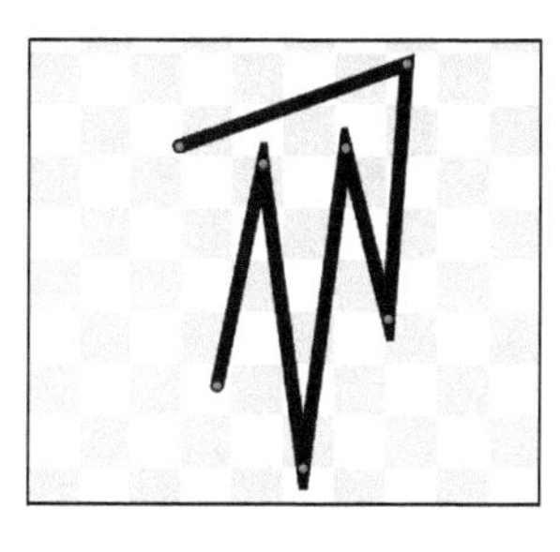
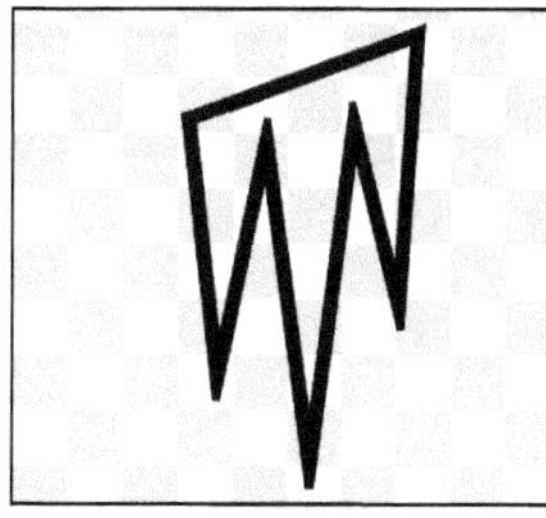
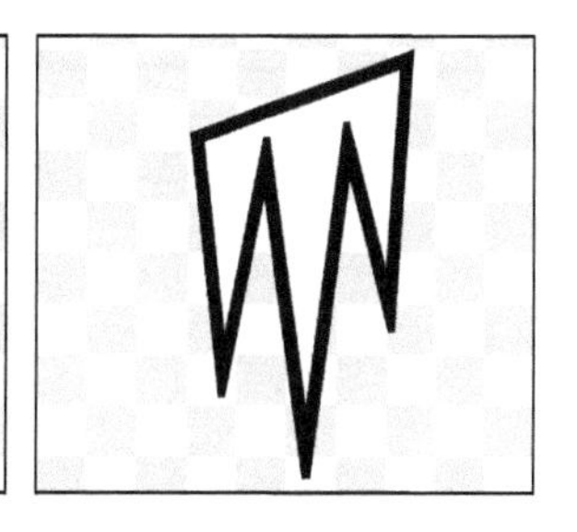

6. 单击“复制”工具，单击第一组獠牙，然后拖曳到脸的另一侧。

7. 单击“ 左右翻转”按钮来翻转獠牙。用“ 选择”工具把獠牙拖曳到合适的位置上去。

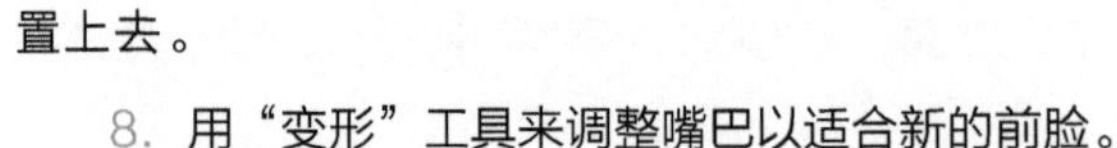

8. 用“变形”工具来调整嘴巴以适合新的前脸。

啊哈，獠牙让人物凶残多了，不过他看起来还是好像穿了件皮衣服。好吧，谁说狼人是个男孩了？好吧，那么她看上去好像穿了条皮裙子！

脱去野兽的衣服

直接删除衣服（或是其他身体部件）之前，先想想那个东西还有没有其他用处。我就正好觉得如果把它改小点儿移到肩膀那里，那它看起来就好像毛发一样。

1. 单击“选择”工具，单击裙子，然后把下摆拖曳上去让它变短。

2. 单击拖曳这片毛发上去到肩膀的地方。

3. 单击“椭圆”工具，然后画一个新的身体形状。

4. 单击“变形”工具，单击身体，然后拖曳控制点来形成肋骨。

5. 单击“选择”工具，单击腿的形状，然后调整大小来适合新的身体。

摆个造型

我对这个狼人的外形（虽然有点俗气）还是比较满意的，但是作为僵尸的造型，手臂向外伸还是挺奇怪的。我们要用矢量模式就是因为在这个模式下可以快速地重新安排身体部件的位置。不仅可以移动和旋转物体，还可以改变身体部件旋转时的中心点（正如在前一章可能已经学到过的那样）。

先复制一个角色的造型（ 右键单击⇨复制），然后再做姿势的修改，这样可以方便恢复到原来的姿势。除非你愿意花一个星期的时间来重新做姿势。

1. 单击“选择”工具然后单击左臂。
2. 右键单击选中的矩形中央的小圆圈，然后把这个小圆圈拖到肩膀上。
3. 移动鼠标到选中的矩形的上方的小圆圈那里，直到那个小圆圈变成圆形的箭头。
4. 单击拖曳圆形箭头来旋转手臂。
5. 对右臂重复第 1～4 步。

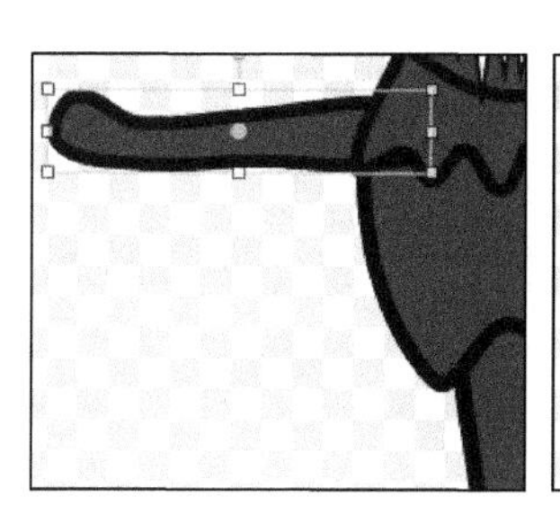
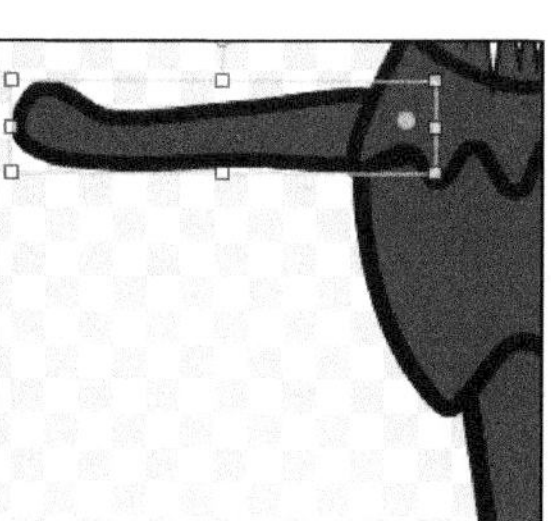
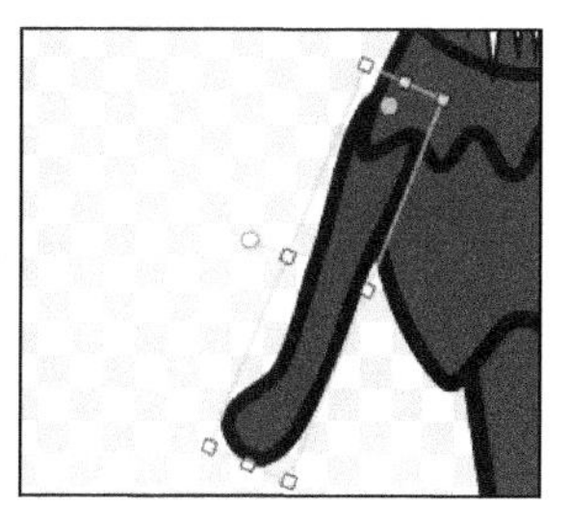

每次旋转一个身体部件时都可能要重新调整旋转的中心点，即使之前在某个部件移动过也会需要。

点睛之笔

也许只想用一页描述就把僵尸转换成狼人是有点操之过急了，不过你应该发现了，这样比从头开始要快太多了。还记得是怎么给僵尸加上一些细节来让僵尸脱颖而出的吗？有什么能让狼人更像狼人的呢？不要站起来，而是伏踞着身体如何？

1. 单击“变形”工具然后单击腿脚。
2. 在两边都右键单击出新的点，然后拖曳成曲线。

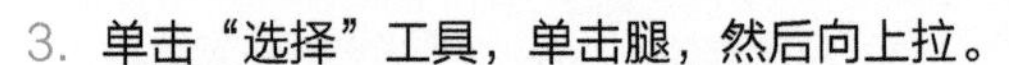

3. 单击“选择”工具，单击腿，然后向上拉。
4. 单击脚，然后拉上去到新的位置。

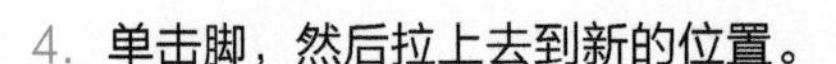

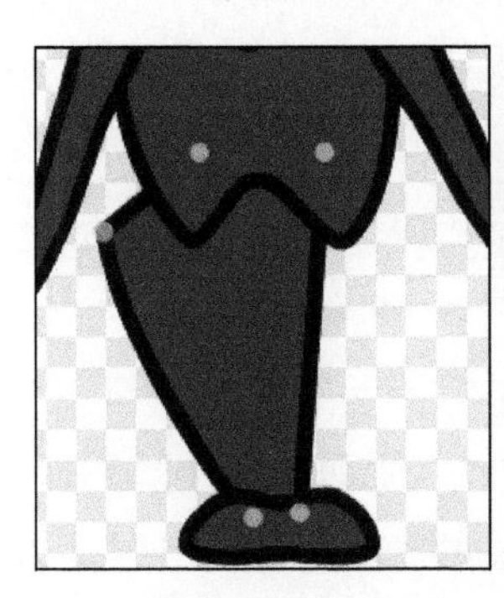

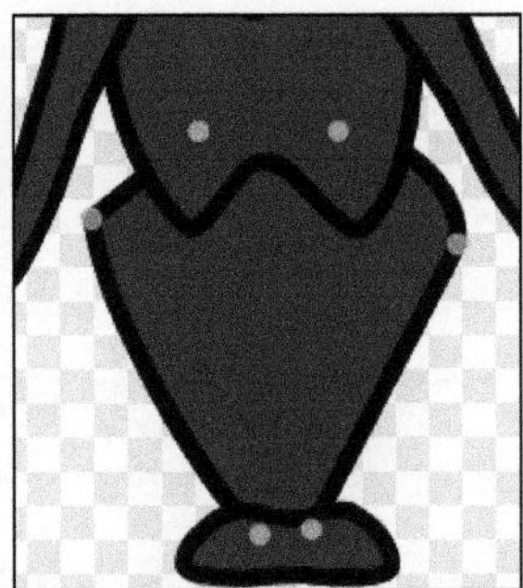

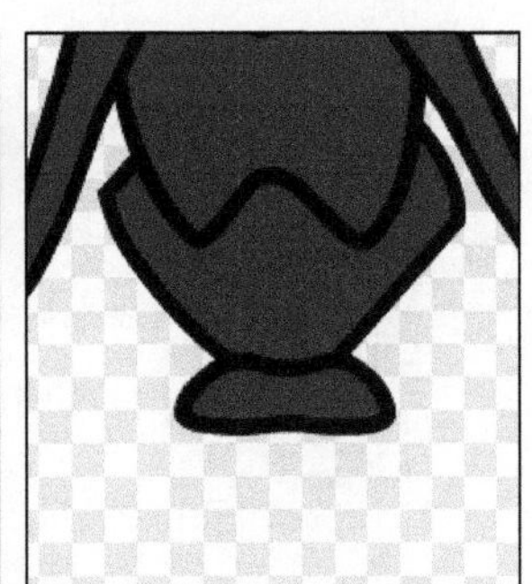

手臂旋转了还不够。现在狼人是蹲下的，我想要把手臂弯起来，再加些爪子！可以新画些爪子，但是你们这位懒惰的作者会直接复制獠牙然后变形成手掌。

1. 单击“变形”工具，然后单击左臂。
2. 单击拖曳控制点来使得手臂弯折。

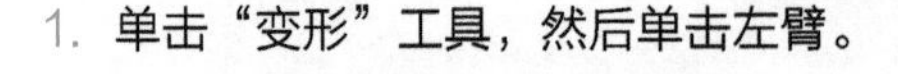

3. 单击“复制”工具，单击一组獠牙，然后拖曳到左边手掌的位置。

4. 单击“变形”工具，选择手掌，然后调整位置。
5. 对右臂重复1～4步（或复制翻转左臂和爪子）。

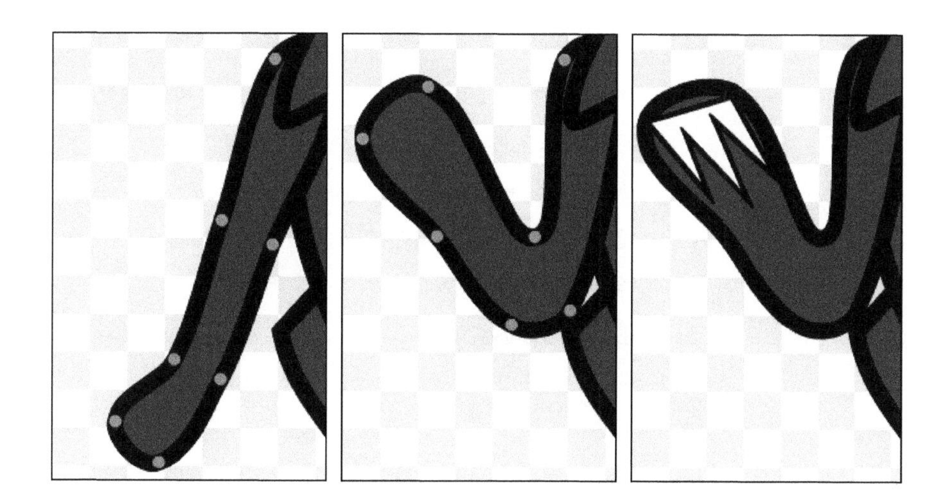

创建第三个人物

把这两个人物并排放着，很难猜到它们是用同一幅基础图片修改而成的（除非你自己做过所有的活了）。

我决心要设计三个不同的图。还剩下的是一个正常人 —— 在这里本应是最需要操心

的那个。

现在有两个角色了，决定一下，哪个角色和你想要创建的人物比较像？对我来说，僵尸女孩比蹲伏着咆哮的狼人更像，所以我用她来复制。

1. 右键单击要复制的角色，然后选择“复制”。

2. 右键单击新的角色，单击信息按钮，然后修改名字。我给我的人取名叫海克特（Hector，意思是虚张声势的人），为什么不呢？

3. 单击“造型”标签页。

从僵尸女孩到普通男孩

我们已经做过把一个人物转换成另一个了，所以这次就说得快些。首先把皮肤和头发的颜色从僵尸女孩变成普通男孩开始，然后画一些男孩子的头发（可以用“铅笔”画，也可以用以前那个在椭圆上变形的技术画），改造鼻子，再把瞳孔移到眼睛的中间去。

我不是说男孩穿裙子有什么不对，不过我希望我的人物的外形更像传统的男孩子，这样和我心里的故事能对得上。裙子的样子也不对，因此要删了，做一件新的衬衫，然后给腿上色，看上去像长裤那样。

设计人物的服装

也许后面还想创建一个普通女孩（也许要表现僵尸女孩变成僵尸之前的样子），因此，在换装之前，我会先复制这个造型。如果打算马上就要创建一个新人物，还可以先创建一个新的角色，然后把这个穿裙子的男孩造型拖进去。

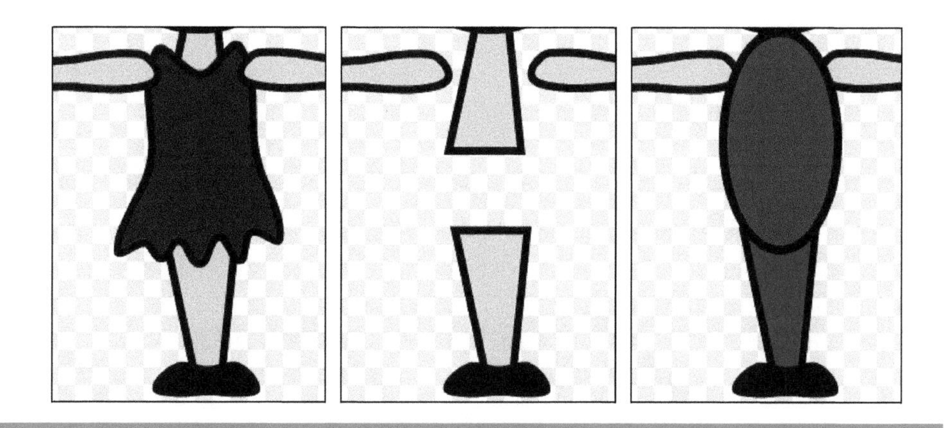

使用高级调色板

肤色要有点技巧才能做对。在绘图编辑器里，默认只有 56 种颜色可以选择。

好在 Scratch 有大量的颜色可以轻易获得。单击绘图编辑器下方的切换调色板按钮，就在调色板的左边，能切换到高级调色板。

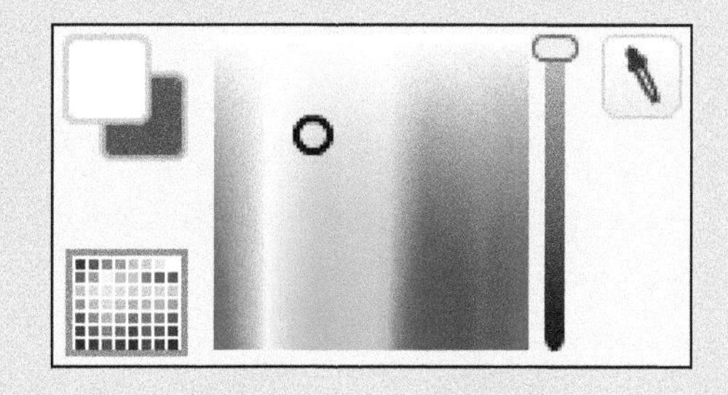

单击拖曳在色彩条纹里的小圆圈，直到获得所需的颜色，然后用右侧的阴影滑动条来使得颜色变暗或变亮。也可以使用“选取颜色”工具（在调色板旁边的吸管）来选择绘图编辑器里的任何东西上的颜色。在使用定制的颜色的时候这个很重要，因为定制的颜色很难选择出来。要回到基础调色板，再单击切换调色板按钮一次就好。

用“变形”工具把椭圆雕刻成一件衬衫。可以在轮廓线上任意地方单击来增加更多的控制点。我会在每一边的肩膀那里增加两个点来做出袖子的样子。

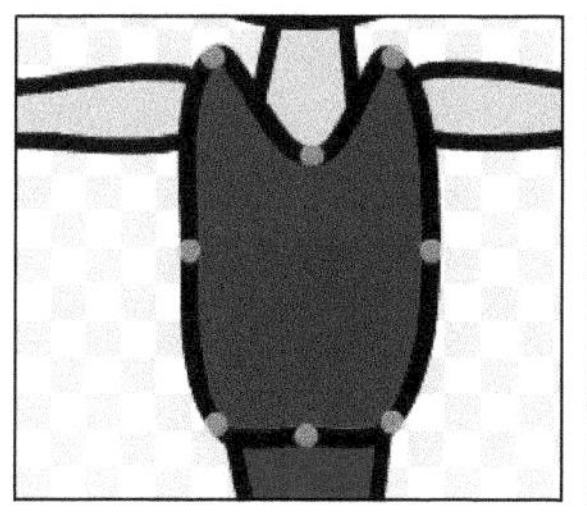

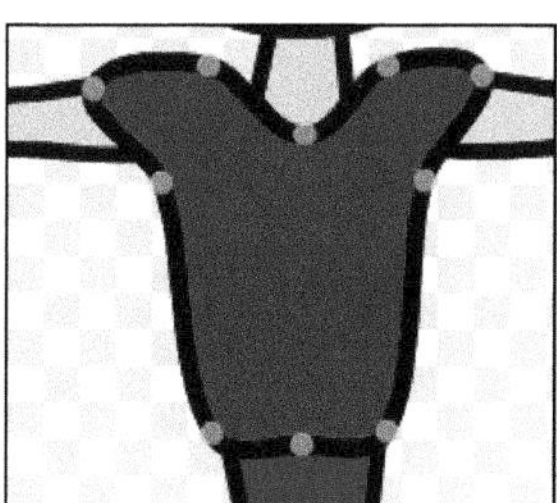

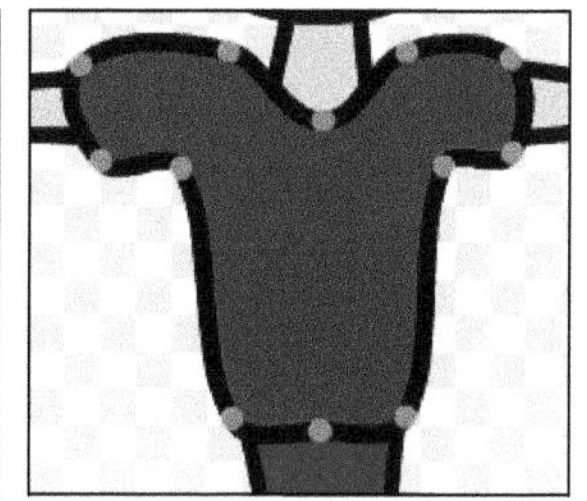

现在赫克托的衣服就完成了，我对他的脸一点儿也不满意。

调整面部特征

用“变形”工具和“选择”工具来试验不同的眼睛和鼻子，加上眉毛也会有用（如果需要更多的脸部空间来放眉毛，可以调整头发）。

现在我对眼睛和鼻子的样子满意多了。不过，那个嘴有点吓到我了，哥们儿，看上去好像有人把男孩的牙齿敲出来了。牙齿！

添加一组牙齿

有简便的方法来添加牙齿吗？当然！

1. 右键单击造型，然后选择“复制”（以免后面又想要用这个张大的恐怖的嘴）。
2. 单击“为形状填色”工具，然后选择白色。
3. 在嘴里单击，填充成白色。
4. 单击“线段”工具，选择黑色，然后在嘴的中间画一条直线。

5. 单击变形工具，单击嘴，然后调整形状。

牙齿能让脸好看这么多啊！所以要坚持刷牙，不然总有一天你会看起来像僵尸

女孩的！

调整穿了衣服的角色的姿势

在狼人的图上已经做过四肢的姿势调整了，不过在穿了衣服的人物身上调整姿势需要更多的步骤。还是可以用“选择”工具来旋转手臂（记得要先调整旋转的中心点），但是在手臂移动过之后，还需要用“变形”工具来调整衬衫。别忘了先复制造型，以免事后想要一个手臂上举的造型！

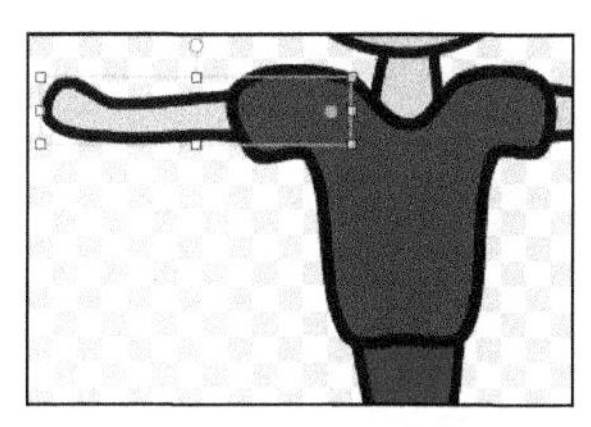
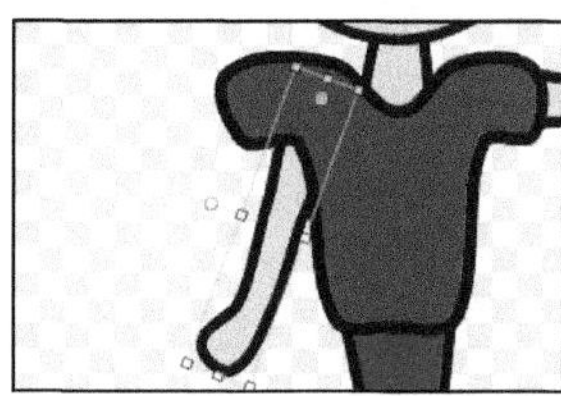
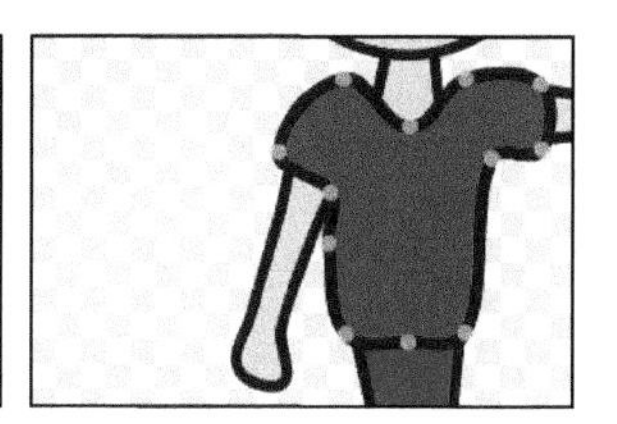

列队演出

对右臂也做了相同的操作之后，我想看看这男孩子和他的恐怖的动画伙伴相比看起来怎样，于是我把他们三个都拖到了舞台上。

尽管对自己的设计工作感到自豪，我还是发现了很多可以让人物更好的做法。在设计

中最困难的事情之一，就是判断你的作品是否“足够好”。

对于说“做好了！”，凯特琳和瑞恩比我强。他们用15分钟就搞出来了在Mindcraft的世界里做木偶演出用的人物角色！然后瑞恩就发现了“泰拉瑞亚”游戏，把他的Minecraft兴趣丢在了一边。凯特琳倒还坚持了下来。

你可以用自己愿意投入的时间来雕琢人物设计，不过本书的这个部分只是关于动画的，所以我们要继续来构建场景、加入声效，用特技来让卡通更令人难忘。

快速的人物改进方法

如果你就是要多花点时间来做人物设计，下面的一些点子也许有用。

- 和其他动画人物做对比：花几分钟用挑剔的眼光审视一些动画电影或演出中你喜欢的人物。什么样的细节让人物与众不同？
- 加纹理质感：加入模式、形状和文理，在服装上体现出你的设计技巧。也可以用一些波浪线来做出更好的发型。
- 加阴影：回顾一下第4章结束的地方，我在矢量模式绘图编辑器里加入了不易察觉的阴影。
- 加更多引人注目的姿势：不止是让人物站着，试试更戏剧化的姿势，能更体现出人物的个性。
- 加戏剧：在你想象的故事中选择一个特定的场景，然后调整人物的姿势和表情来反映你想表达的气氛或情绪。

第 8 章
地方、地方、地方

动画都是在某个地方发生的，可能是家里的地下室，也可能是遥远的外太空;可能是南美，也可能是科罗拉多的南方公园。上一章介绍了如何创建三个不同的动画人物，这一章，我们要来创建让人物探索的浸入式场景:布满了东西能抓住观众感官的地方。

真是看够了那些平淡的背景！来构建你自己的浸入式动画世界吧！

规划动画场景

在拍电影或电视剧之前，先是有人写了剧本的，剧本里描述了所有的场景。每个场景都从一个地方开始。在思考要讲什么故事的时候，应该先考虑故事在哪里发生。我还是用在第 7 章里设计的那三个人物，如果能找到办法强迫三个人物聚在一个地方应该会很有趣。如果他们三个不认识但是又要住一个房间会怎么样？什么地方可能发生这样的事情？夏令营怎么样？

每个地方都可以有内部的和外部的场地，可以有室内的或室外的场景，不妨从室内开始。在之前的章节中我们已经创建过新作品了。如果打算使用之前章节中的（或已经创建过的其他作品中的）人物，只要打开那个作品，人物就可以用了。如果打算使用角色库中的角色，或是后面再设计新的，可以创建一个新的作品（记得把那只猫给删了）。

1. 前往 scratch.mit.edu 或打开 Scratch 2 离线编辑器。

2. 如果在线使用，浏览打开想要复制的作品；如果是离线使用，选择“文件➪打开”，然后选择你的作品。

3. 如果是在线，单击“文件”菜单，然后选择“保存副本”；如果是离线使用，选择“文件➪另存为”。

4. 给作品取个名字，我起的名字是“动画背景”。

设计室内场景

第 6 章我给出了最基础的室内场景类型，用一条水平线来表示地板。就算是复杂的场景，决定地板和墙相接的地方也是很棒的起点。

我建议在矢量模式下来设计背景，这样能利用矢量绘图工具的优势，任何时候都能修改线条和形状（关于矢量图形的详细知识，参见第 4、6 和 7 章）。如果只是画一条线，就不能用“为形状填色”工具，所以要画矩形来表示地板和墙。

1. 单击在角色左边的“舞台”图标。

Convert to vector

2. 在“背景”标签页上，单击“转换成矢量编辑模式”按钮。

3. 单击“矩形”工具，选择黑色，然后用调色板左边的线宽滑动条调整线条的宽度。

4. 单击绘图编辑器画布最左上角的地方，然后拖曳到整个画布大约三分之二的地方，这是墙。

5. 单击绘图编辑器画布最左下角的地方，然后拖曳到墙的右下角。

6. 单击“为形状填色”工具，选择你想用的颜色，然后填充墙和地板的形状（我用深棕色表示地板，驼色表示墙）。

我家里大多数的墙上都有门或窗。窗的好处是有助于表示一天中的时间、天气，也可以表达一头残暴的野兽正在觅食。

1. 单击“矩形”工具，选择黑色，然后拖动线宽滑动条来调整线的宽度。
2. 单击拖曳画出窗的外圈。

3. 单击“线段”工具，按住 Shift 键，然后拖曳穿过这个矩形的中间，把整个窗户分割成两部分。
4. 右键单击，然后拖曳在上半扇的中间画一条线，表示上半扇窗里的两扇玻璃。

5. 单击“为形状填色”工具，选择浅灰色，然后单击窗户为它填色。

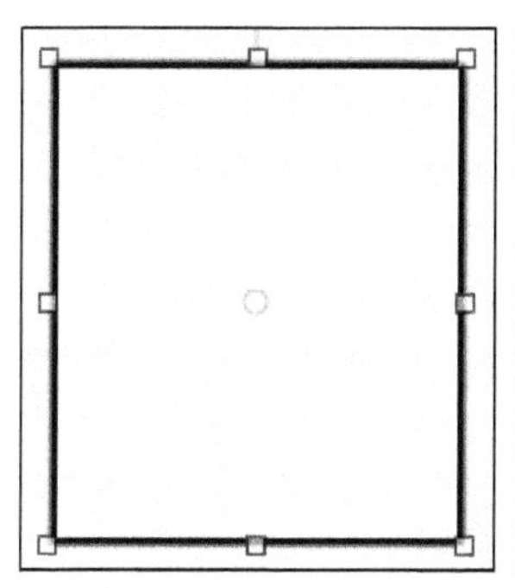

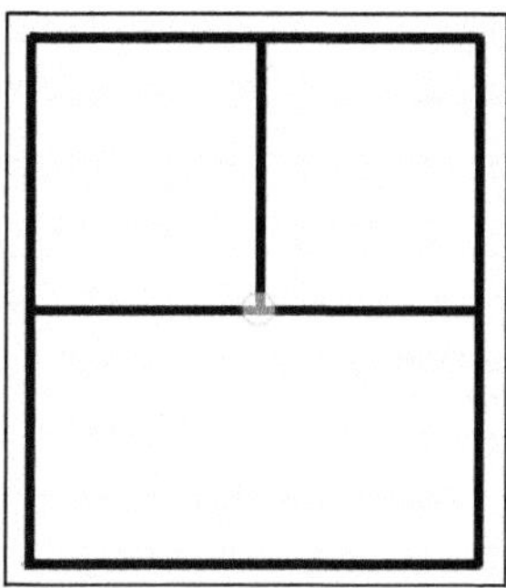

在作品间共享角色

如果需要从多个作品导入角色，或是先创建了空白的作品，设计好了背景，需要再导入角色，这该怎么做？无论是使用在线还是离线编辑器，Scratch 都可以从一个作品中导出角色、单个造型和背景，然后再导入到另一个作品中去。

右键单击一个角色、造型或背景，然后选择“保存到本地文件”。

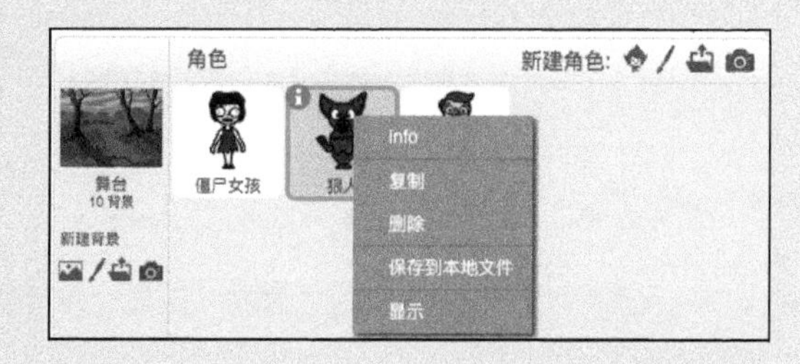

使用“从本地文件中上传角色”或“从本地文件中上传造型”按钮来把人物装载到新的作品中。

如果用的是Scratch在线编辑器而且没有在本地计算机保存文件的权限，也不用害怕！可以使用Scratch书包（在在线编辑器中脚本、造型、声音标签页的下面）。

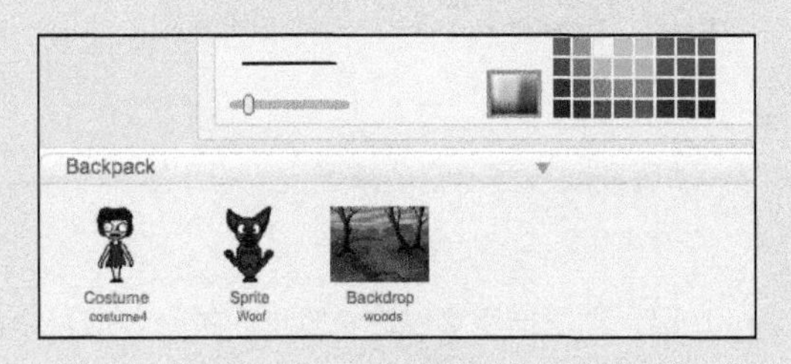

可以把角色、背景、造型、脚本和声音拖进书包或拖出书包。在写本书的时候，Scratch的离线版本还不支持书包。

添加上窗帘能给房间带来更多的色彩，而且让室内的感觉更明显（除非在你那里人们都是把窗帘挂在房子外面的？！）。

1. 单击“矩形”工具，然后单击拖曳划过左侧的窗户。

2. 单击“变形”工具，在上一个矩形右边线的中间右键单击一下，加上一个控制点并把那条边变成曲线，然后向左拖曳形成窗帘拉开的样子。

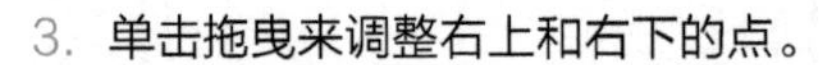

3. 单击拖曳来调整右上和右下的点。

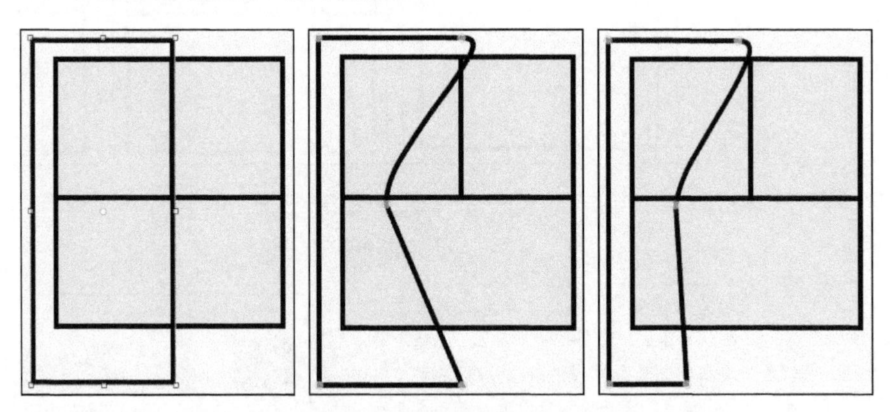

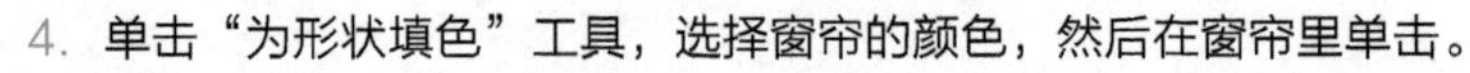

4. 单击“为形状填色”工具，选择窗帘的颜色，然后在窗帘里单击。

5. 单击“复制”工具，单击窗帘，然后把复制品拖动到窗户的右边。

6. 单击“左右翻转”按钮。

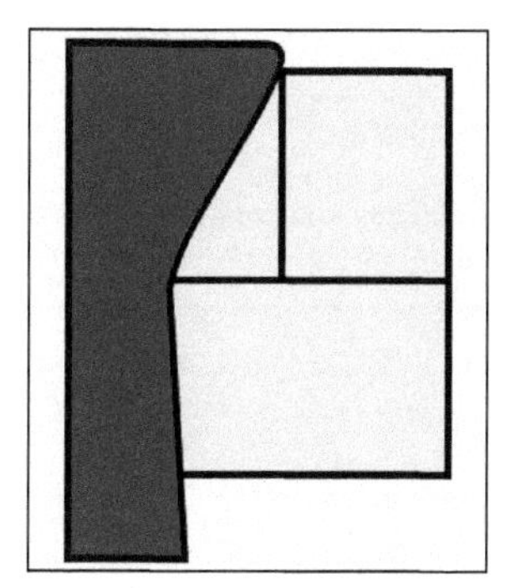
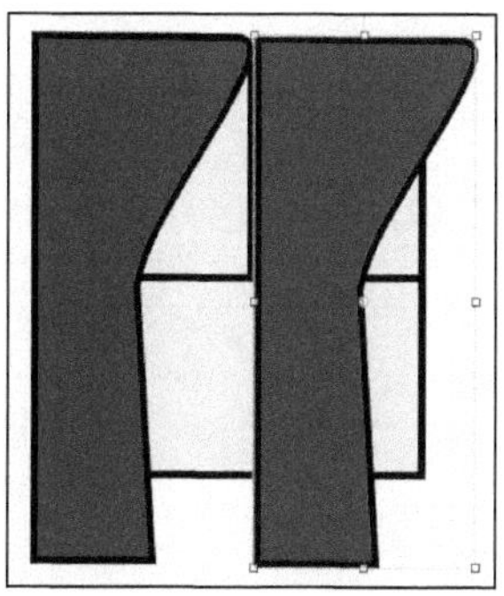
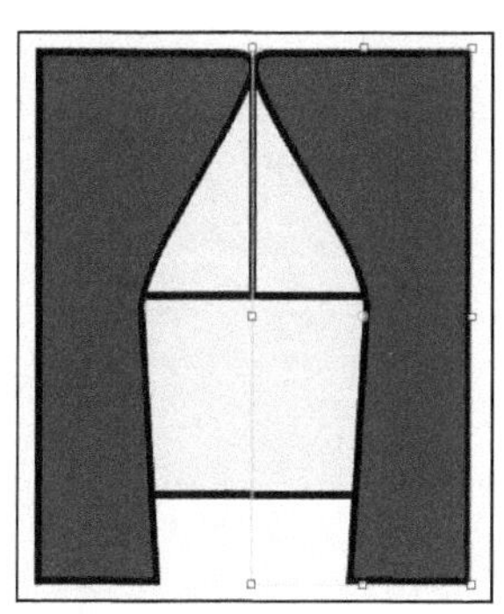

做到这里，可以再用“变形”工具调整每条边来改变窗帘的长度，或是露出更多的窗户，让它看上去更像熟悉的窗帘的样子。还可以用“选择”工具来上下移动窗帘。

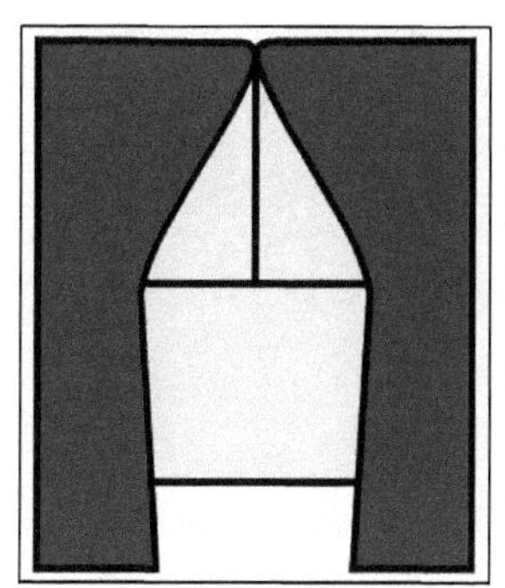

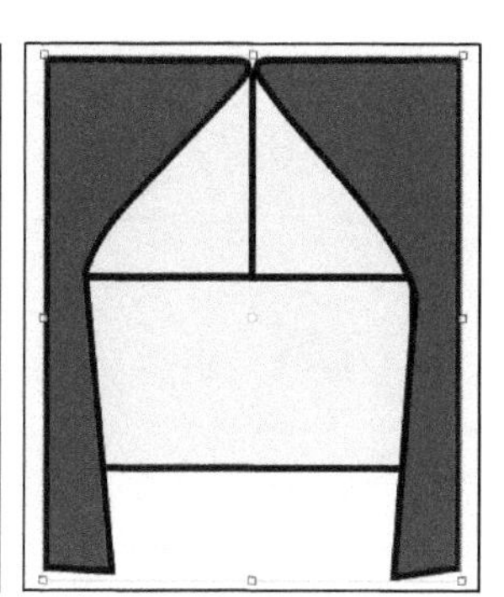

让感官更浸入

背景总是在最下面的图层，所以理论上说，不可能在背景后面再藏什么东西。但是，如果你希望观众透过窗户看到什么东西，或是让人物从门那里进出，或是躲藏在树后呢？

要让场景更有浸入感，需要添加前景和背景物体，就像舞台上的道具那样。

不要把墙、窗户、地板和门都放在一个背景里，可以把它们做成角色！Scratch 的角色要远比背景灵活的多，角色可以前后移动互相遮蔽，可以从一边移动到另一边，还可以变大变小。

把背景转换成角色

希望你不会以为我要你从头再画一遍窗户和窗帘，我可不是那样的人！尽管不能直接把一个背景转换成角色，但是可以把背景拖进角色成为那个角色的一个新造型。

1. 单击“绘制新角色”按钮。
2. 单击“舞台”按钮（在真正的舞台的下面）。
3. 在“背景”标签页上，单击窗户的背景并把它拖进这个新建的角色。

4. 在“背景”列表中，选择纯白的背景（如果没有，单击“绘制新背景”按钮）。不然的话，背景和角色的图像相同很容易让人迷惑。
5. 单击拖曳新的墙角色到舞台的恰当位置。

设计能向外望的窗户

有好几种办法可以实现透过窗户看见其他角色的效果。一种办法是删除窗户内的颜色，但是在这里不起作用。你知道为什么吗？你不是先画了墙的矩形，然后再在上面画窗户的么？因为是矢量角色，所以每样东西都有自己的图层，窗户下面还有墙呢。

所以需要画出窗户的上下左右的墙，然后再把玻璃擦干净。

1. 选择表示墙/地板/窗户的那个角色，然后单击“造型”标签页。
2. 在绘图编辑器画布上，在墙的任何地方单击一下，然后单击键盘上的Delete键。

3. 单击“为形状填色”工具，单击空白颜色，然后单击玻璃。

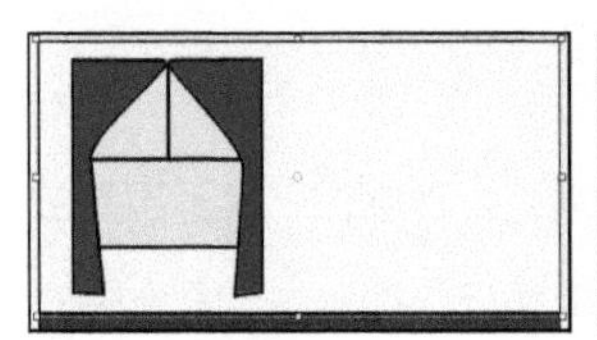
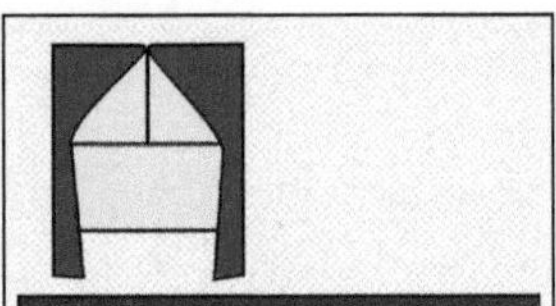
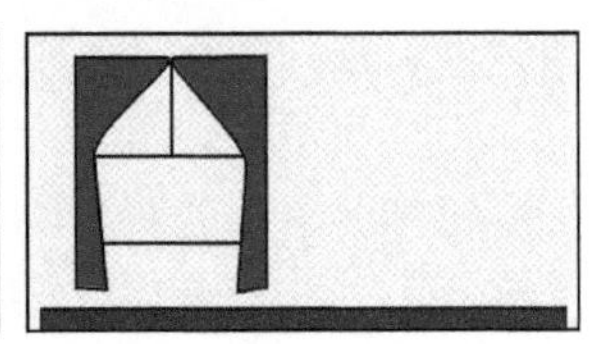

为什么需要用空白色填充窗户而不是直接单击删除玻璃呢？因为表示玻璃色块和黑色的边线是同一个东西的不同部分，用 Delete 键就会把两个都删了。这样的话，你就会看到墙后的人物好像墙完全不存在一样。

要透过窗户看到人物，把角色移动到窗户那里，然后把角色移到窗户 / 墙角色的后面。

1. 在舞台上，单击拖曳人物来覆盖住窗户。

2. 单击窗帘或地板的任何地方，按住鼠标或触摸板的按钮几秒，直到墙 / 地板角色移动到最上面的图层中。

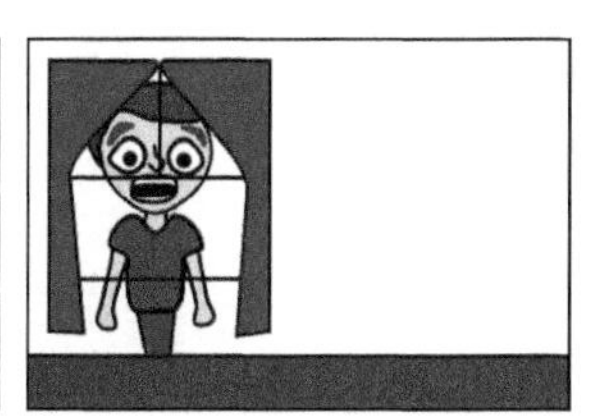

我知道，这即使不算很烂的话看起来也很奇怪，但是等添加了新的墙和背景之后，就应该会看起来好很多。

为了让窗户是透明的，需要在四面画出墙，并在窗户的周围留一个洞。

1. 在绘图编辑器画布上，单击“矩形”工具然后单击实心选项，然后选择墙的颜色。

2. 在画布的右上角单击拖曳到窗帘的右侧，然后到地板的位置（ 盖住窗帘和地板一点也没关系 ）。

3. 按住 Shift 键单击“下移一层”按钮。

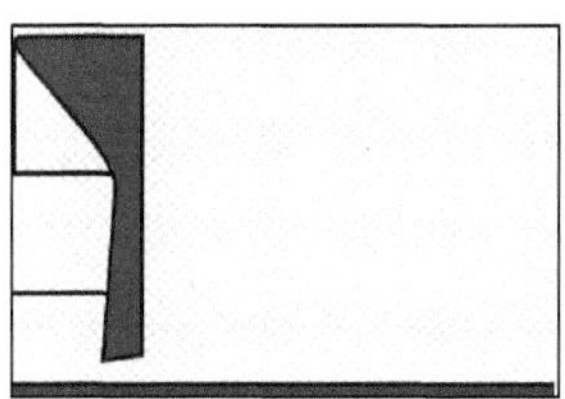
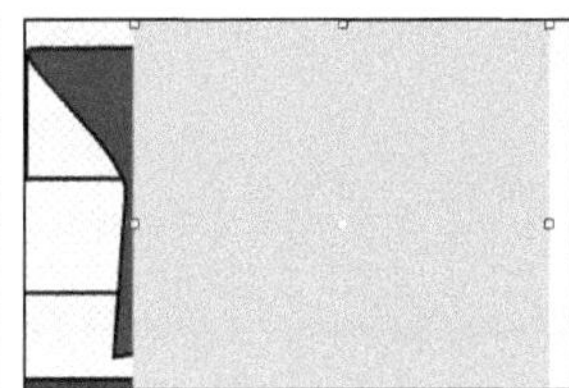
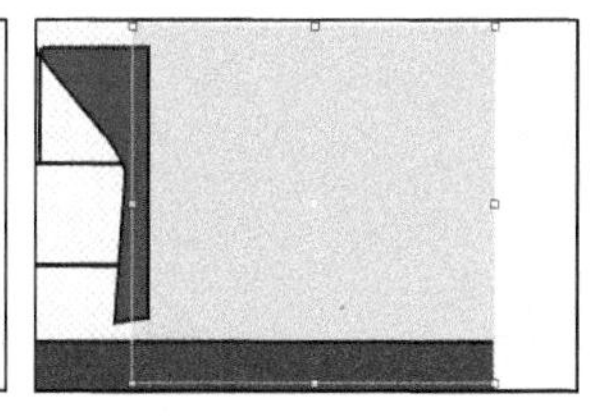

4. 对墙的另外三块重复第 2、3 步，在画布外单击确保墙的地方都填满了。

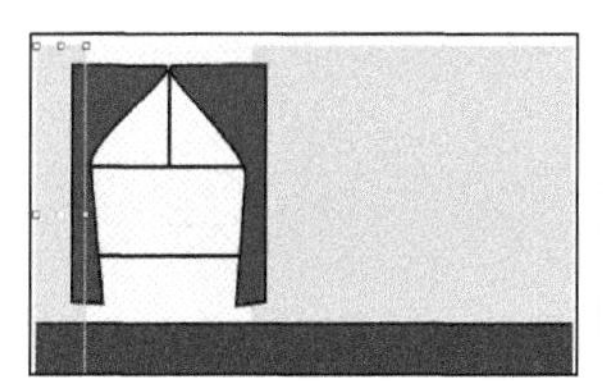
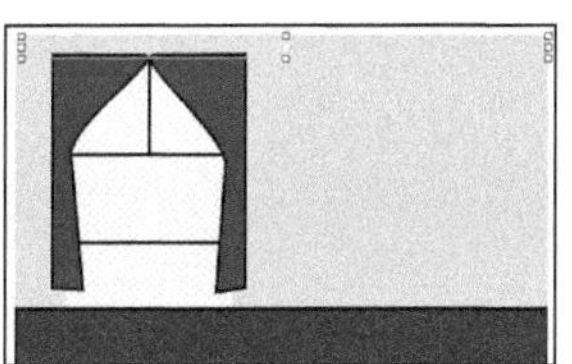
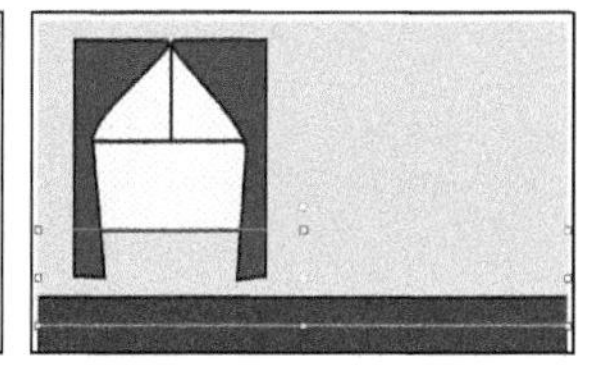

新墙填好后，场景应该表现出人物是在房子外面从窗口向内看。为了让观察者有更好的深度感觉，我们在房间里放一个人物，让他对外面的那个人物（或野兽）作出反应。

这样就有了一个房间，里面有一扇窗，透过这扇窗可以看到外面。要让这个场景更有浸入感，还需要添加一些在房间里的东西，让人物可以移动到它们后面去。在戏剧、电影和电视剧里，这些东西就叫作道具。我就打算让动画的第一个场景发生在那个男孩的家里，让狼人和僵尸出现在他的起居室的窗口。

构造自己的家具

没什么比大大的毛绒绒的长沙发更能表示“起居室”了。你可以跟着下面的步骤画，也可以画更适合你的房间和故事的道具。

画家具（就是这里的长沙发）最简单的办法，就是分解成几个主要的部件，然后利用“复制”工具来做相同的东西，比如靠垫、扶手和坐垫。虽然大多数沙发的靠垫是矩形的，但是更好的做法是先画一个椭圆，然后用“变形”工具来做出圆角的效果。

1. 单击舞台下方的“绘制新角色”图标。

Convert to vector

2. 单击“造型”标签页，然后单击“转换成矢量编辑模式”按钮。

3. 单击“椭圆”工具，选择黑色，拖曳线宽滑动条来调节线的宽度，然后选择轮廓线选项。

4. 单击拖曳画出第一个靠垫，给扶手和坐垫留出足够的空间。

5. 单击“变形”工具，选择靠垫，然后单击并向内拖曳四边中间的控制点来形成圆

角矩形。

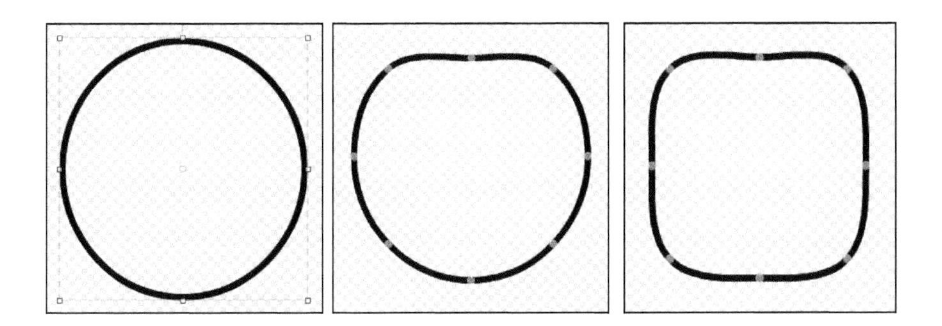

6. 单击“为形状填色”工具，选择你觉得放在房间里会好看的颜色，然后再单击靠垫。这个颜色应该和墙的颜色、人物的皮肤、头发和衣服的颜色能形成对比。

7. 单击“复制”工具，单击第一个靠垫，然后拖曳复制品放到旁边。重复做出第三个靠垫。

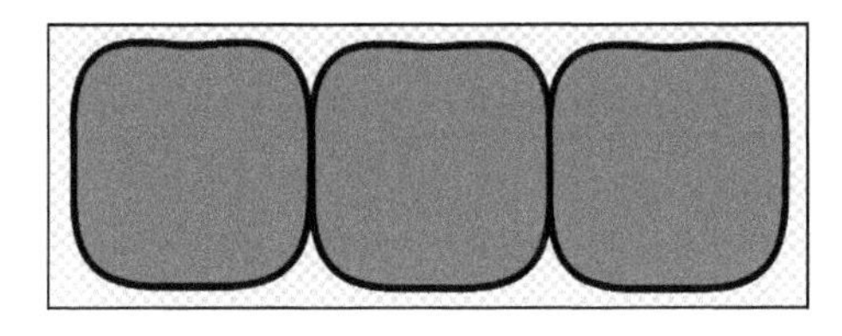

如果按住 Shift 键，就可以不断复制形状而不需要每次都再去单击一下“复制”按钮。把最后一个复制品拖到位置上去之前要松开 Shift 键。

1. 单击“选择”工具然后右键单击每个靠垫，直到所有的三个都被选中了，不用担心靠垫之间的间隙，后面可以填充的。

2. 单击“分组”按钮。

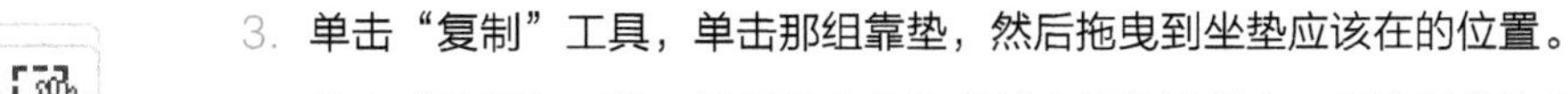

3. 单击“复制”工具，单击那组靠垫，然后拖曳到坐垫应该在的位置。

4. 单击“选择”工具，然后单击坐垫底部中间的控制点，把这组坐垫缩短。

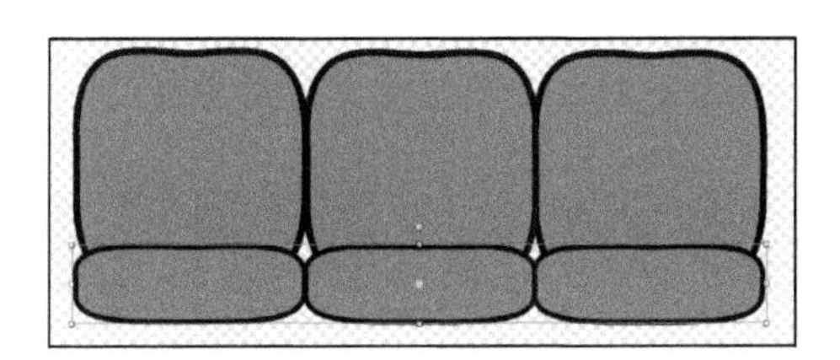

5. 单击“椭圆”工具，选择黑色，拖曳线宽滑动条来调节线宽，然后选择轮廓线选项。

6. 在左边扶手应该在的位置，单击并拖曳画出一个椭圆。

7. 单击“变形”工具，选择扶手，然后单击拖曳控制点来雕刻出厚的沙发扶手的形状。

8. 单击“为形状填色”工具，选择和靠垫的相同的颜色，然后在扶手里单击。

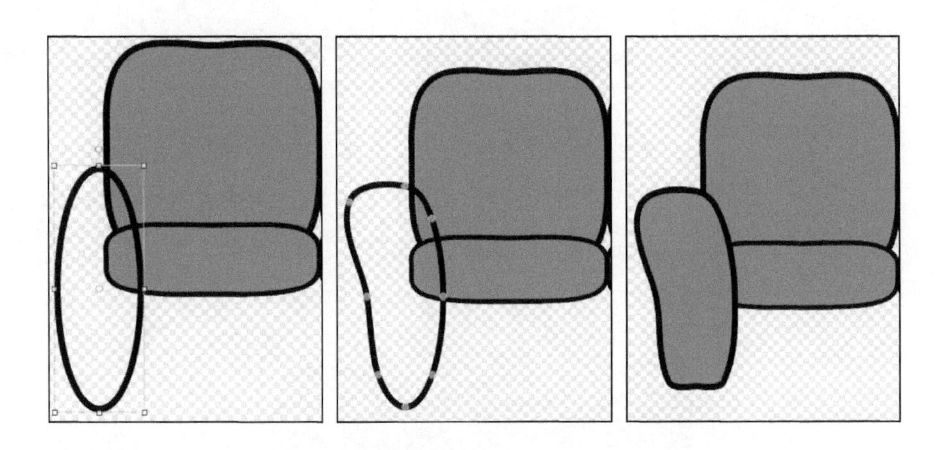

在我的场景这个画面中看不到另一侧的沙发扶手，或沙发的腿，所以只要在垫子的后面画一个矩形，填上绿色，把靠垫坐垫移到最上面（右键单击“上移一层”按钮），然后我的人物就有地方躲了！

检查一下完成了的场景，确保角色之间没有太多相同的颜色。也许你没注意到，我把墙的颜色从深棕色换成了亮黄色，因为我发现之前的颜色和人物的肤色很接近（尽管他很可能希望能隐身到墙里面去！）。我还把背景的颜色换成了深灰色，这样狼人看起来就好像在黑暗中了。

设计室外场景

在起居室场景里的沙发是一个前景元素，而窗户等其他东西（包括透过窗户可以看到的狼人）是背景元素。变换背景和前景元素可以设计出任何室内场景，卧室、健身房、飞碟的控制室都可以做。不过，最终你的人物（包括你的故事）需要走出去，对吧？

要在一个 Scratch 作品里包含室内和室外场景，在设计一个场景的时候，要把那个场景里不出现的角色先隐藏起来。

有一段时间没用到僵尸女孩了，她可以先呼吸一下新鲜空气。我们让她首先在夏令营出场，从一个新背景开始。

1. 单击人物角色左边的“舞台”图标。

2. 在“背景”标签页，单击右下角的“转换成矢量编辑模式”按钮。

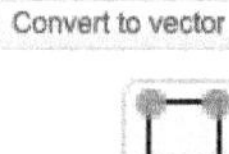

3. 单击“矩形”工具，单击实心选项，然后选择天空的浅蓝色。
4. 在绘图编辑器的左上角内单击，然后单击拖曳到大约画布一半的地方。
5. 选择一种浅绿色来表示草地，在绘图编辑器的左下角内单击，然后向上拖曳到天空的边缘（盖住一点也没关系）。

这就好了！除了蓝天和草地还需要什么呢？就把它叫作“ 我的僵尸露营区场景”……

好吧，也许算了！

如果你读过第1章，看过给飞翔的蝙蝠游戏所创建的那个蓝天，你可能还记得如何才能做出更真实的天空：用渐变（在两个颜色之间的交织融合）。

1. 单击“为形状填色”。
2. 单击水平渐变选项。
3. 单击白色。

4. 单击交换颜色按钮来交换前景和背景颜色。
5. 单击天蓝色。
6. 在天空的矩形里单击，把单一的蓝色替换成渐变的颜色。

单击交换颜色按钮，然后在矩形内再单击一下，就可以翻转两种颜色。

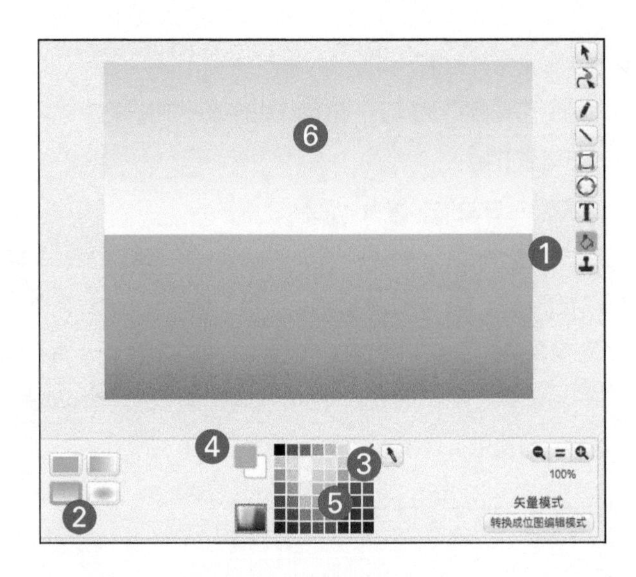

一般来说，天空靠近地平线的地方是最亮的而在画布的顶端是最暗的。也可以在地面上试一下渐变（我试了浅绿和深绿的组合）。

与位图相比，矢量图的另一个好处是矢量图形可以随时改变渐变，矢量模式下还可以在实施渐变之前预览结果。

画有透视效果的场景

在绘画和动画中，透视这种技术能让某些东西显得离观察者近而另一些显得比较远。

在场景中加一条道路就能看出透视的效果了。

单击“矩形”工具，选择深灰色，然后单击地平线（天空和地面矩形之间的边线）拖曳到画布的底。

哟！这看上去可不像道路，它破坏了蓝天绿地的渐变效果，更像是一面旗子而不是风景。

也许你会想：“如果给路也做上渐变效果呢？”做啊，试试看嘛，你敢不敢？可能会有点儿用，但是真的要有用的话，需要用上透视技术。

单击“变形”工具，单击道路的矩形，然后把顶端的两个点拖得靠近一些。

如果觉得拖动起来不容易让道路的两个顶角在地平线上对齐，或者像我一样懒，试试这个简单的技巧。选择天空的矩形，移到前面的图层（右键单击“上移一层”），然后把下沿拖下去盖住草地和道路的矩形的顶端。瞧！一个完美笔直的地平线。

调整左右两个顶角之间的距离，就可以改变道路的宽度和长度的感觉。最棒的地方是，这条道路成了场景中其他东西的指引。树、房子、任何路以外的东西都需要“沿”路逐渐变小（沿路的意思就是向着场景的顶端！）。

我知道你会想:“这算什么烂树，哥们儿，这看起来就是蘑菇！”“兄弟，”我的回答是“越简单越好”!

为了表示出距离，蘑菇一样的树不仅仅是沿着路越来越小了，而且彼此之间的距离也越来越近、在画布上的位置也越来越高了。

就算你的场景里没有道路，先画上一条来帮助设计其他东西的位置和尺寸也是有用的。我经常这样开始一个背景的设计。

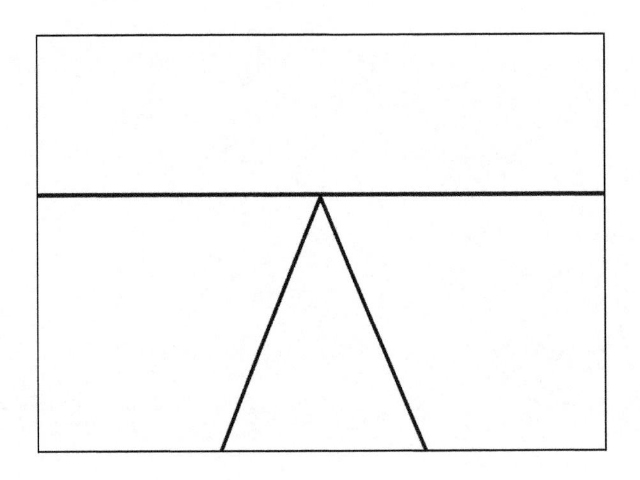

如果想要在路的两边等距地排列相同的东西（树、路灯、等着过高速公路的小鸡），采取这个简单的公式：画、复制、移动位置然后改变大小。

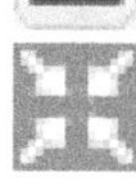

1. 用绘制编辑器工具画出第一棵树（或其他什么东西）。
2. 用“复制”工具把树的复制拖到和路对齐的地方。
3. 单击“下移一层”直到它看起来在前一个物体的后面。
4. 用“缩小”工具来让它比前一个小一些。
5. 重复 2～4 的步骤直到路的一边排好了东西。

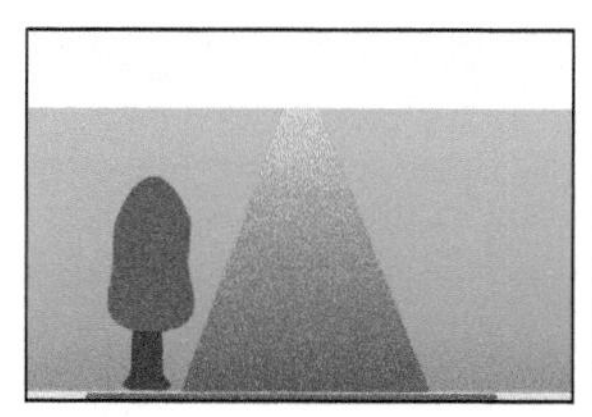

一侧完成之后，并不需要重新在另一侧做同样的步骤，可以选择这一侧的东西合并成组，复制整个组，然后水平翻转，再拖到道路的另一侧去。

根据场景调整人物大小

做场景还有一个非常重要的因素，就是里面要放的人！我们已经做好了道路、种植了蘑菇样子的树，但是还完全没有想过这些东西和小僵尸角色相比是大是小。

除非就是要表达 18 米高的僵尸女孩攻击的场景，否则的话最好让她在场景中有合适的尺寸，然后就能以她在舞台上的大小作为视觉参考来加新东西了。

我要把树和路都删了重新开始。这一次，加进去的东西的大小要和道路（进入夏令营的行车路）及僵尸女孩成合理的比例。使用室内场景中用过的步骤：从基础形状开始，然后修改组合形成较复杂的东西。

1. 如果你的人物还是隐身的，右键单击角色然后选择“显示”。

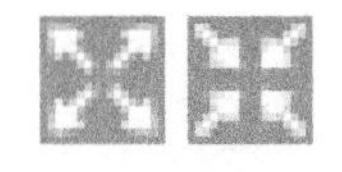

2. 使用“放大”和“缩小”按钮来调整人物的尺寸。人物越小越难看清表情（对于僵尸不是大问题但是大多数人物都需要注意这点）。

3. 用“变形”工具来调整道路的宽度以和人物相称。

4. 按照与道路和人物相适应的比例加入其他东西。

有了两侧的蘑菇样的树，场景就看上去好多了。如果我还有时间，可能会试试用更多的户外道具把地平线藏起来，不过现在这样就不错了。

要让僵尸女孩在场景中动起来之前，要用透视的方法，根据她要走在路的什么地方来估计她应有的尺寸。透视也会决定某个时间她应该在什么东西的前面还是后面。

要培养出构建浸入式场景的技能，还需要大量的练习时间（色彩平衡、东西摆放、前景和后景设计），在动画生涯中（以及本书后面的章节中）需要不断琢磨透视原理。

快速场景改进

这里有一些点子可以增强你的场景。

使用参考照片：可以用网络图片或是自己用相机拍摄室内外的图像。如果想要在上面描绘，在把照片作为角色或背景输入之后，一定要记得转换成矢量模式。

多用渐变：渐变不仅能用于天空、大地和道路，还可以在树、房子或你喜欢的早餐玉米片上试试水平、垂直或辐射状的渐变。在圆形的东西上辐射状的渐变效果最好，在矩形形状内部水平和垂直渐变的效果好。

加阴影：在第10章会学到一些阴影技术。现在可以想想如何复制一个角色，用深灰色填充，然后做变形（比如本章第一幅画中的树）。要小心的是，把阴影放到一个东西上去的时候，需要把阴影放在所有东西的下面，不然场景好像没完成似的。

考虑天气：是多云？下雨？还是下刀子？

考虑时间：特别是室外场景，选择上午、下午还是晚上是很重要的（第10章会讨论这个问题）。

第 9 章
听起来不错

如果你跟我的外甥、侄女一样，坐在电视机前的时候，有一半的时间其实没在看电视，而是在用手机和别人发短信，在平板上查东西，或是在笔记本计算机上玩游戏甚至是做作业。不过，要得到你的注意，有一个办法是按下电视遥控器上的静音按钮，对吧？“ 嘿，我正在看着呢！ ”这个场景应该足以说明声音对于故事的表达是有多重要了。

这就是他所说的

在之前的章节中，我们考虑了一个故事，设计了一些人物，还创建了室内室外的场景。动画设计过程的下一步，是要加入对话。

对于动画设计过程来说，对话非常重要，几乎每个动画都是在开始制作之前先做配音，因为要让人物的动作与声音同步，比对着已经做好的动画配音要容易很多。在动画界，原始的录音就叫作“scratch 音轨（临时音轨）”，就是 Scratch 的那个 scratch!

小贴士大用途

本章是关于录制和播放声音的，不过 Scratch 也有别的方法来让人物说话。在第 6 章介绍过“说……”积木块。如果把这个积木块加到人物的脚本里，在这个积木块里输入的文字就会出现在说话的气泡里。甚至可以用“说……秒”块来控制说话气泡持续的时间。

给人物写对话

好吧，别恨我，虽然是要给所有的人物录音的，但在开始录音之前，把对话写下来也是极好的。不需要写正式的剧本之类的，只要像这样就行。

赫克托:我先来的，我应该可以先挑选睡哪儿。

僵尸女孩:脑子……脑……子……!

赫克托:好的……好吧，我喜欢上铺。

狼人:Grrrrrrrrrr!

赫克托:你这意思是好极了还是啥，狗狗?

狼人:Aaarrrrggghhhh!

赫克托:嘿，我不是要吵架，我就是说说我怎么想的。

狼人:Brrrrrr……

赫克托:呃，你很冷吧？我来开窗吧！我就是动手能力比动脑好。

狼人:AAAHHHWWWHHHOOOOOOO!

赫克托:好的，冷静一点，狗狗。乖，你可以吃点薄荷糖。你午饭吃什么了?

僵尸女孩:脑子!

赫克托:是烤脑子三明治还是直接在头骨里吸出来的？我就随便问问……

并不是说得像我那样打字出来，如果你高兴，也可以用紫色蜡笔写在餐巾纸上。只是需要在按下“录音”按钮之前，先想一想人物要说的话（就算只是“Grrrrrrrr！”）。而且如果打算录别人的声音，他也需要有点东西可以读。

在 Scratch 中录对话

好了，你的对话写下来了吗？准备好录音了吗？在之前的章节里，我建议打开一个已经有了要使用的人物的 Scratch 作品。如果你创建了自己的场景，此刻是不是该打开那个作品了（因为那里面应该有些人物，对吧）?

如果你打算先录制对话，然后再把人物、背景或场景角色引入作品，请参考第 8 章的第一个提示来引入角色、造型和背景。

1. 前往 scratch.mit.edu 或打开 Scratch 2 离线编辑器。
2. 如果在线使用，单击“创建”。如果是离线使用，选择“文件⇨新建”。
3. 给作品取个名字。在线的话，单击“文件”菜单然后选择“保存一个副本”；离线的话，选择“文件⇨另存为”。我起的名字是“动画音轨”。
4. 把那只猫给删了。

有三种办法给 Scratch 作品加声音。

- 可以从声音库中选择一个声音。
- 导入一个声音文件（.mp3 或 .wav 格式）。
- 直接在 Scratch 里录音。

虽然声音库里有一堆的音乐和声效可以选择，但是那里没有对话——MIT 的天才们把这事留给你自己了。

找到录音按钮

在之前的章节中，大多数的时间都是在绘图编辑器里画东西，而在这一章里，我们主要的时间要花在声音编辑器里。

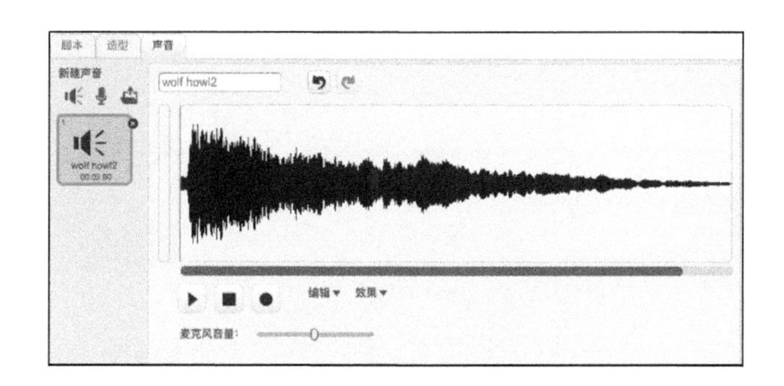

单击“声音”标签（在“造型”标签的右边）来打开声音编辑器。且慢！在开始单击、录音和播放之前，先得决定好每段声音要放哪里。

在 Scratch 中，声音和造型、脚本是一样处理的。就像每个角色可以有多个不同的造型和代码块一样，每个角色也可以带有几个不同的声音。因为在对话里说第一句话的是赫克托，在录音之前，我会先选择他的角色。

1. 单击要说话（或吼叫、呻吟）的人物角色，然后单击“声音”标签。

2. 每个角色默认都有一个“Pop”（噗）的声音。除非打算让人物“噗”一下，比如压破那种包装气泡膜，否则就可以右键单击这个声音，然后选择“ 删除”把它删了，

3. 单击“录制新声音”按钮。

注意：如果计算机上没有接话筒，或是打算用别的设备（比如手机或录音笔）上录的音，单击“从本地文件中上传声音”按钮，然后直接去看“编辑声音波形”那节。

你可能会以为一单击“ 录制新声音”按钮，Scratch 就开始录音了，才不呢！那个按钮的作用就像“绘制新造型”按钮，它在声音编辑器的“新建声音”列表里创建一个声音对象。就像用绘图工具（矩形、线段等等）给造型加形状一样，录音是把声音加到一个声音对象里去。

如果你的动画里不止一个人物，通常好的做法是给每个角色单独录音。以后会学习到如何用代码块来控制每个声音播放的时机。

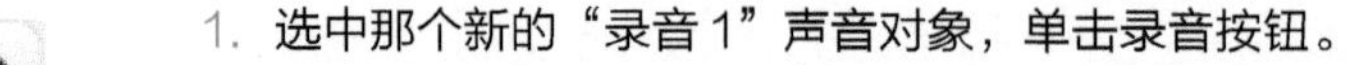

1. 选中那个新的“录音 1”声音对象，单击录音按钮。

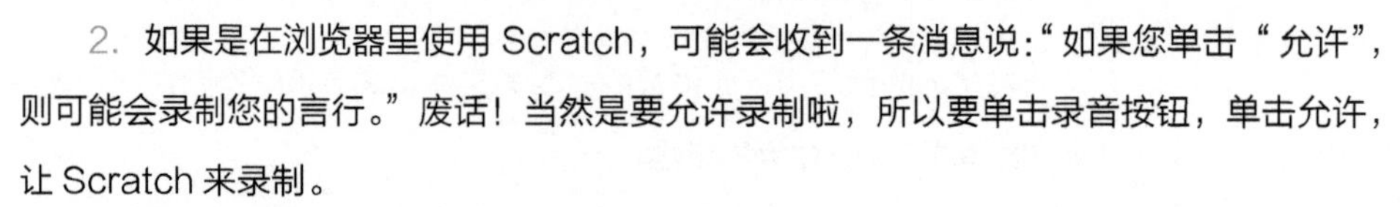

2. 如果是在浏览器里使用 Scratch，可能会收到一条消息说：“如果您单击“允许”，则可能会录制您的言行。”废话！当然是要允许录制啦，所以要单击录音按钮，单击允许，让 Scratch 来录制。

第一次使用摄像头的时候也会出现相同的消息。情况可能是这样的，你并没有在某个网站上单击录音按钮，但是有其他人正试图从你的计算机上记录声音或图像。我知道这听起来很乱，不过至少在 Scratch 里，你是控制者（模仿一个有权力欲的统治者发出的疯狂的笑声：哇哈哈哈哈！）。

如果开启了话筒，就会出现橙色的“Recording（正在录音）”字样。在你说话 / 吼叫 / 呻吟的时候，就会在录音控制按钮的左侧出现一条绿色的竖线。

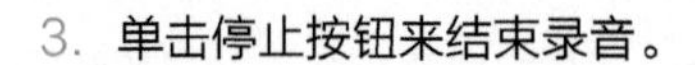

3. 单击停止按钮来结束录音。

那条垂直的绿线显示的是从话筒接收到的你的声音的大小。随着声音的增大，还可能

看到黄色甚至红色出现在线条的顶端。这表示声音太响了可能会失真。可以降低声音，也可以调整录音按钮下面的麦克风音量滑动条（对于大嗓门要向左滑，而对那种你经常听不清的朋友就要向右滑）。

编辑声音片段 Edit Audio Clips

编辑录下来的声音是 Scratch 最酷的功能之一！想象一下你买通了你的大姐为你卡通片里的疯狂科学家配音，你费了九牛二虎之力写好了对话，按下了录音按钮，结果她说错了一个小地方，或是在两个单词之间停顿了太久。这时候不需要重新录音，只要把不需要的部分剪裁掉就可以了，就像在绘图编辑器里选择然后删除一个形状那么简单。

录音完成后，就会在声音画布里看到类似这样的东西出现。

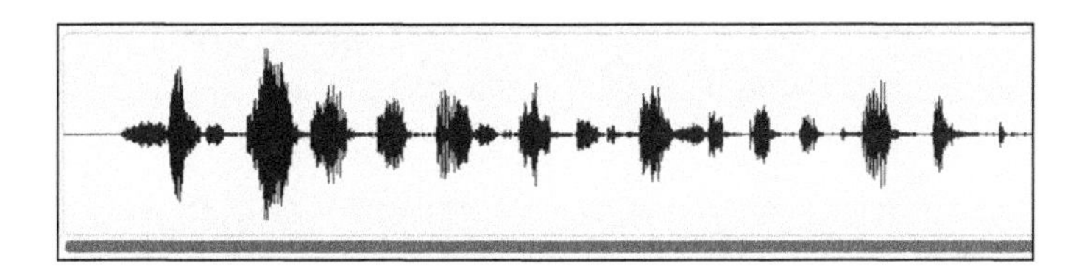

那一行黑色的、弯弯曲曲的形状就叫作声音波形，它就是刚才录下的声音的可视化表现。

为什么叫作声音波形？

为什么把那个粗粗的、凹进突出的形状叫作波形？如果能像放大角色图形一样放大声音，就会看到这个形状实际上是连续的波形。说话的声音越大，波形就越高；而说话越快，波和波之间的距离就越近。

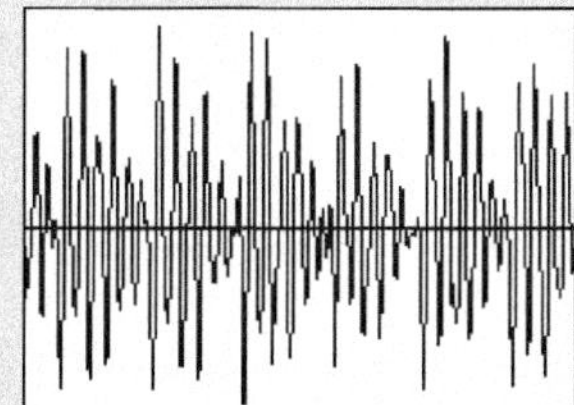

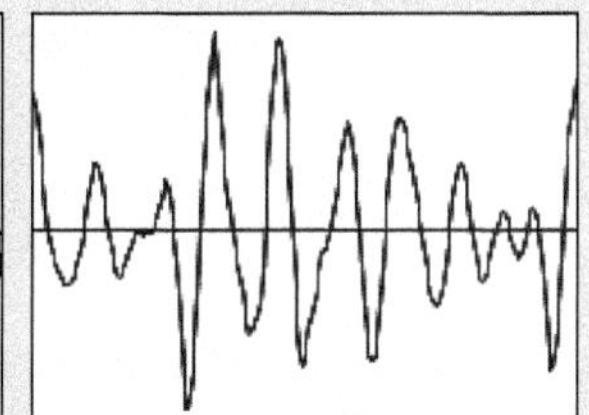

还需要我教你单击播放按钮来听录音吗？真的？万一找不到的话，那个按钮就在停止和录音两个按钮旁边。

搞定了录音和播放，我们来做酷的部分：编辑声音片段！

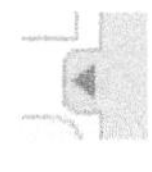

在编辑较长的片段的时候，扩展声音编辑器的区域是很有用的。菜单中选择“编辑➪小舞台布局模式”，或者单击在舞台和声音编辑器之间的小小的、灰色的三角形，就可以扩展或复原工作区域。

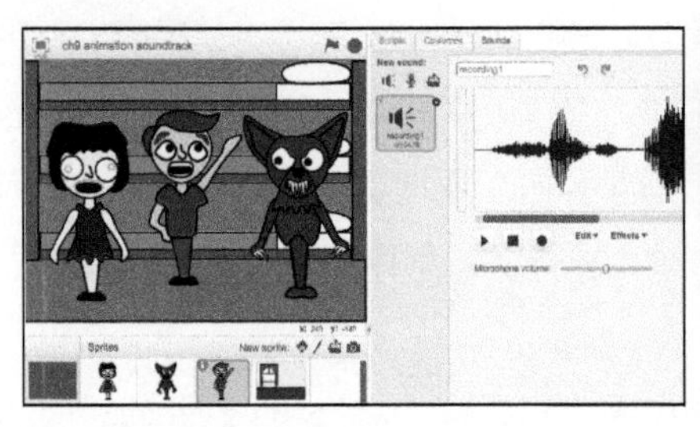

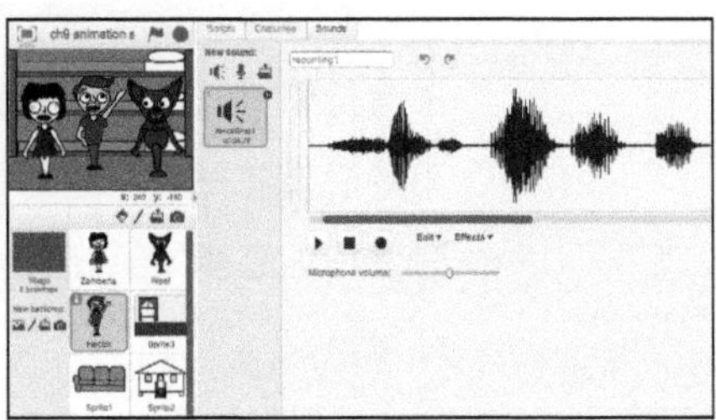

去掉声音开头的空白

先从删除声音波形开头多余的没声音的部分（就是波形线完全平坦的地方）开始。

1. 选择录了音的角色，然后单击“声音”标签页。
2. 如果有不止一个声音，单击要编辑的那个。
3. 用水平滚动条找到要用的声音的开头。
4. 准确地在波形上静音结束的地方单击，然后向左拖，直到声音波形开始的地方。
5. 在声音波形的下方，单击“编辑”菜单，然后选择“删除”。

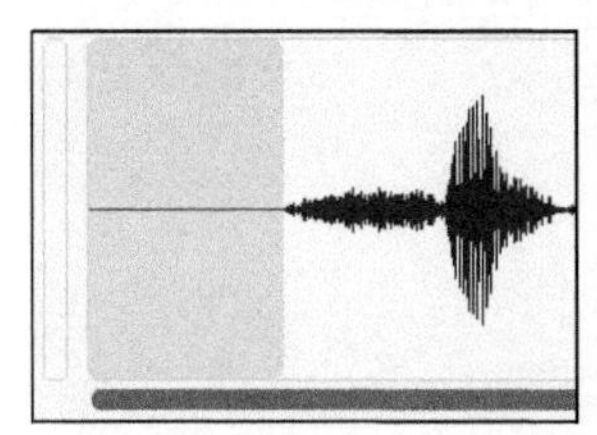

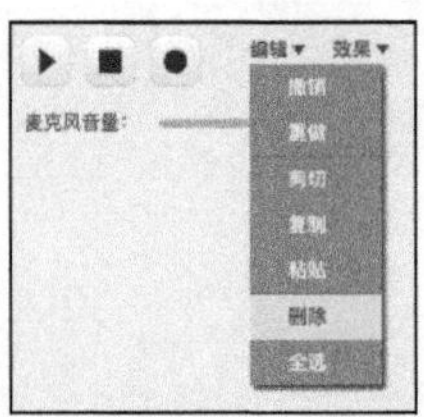

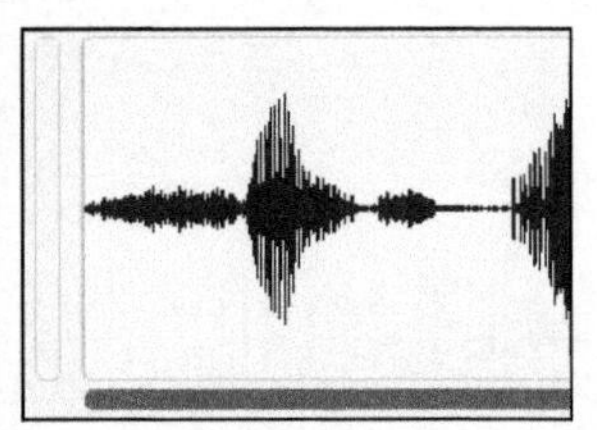

好吧，也许你觉得删除静音没那么酷。有点儿像什么也没删除，对吧？不过，看看这段声音波形：每一小段代表了一个单词，平坦的线就是单词之间的一小段静音（除非你能像我在纽约的一个朋友一样，说话快到词和词之间都要叠起来了！）。

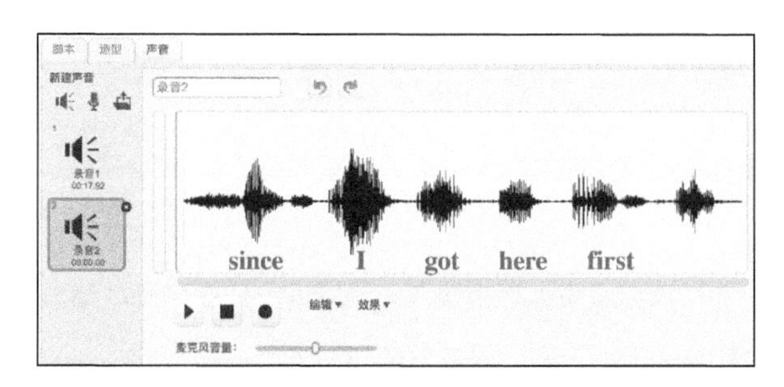

用删除静音相同的方法可以删除一个单词，只要单击拖曳划过那个单词，然后选择“编辑➪删除”。“编辑”菜单还可以“撤销”和“重做”编辑、“复制”音频的一部分然后“粘贴”到别的地方，还可以“全选”整个声音波形。

在录音之前，告诉配音演员出错了没关系，这样能让他们放松。然后告诉他们，如果出了错，做个呼吸，然后重复之前错误的部分。这样的话，就不需要不停地停下再启动录音了。配音结束后，可以找到错误然后删除那部分的声音波形。在较短的声音波形中要找到错误和单词都比较容易，所以要做多个较短的录音而不是做单个、长的录音。

使用声音编辑效果

我差点儿就把这一节叫作“ 使用声音效果”，但是这两个说法还是不同的。声音效果一般指的是动画中非说话的声音，比如关门、爆炸和冲马桶的声音（如果你把这三种声音混合在一起，那一定是在做令人捧腹的场景！ ）。声音编辑器的效果只是调整声音波形的一部分（或全部）的音量，以及反转声音（这事有趣可以一试，但是对于录制对话没什么用，除非你的人物里住着说胡话的恶魔）。

试试让录音中的某个单词更响一点。

1. 单击拖曳选中要更响一点的那部分声音波形。
2. 在声音波形的下面，单击“效果”菜单，选择“响一点”。

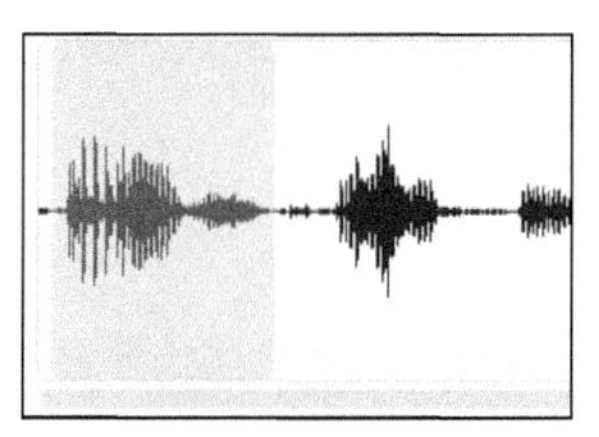

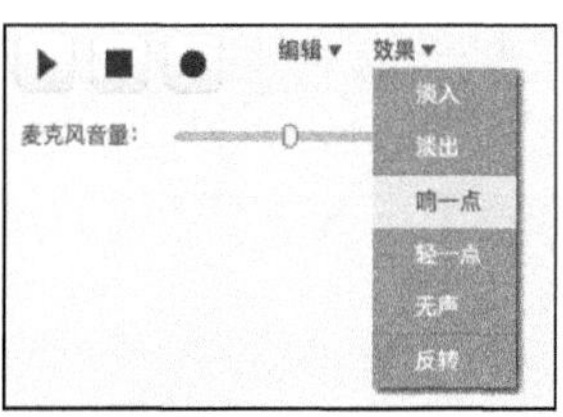

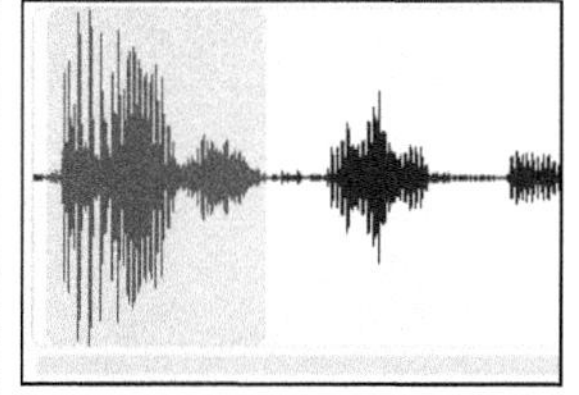

你会发现在做了效果之后，声音波形看起来就高了一些。在现实世界里，声音是看不

见的，但是在 Scratch 里可以！

用代码块播放声音

知道了如何在声音编辑器里播放声音，知道如何在动画中播放声音吗？有两个代码块可以在舞台上的绿旗被单击时让录制好的对话开始。

1. 单击录制了对话的人物角色。
2. 单击“脚本”标签。
3. 单击“声音”模块。
4. 把“播放声音……”或“播放声音……直到播放完毕”积木块拖进脚本区。
5. 单击“事件”模块，然后拖曳“当绿旗被单击”积木块，贴到“播放声音”积木块的上面。

如果一个人物角色上存储了不止一段声音，可以在“播放声音……”积木块的下拉菜单里选择要播放的声音。这样，当单击绿旗的时候，就会播放所选择的声音了。

“播放声音……”积木块和“播放声音……直到播放完毕”积木块有什么区别？如果在“播放声音……”积木块下面还有代码块贴着，那些命令会在声音播放的同时执行。如果用的是“播放声音……直到播放完毕”块，那么只有这个声音播放完毕，下面的命令才会执行。

如果不想让声音立刻播放呢？可以在前面贴一个“等待……”积木块，设置好其中要等待的秒数，或者用绿旗按钮以外的其他方式来启动声音（后面会讨论到）。

人物说话的动画

为人物录了对话之后，显然接下来就该做出它们说话的样子来了。有几个办法可以实现说话的样子。

- 播放录音的时候显示人物（废话！）。
- 为声音配上角色的嘴部动作（哪有说得那么简单，是吧？）。
- 显示人物说话的对象，就好像你只看到了查理・布朗，可是听到有个看不到的大人在说：“Whuh wuh wh wh whaughhh”。
- 用画外音，就是先看到人物，然后开始说话的时候，显示其他东西。在倒叙中常常见到这种手法，一个人物要告诉你之前发生的事情，当他开始说的时候，你看到的是他所说的场景。
- 在听你的人物说什么的时候，显示一个超酷的、毫无关系的猫咪照片。

除了最后一个，在动画中，甚至在同一个场景中都能看到上面各种技术的组合。

那么，一位年轻的 Scratch 作家该从哪里开始呢？我用笨方法，所以从最难的地方开始，让人物的嘴动起来！如果能掌握了这个，那其他的就不费吹灰之力了。

小贴士大用途

在之前的章节中，我们学习了如何把造型和代码块从一个角色拖曳到另一个去。声音也是可以在角色间拖曳的。如果把声音错误地录在了别的角色那里，或者要给双胞胎做动画，这个功能就很方便了。

用嘴说出单词

在人物嘴的动画上花的时间越多，看上去就越像是真的。动画师把这个叫作对口型，意思就是把图片和声音匹配上。

对口型并不一定很难、不一定花很多时间。我相信你肯定见过简单的对口型，就是在说话的时候，人物的嘴只是不停地一张一合，不说话的时候就闭上。经典的指偶或提线木偶就是这样做的。

有没有发现我在第 7 章设计的所有人物都是以张着嘴的造型开始的？这样就可以加上牙齿和舌头，然后只要复制造型再对嘴做变形就能实现闭嘴的效果。

1. 选择要说话的角色，然后单击“造型”标签页。
2. 右键单击张着嘴的那个造型，然后选择“复制”。
3. 把第一个造型重命名为“张嘴”，然后第二个命名为“闭嘴”。
4. 选择那个“闭嘴”的造型。
5. 用“变形”工具来将嘴的形状修改为闭着的样子。

这样这个人物角色就有了至少两个造型（“ 张嘴”和“ 闭嘴”）、有了录好的对话和一段简短的脚本（两个代码块），一旦有人单击绿旗按钮，它就会播放声音。

简易对口型

怎样能让 Scratch 在播放音频的时候交替显示张嘴和闭嘴的造型呢？如果读过第 1 章或第 3 章，可能还记得用来在不同的造型之间切换（比如让翅膀挥舞或乌龟爬行）的那些代码块。如果不记得了，看看“外观”模块里的代码块。

1. 选择要说话的角色，然后单击“脚本”标签页。

2. 把下面这些积木块（“将造型切换为……”“等待……秒”和“重复执行……次”）拖曳贴到脚本区的那两个积木块的下面。

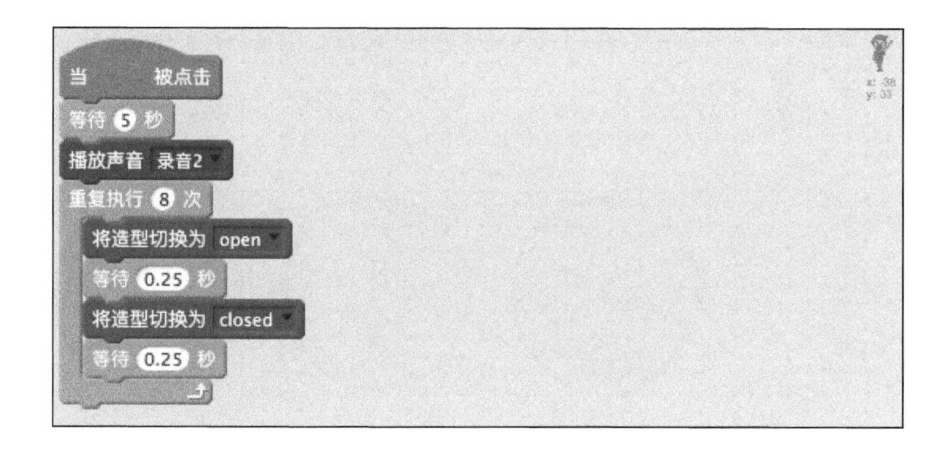

我在一个“将造型切换为……”积木块里用下拉菜单选择了“张嘴”，在另一个里选择了“闭嘴”。我还把“等待……秒”的时间从默认的 1 秒修改为 0.25 秒，“重复执行……次”中的数值改成了 8。对于你自己的人物，起码需要调整一下“重复执行……次”积木块中的数值，你知道为什么吗？

当按下绿旗按钮的时候，嘴保持一张一合。我无法直接知道需要重复 8 次的开合来配合音频的时间。第一次我试了 10，发现太久了，于是试了 6，最后才决定了 8。你得根据你的音频来调整这个长度，还可以尝试不同的“等待……秒”中的时间直到看起来是你所想要的样子。

如果没有“等待……秒”块，造型就会切换得太快以至于看不出造型的改变来。

实现更真实的对口型

到镜子前，站得足够近，盯着自己的嘴，然后尽量慢地说“donut（甜甜圈）”。你会发现在说不同的字母或声音的时候，不仅是嘴唇，还有牙齿，甚至舌头都要以各种方式组合起来动作。比如 D 这个音，牙齿先是闭拢的，舌头是抵在天花板上的。当发 O 的音的时候，嘴是打开的，然后部分闭合，同时舌头弯折向上抵住天花板来发出 N 的音。接着嘴张大发 U 的音，然后回到 N 的位置来发 T 的音。

别担心，不用画出对话的每个字母，那样就没完没了了！大多数人说话都太快了以至于只能区分出一部分嘴的形状。如果不相信，回镜子前，用正常说话的方式说："I love donuts（我爱甜甜圈）"。

实现更真实的对话型动画的关键，是在关键的时候做嘴的形状的动画，这样的关键时刻就叫作关键帧（重要的东西变化的帧）。动画师基于嘴的基础形状来形成元音和辅音的音素。尽管英语有 26 个字母，但是音素要少很多，因为很多字母的画面是相同的，比如 M、P 和 B（嘴唇闭拢）和 D 与 T（舌头抵住上牙）。

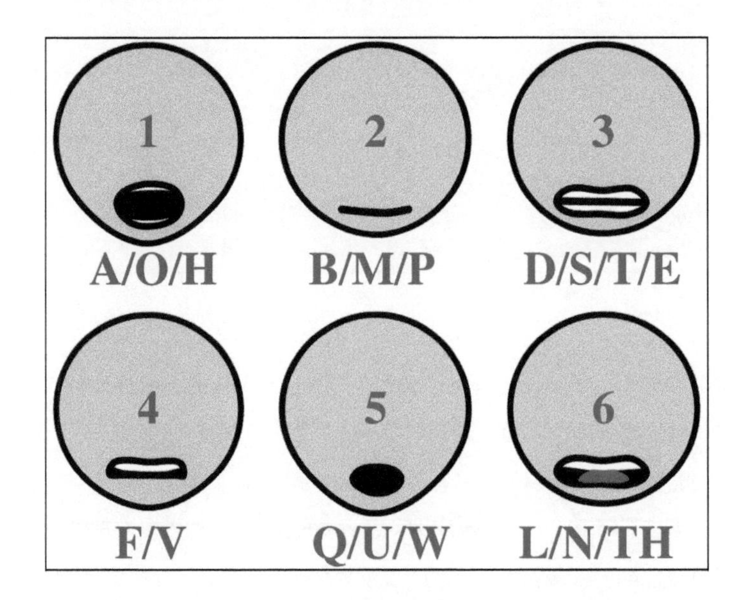

现在我们意见一致了，那么就来把所有字母的口型都做出来吧。"I love donuts（我爱甜甜圈）"，我就说，谁不爱甜甜圈嘛。在赫克托上已经做了太多工作了，我要换成僵尸女孩来说这个。说真的，如果僵尸尝过那种血淋淋的果冻一样的甜甜圈的话，他会喜欢的。

1. 单击要说话的那个人物的角色，然后单击"声音"标签页。

2. 单击"录制新声音"按钮。
3. 把新的声音片段命名为"甜甜圈"。

4. 单击“录音”按钮然后说，“I love donuts”。
5. 单击“停止”按钮。
6. 选择声音波形开头的所有静音段，然后选择“编辑➪删除”。

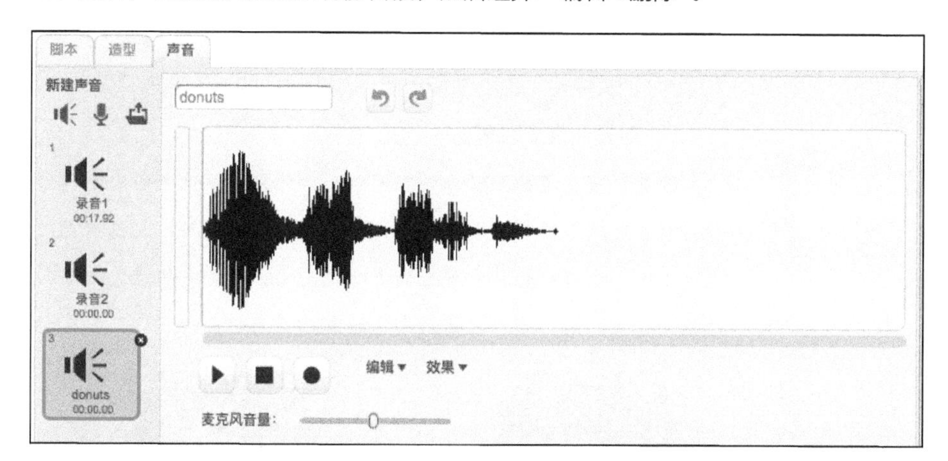

甜甜圈的录音准备好了，该选择要加到人物上去的关键音素了。下图是我觉得最好的方案。

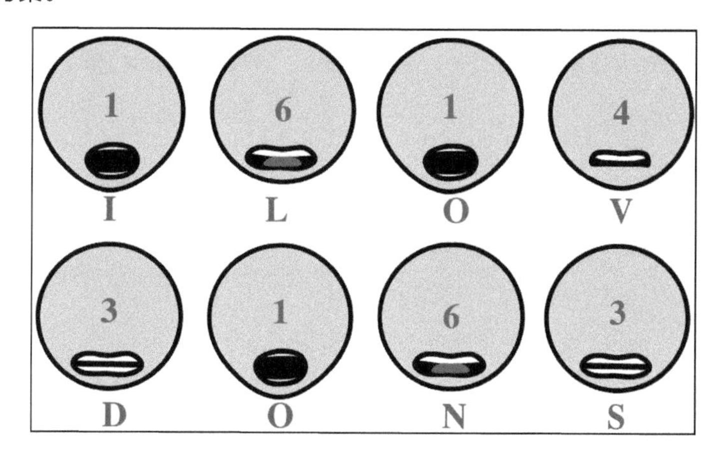

看到我说的重复的音素了吧，1 号用了三次，3 号和 6 号用了两次。我没有为“donuts”里的 U 和 T 做音素，你能理解这里的原因吧？T 和 S 是同一个音素，当我说“donuts”的时候，重音是在第一个音节（DO-nuts），所以发“u”音的时候几乎就没有张嘴。

定制音素造型

要做出这句话，只需要 1、3、4 和 6 号音素。如果 1 号就用之前的“ 张嘴”造型，那么只需要再做三个嘴形就可以了。

1. 选择要做动画的人物，然后单击“造型”标签页。
2. 右键单击“张嘴”造型，然后选择“复制”。
3. 按照音素来命名新的造型：F/V、L/N/TH 或 D/S/T/E。
4. 用“变形”工具来修改嘴，成为想要的音素的形状。
5. 对其他音素重复 2～4 步。

想要节省大量的做动画的时间吗？为什么不做一个新的叫作“说话”的只有嘴型的角色，让它的每个造型表示一个不同的音素。然后就可以把这样的嘴放到舞台上的任何一个角色上去。这样就能先实现人物身体的动画，不管它的嘴怎么动，然后再把“说话”的造型复制过去，那么就不用为每个人物创建不同的音素了。

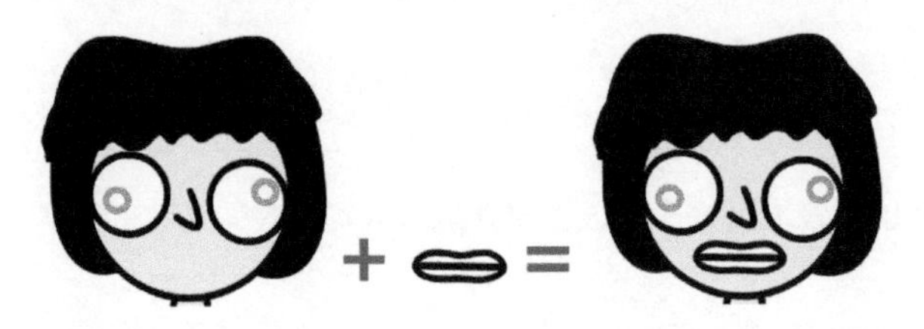

做好了所需的音素之后，剩下要做的，就是和录音对口型了。

切换造型来匹配音素

先确保把所有的音素都取好了名字，要不然代码会很麻烦的。

1. 选择有音素造型的角色。
2. 单击“脚本”标签页。
3. 把下面的积木块拖曳进脚本区。

4. 右键单击“切换造型为……”积木块，选择“复制”，然后将复制出来的副本拖曳到当前积木块的下面贴上。

当　被点击
播放声音 donuts
将造型切换为 L, N, TH
等待 1 秒
将造型切换为 L, N, TH
等待 1 秒

5. 重复第 4 步直到每个音素都有了一个“切换造型为……”和一个“等待……秒”积木块。

6. 选择每个“切换造型为……”积木块里的音素。

7. 调整“等待”积木块里的数值，让每个音素造型在播放音频时的正确时刻出现。

我最终实现的脚本像这样，我在 Scratch 的外面用红色的字母标注了每个块对应甜甜圈音频里的哪个部分。

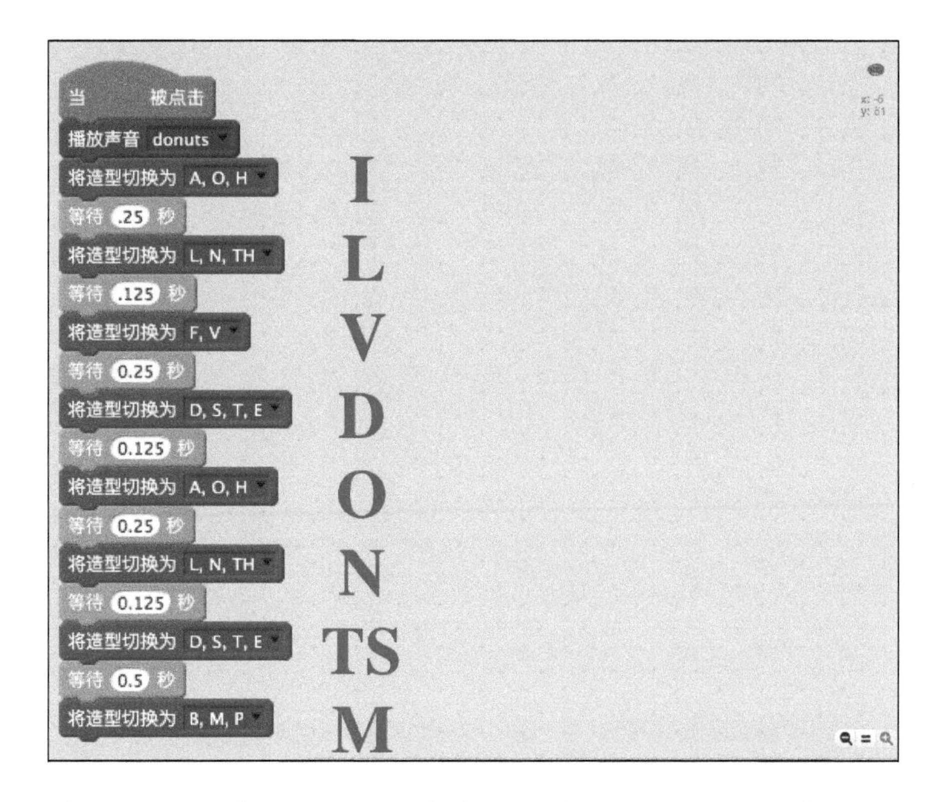

掌握了甜甜圈的音素之后，就应该能为所有的动画人物对口型了。关键是为每个单

词 / 词组找到最重要的嘴型。人物说话越快，所用的音素应该越少，不然他的嘴就动得太快了！

更多对话技巧

- 做下巴的动画：你说话的时候不是只有嘴唇、牙齿和舌头在动。回到镜子前，看看在逐个音素发音的时候，你的下巴在哪里？很容易就可以用“变形”工具调整头的底部加上下巴的动作。
- 做眼睛 / 眉毛的动画：在问问题的时候，往往会挑起眉毛睁大眼睛。当人物说话的时候，眼睛还会有什么动作？（提示：再去照照镜子）
- 做眨眼的动画：除非你的人物正在参加瞪眼比赛，不然可以偶尔眨一下眼睛让它们看上去更真实些，或者是让它们使个眼色去约会。
- 做手的动画：有没有发现在说话的时候，有的人会打手势，就好像在指挥交响乐一样（难道是在吸引你的注意力好来偷你的钱包？）
- 试试 Audacity：Audacity（audacity.sourceforge.net）是一个免费的音频编辑应用，能提供比 Scratch 多得多得音频编辑手段。列举几个好处：可以在声音波形上放大缩小、显示精确的时间数据、加速或减速，还可以做更精密的声音效果。

第 10 章 灯光、摄像，开拍！

故事写好了，人物的动作做好了，背景做好了，还录好了一些对话，那么，可以把所有的元素放到一起来做动画了。本章介绍的设计和编程相结合的方法，可以加速动画制作的过程。我不是布拉德·伯德（他的电影《正义铁巨人》和《超人总动员》是我最喜欢的两部电影），但是我可以介绍很多技术来帮你制作自己的大师级动画！

不是从头开始

除非你跳过了之前所有的章节直接来读这章，不然就应该打开一个已经有了人物、背景或声音（ 最好是三样都有）的作品，动画就从这个作品开始。每次打算要做大的修改之前，最好先做一个备份，这样的话，如果作品的修改失控了，还能从头再来。

如果你从没用过 Scratch 做动画，又想要做自己的动画故事，请快速读一遍第 6 章，那章会引领你做一个简笔画动画。

1. 前往 scratch.mit.edu 或打开 Scratch 2 离线编辑器。
2. 如果在线使用，浏览打开要复制的作品。如果是离线使用，选择“ 文件➪打开”，然后选择作品。
3. 在线的话，单击“ 文件”菜单然后选择“ 保存一个副本”;离线的话，选择“ 文件➪另存为”。

4. 给作品取个名字，我起的名字是“营地怪人”。

如果打算从头开始，或只是使用 Scratch 库里的角色、背景和声音，请按照下面的步骤做。

1. 前往 scratch.mit.edu 或打开 Scratch 2 离线编辑器。

2. 如果在线使用，单击“创建”。如果是离线使用，选择“文件➪新建”。

3. 给作品取个名字（在线的话，选择标题然后输入名字；离线的话，选择“文件➪另存为”然后输入名字）。

4. 用剪刀把那只猫给删了（右键单击小猫然后选择“删除”），除非你的动画中第一个人物就是那只小猫。

5. 用“从背景库中选择背景”和“从角色库中选取角色”图标来装载动画要用的角色和背景。

如果你读过了第 7 章，就已经设计过了三个新的 Scratch 人物。我创建了僵尸女孩、狼人和普通男孩海克特。

在第 8 章，我介绍了如何设计可以展开故事的浸入式室内和室外场景。

在第 9 章，我展示了如何直接在 Scratch 里录制对话的步骤，以及如何创建不同的

嘴的位置（叫作音素）来让人物看起来在说话一样。

本章我会继续用我的人物、背景和声音，你应该用你自己的。

灯光（现在是几点？）

在专业的演出中，每个场景都以特定的方式开始，像这样：室内、海克特的公寓、夜晚。

我的第一个场景发生在夜晚海克特的公寓内。可是之前设计的人物和背景看起来是这样的。

这看上去像是夜晚的场景么？是阳光灿烂的白天吧。怎么改能让它看起来像晚上，而且让场景更戏剧化呢？

创建夜晚场景

当然，要把白天的场景改造成夜晚的，一定有一些省时省力的 Scratch 技巧可以用。

比如说，那个窗户就是一个大问题：外面应该是黑的。在第 8 章，我告诉过你把墙做成角色而不是背景的重要性，这样就可以把其他图形放到墙的后面去了，就像这样。

要是我告诉你，只要一个积木块就能让外面看起来已经是晚上甚至夜深了呢？我先要右键单击舞台下的海克特、沙发和墙的角色图标，选择“隐藏”把它们都隐藏了（后面还会把它们显示出来的）。

有些 Scratch 玩家甚至都没想过在背景里加代码，其实在“外观”模块里有几个积木块是用于背景的。其中就有一个是用来把白天变成黑夜的。

1. 单击位于角色图标左边的“舞台”按钮。
2. 单击“脚本”标签页。
3. 单击“外观”模块。
4. 在“将（颜色）特效设定为……”积木块上单击一下。

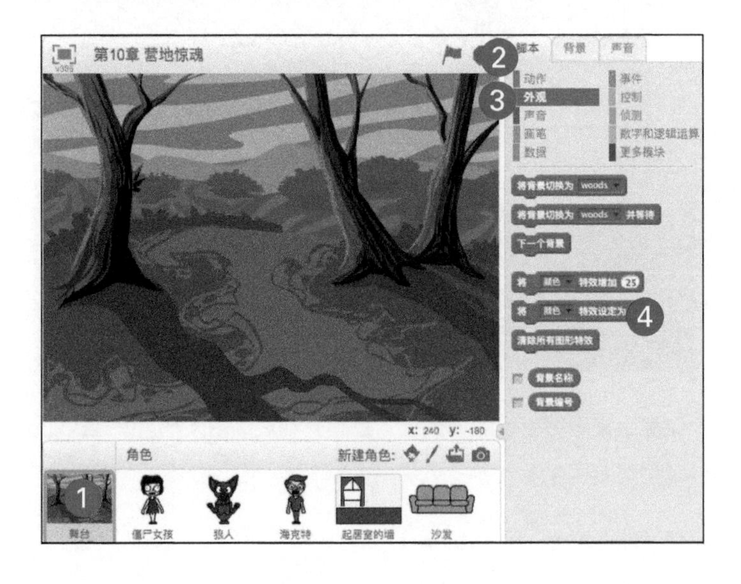

在“将（颜色）特效设定为……”积木块里，单击显示着“颜色”的下拉菜单，应该

能看到颜色之外还有 6 个选项。你觉得哪个能让背景更暗感觉像黑夜呢？自己试试选择一个选项然后把数值从 0 改成别的值看看（每种效果的最大值都是 100）。

用“清除所有图形特效”积木块可以恢复背景或角色为原本的亮度或颜色。

我觉得“亮度”效果像是有用的。选择“亮度”，把数值改成 50，然后在积木块上单击一下。背景怎么样了？背景亮了很多。如果把这个数值改成最大值 100，背景就完全变白了。所以怎么能变暗呢？试试负数！

我发现 -35 在我这个外景上不错，我会先把墙、沙发和海克特都显示出来（右键单击选择“显示”）来看看场景看起来怎么样。

好一些了。不过如果想要让室内暗一些要怎么做呢？比如说一道闪电击坏了电力设备？可以用相同的效果积木块来使得场景内的每个角色都变暗，不过，还有更方便的办法。

关灯

要修改场景内一堆角色的效果是很乏味无聊的。你能想出一个办法来一次性修改整个场景的亮度吗？能否在整个场景上铺一张黑色的幕布，然后让幕布有一点透明呢？这就要有请“虚像”效果了！

1. 在舞台的下方，单击“绘制新角色”图标。
2. 单击“造型”标签页。

3. 单击“用颜色填充”工具。
4. 单击黑色。
5. 单击调色板左边的实心选项。
6. 单击绘图编辑器画布，把整个画布填充为黑色。
7. 单击拖曳这个新角色来盖住舞台。

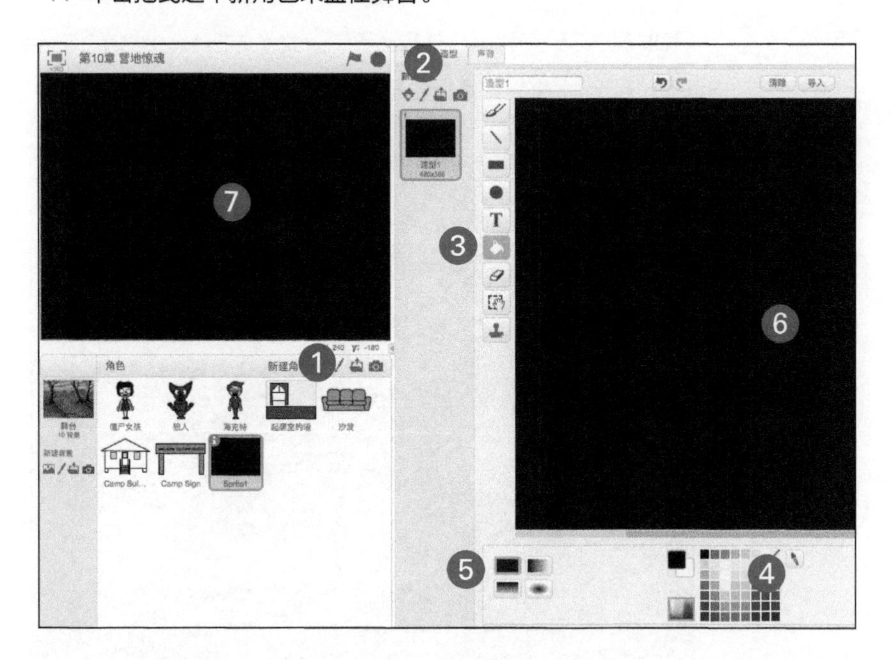

除非你就是要全黑，不然就需要在这个新角色的脚本区里拖进去一个“当绿旗被单击”和一个“将……特效设定为……”的积木块。可能还需要加上一个“移到 x:…… y:……”的积木块，把 x 与 y 两个数值都设置为 0 来确保这个角色出现在舞台的中央。

把“将……特效设定为……”里的效果改为“虚像”，数值改为 35 之后，单击绿旗，场景就会变得更暗一点了。可以试试调整数值来符合你的感觉。

如果需要看清或移动舞台上的其他角色，可以右键单击这个新角色来隐藏它。

做淡入淡出的动画效果

在场景开头的时候可以把这个虚像值逐渐从 0～100 来实现一个淡入的效果。

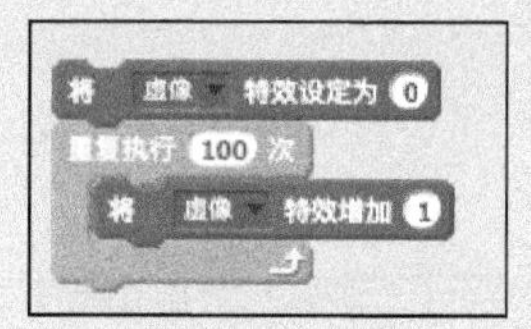

要在场景结束的时候淡出到黑色，只要把虚像值设置为 100，然后逐渐以 -1 来改变这个值。

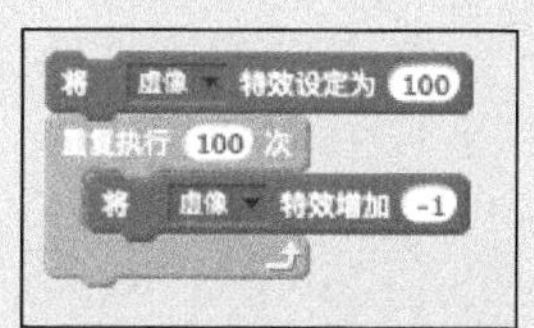

镜头（或者说我该聚焦在哪里？）

在真人出演的电影或电视剧中，是由导演和摄像师在特定的位置放置摄像机来决定观众该看到什么的。在 Scratch 中并没有摄像机，所以要怎么控制观众看到什么呢？答案是通过选择把哪些角色和背景放到舞台上来实现的。

你有没有发现动画师是如何在显示整个场景的远景和可能只显示人物的一部分（大多数就只是脸）的近景之间切换的？

在下面的三个画面中，我用了“将角色的大小设定为……”积木块来改变海克特、窗户和沙发的大小，从 100% 变到 250%，再变到 500%。

等一下！为什么在第二和第三幅画面中，海克特脸的大小几乎没区别？用“外观”模块里的积木块的时候，Scratch 对于增加一个角色大小是有上限的。

这个上限和原始的造型大小有关。比如，那只猫可以增到到 535%，舞台大小（480×360）的造型只能增大 150%。

还好，我可以在绘图编辑器里让海克特变得更大。

增加造型的尺寸

在绘图编辑器里，可以把人物造型的形状集合成组，然后用“放大”工具来增加尺寸。在改变尺寸之前，最好先复制一个造型，这样就可以快速切换回原先的尺寸了。

1. 单击“造型”标签页。
2. 右键单击当前造型然后选择“复制”。
3. 单击新的造型来选中它（复制出来的造型显示在那个角色的其他造型的下面）。
4. 把这个造型命名为“放大”。
5. 单击“选择”工具。

6. 单击拖曳选中造型中所有的形状，这样右边就会出现一些新的按钮。
7. 单击“分组”按钮。
8. 单击“放大”工具然后在造型上单击几次来放大。

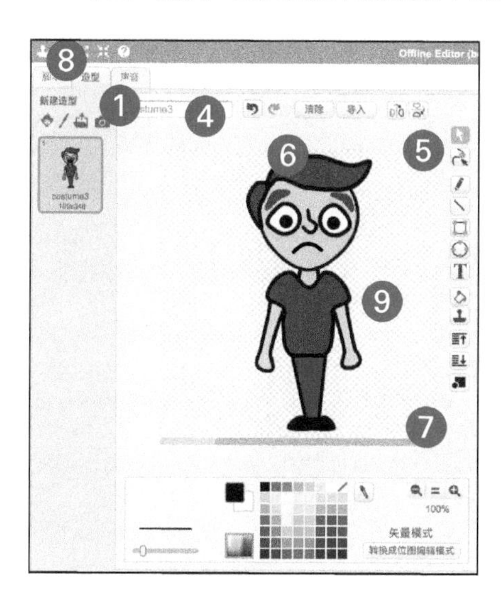

如果用的是位图图形，就需要重新绘制角色，不然放大的效果是颗粒状的。请回到第 4 章来学习位图模式和矢量模式有什么区别。

对于室内场景，可以把造型的背景用墙的颜色填充起来，这样就不再需要把其他角色放大进这个场景了。

随着镜头视图变换得越来越多，你就会发现为什么需要避免人物出现在窗户或其他角色的前面，因为那样的话，要完美地放大就会很困难。

镜头不仅仅能在人物身上拉远拉近，另一项常用的镜头技术是变换视图，比如从正前方或侧面拍摄人物。在之前的章节中，角色和背景是从相同的视角来描绘的，人物只是从正面被拍摄。并没有 Scratch 积木块可以变换角色的视图。无论是位图还是矢量模式，都必须自己创建每种视图。

我看《南方公园》那样的片子学了一些技巧，可以减少动画中所需角色的数量。这些技巧在矢量模式下效果最好，因为矢量图形的调整比位图要容易太多了。

创建人物的背景视图

上一章结束的时候，我让僵尸女孩背朝观众，好像要走向远处的营地一样。

接下来的一系列图片说明了我是如何把头发拉过来盖住脸，再把手移到下面的图层，来把这个角色从正面修改为背面的。请参考第 4 章或第 7 章关于如何在矢量模式使用“选择”和“图层”按钮的。

有了每个人物的正面和背面视图之后，就可以在需要的时候交换显示了。

有没有注意到我让背朝镜头的人物比面向镜头的要看起来大一点，这是透视原理（第 8 章介绍过了）的另一个例子。另外，角色的尺寸之间的差异越小，表示角色之间的距离越近。我还记住了在海克特的背影上，把他冲天的那一撮头发从右边翻到了左边，然后用“变形”工具把他的后脑勺用头发给盖住了。

你有没有发现当他的头和地板重叠的时候是有问题的？如果出现了这样的视图，就得加上地毯之类的东西，不然他的头发就和地板是一个颜色了！如果不喜欢僵尸女孩背后的黑色的墙，可以试试把墙这个角色翻转一下，让窗户出现在另一侧。

创建人物的侧脸

侧脸最常用的时候，就是人物在走路或跑步的时候。下面就来讲当僵尸女孩走入房间时如何能把她转换成侧脸视图。

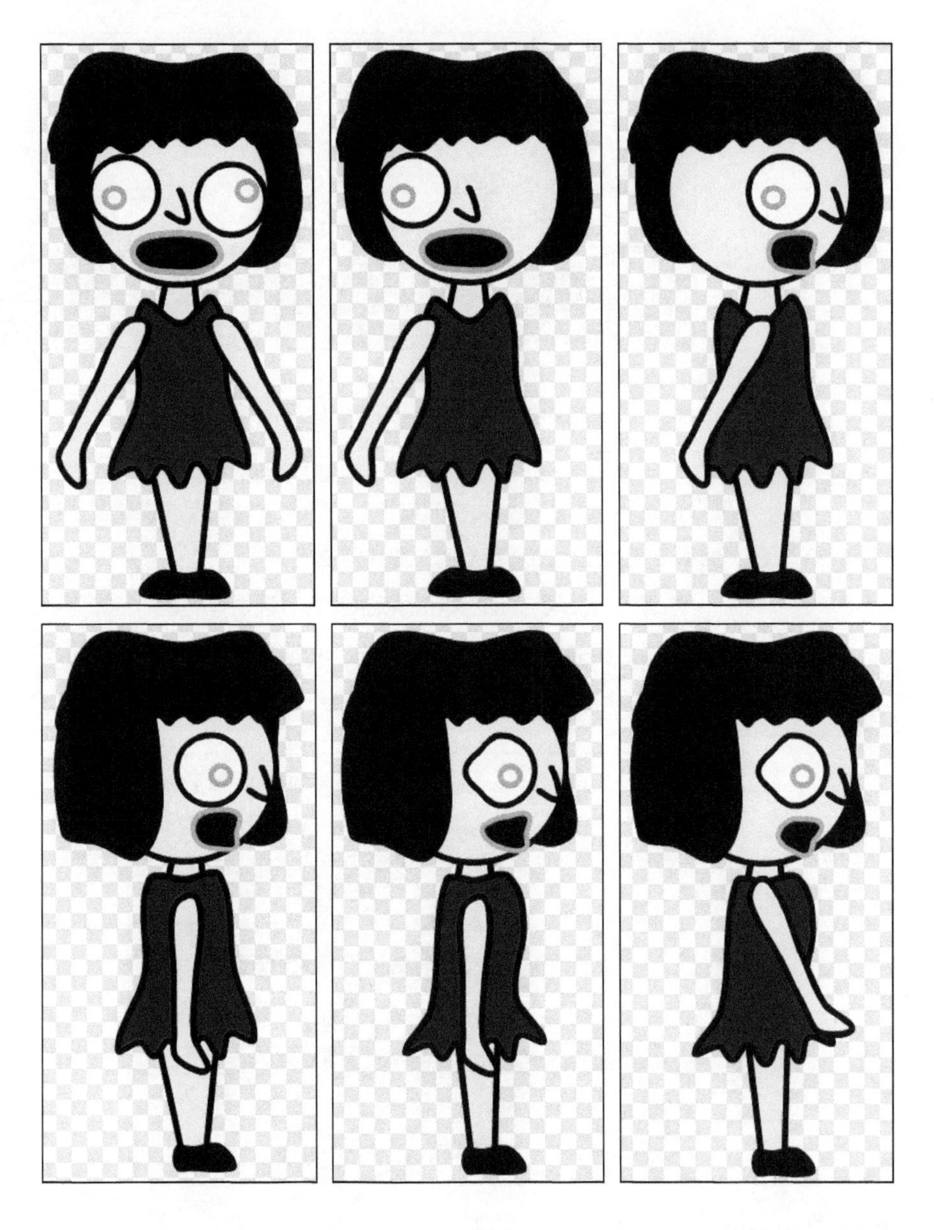

“选择”工具能快速删除和移动某些身体部件，而“变形”工具则适合用来调整眼睛、嘴、头发和身体。要让海克特这样的人物更好看的话，比单纯移动表示鼻子的线条更好的做法是，用“变形”工具在脸的已有两个点之间单击拖曳，加上一些新的点来形成鼻子。

人物的视图调整可以花上几天甚至几周的时间。Scratch 可以方便地切换造型，所以除非你的动画真的需要那么多视图，否则并不需要花那么多时间在制作人物的不同视图上。

开演！（或者说让故事动起来）

到了最终该让你的人物出场讲述故事，给你的朋友、家人和同学留下深刻印象的时候了。要是你因自己的动画而沮丧，那去看看任何一部动画电影的致谢，看看要有多少人一起工作才能做出一部动画故事来。如果你更喜欢整个动画制作过程中的某一部分工作，也许该招募一些合伙人了。

让角色上场

为了节约一点时间，我要用“廉价”的走路技术，就是人物保持面朝镜头，然后一跳一跳地走。

1. 单击拖曳角色到舞台上最终要站的位置。
2. 单击“脚本”标签页。
3. 把下面的积木块拖进脚本区，然后修改其中的数值来更好地适合你的角色和场景。

单击绿旗按钮的时候，会发现人物看起来好像是在地板上滑过去的，而不是走过去的。

做（稍微）真实一点的走路

当人走路的时候，并不是只是在地板上水平平移的。每走一步，整个身体也会上下移动的，要不然的话，头顶盘子走路就很容易了。当然，要给每一步都做动画是完全不现实的，但是用下面的代码块替换掉“在……秒内滑行到……”积木块就能快速地让人物更可信些。

1. 单击角色的脚本标签页。
2. 删除那个在“移到x:……y:……”下面的“在……秒内滑行到……”积木块（右键单击然后选择“删除”）。
3. 把下面的积木块拖曳到“移到x:……y:……”积木块底部贴好，然后修改其中的数值。

```
移到 x: 240 y: 36
重复执行直到 x坐标 < -28
    将y坐标增加 3
    将x坐标增加 -10
    等待 .2 秒
    将y坐标增加 -3
    将x坐标增加 -10
    等待 0.2 秒
```

单击绿旗按钮，就能看到人物走起路来更真实了。可以调整“等待……秒”数值来让人物走得快点儿或慢点儿，也可以调整X或Y的值来让人物的步伐更好看一些。

你知道为什么我的代码里重复的条件是直到X < -28而不是X = -28吗？因为X的数值要改变两次，我不希望X的值在重复之前就已经跳过了-28！

另一种在舞台上走路的办法，是让人物保持不动，而让背景滚动。背景本身并不能移动，但是可以设计一幅矢量的背景图片角色（就像我做的墙那样），然后用“将角色的大小设定为……”积木块来放大尺寸，再用“ 在……秒内滑行到……”来把它从舞台的一侧移动到另一侧。

广播动画消息

随着动画故事的发展，会发生多个事件。在我的故事中，海克特进入他的起居室，一道闪电在造成停电之前，恰巧暴露了窗外的狼人。当一个故事人物到达他的预定位置的时候，如何能发送消息让别的角色和背景开始动作呢？这就需要广播了！

发送广播消息

给你看看海克特进入房间时是如何广播消息来触发闪电的声光效果并让狼人突然显现的。

1. 单击人物角色的脚本标签页，然后单击“事件”模块。
2. 拖曳“广播……并等待”积木块，贴合到“走路”积木块的下面，就是前面做的那个“重复”循环。
3. 单击“广播……并等待”积木块里的“消息 1”，然后选择“新消息”。
4. 输入“闪电”然后单击“确定”，这样就添加了一条新的广播消息。

在角色完成了“重复”循环之后，就会广播出“闪电”消息。但是发出广播只是第一步，还需要告诉角色在收到消息之后做什么。

接收广播消息

对每个想要对这条广播消息作出响应的角色，需要在它们的脚本区里加入一个“当接收到……”积木块。当收到广播消息的时候，任何接在这个“当接收到……”积木块下面的代码块就会被执行。

下面是如何制造出窗外的闪电效果的步骤。

1. 单击舞台按钮，然后单击脚本标签页。
2. 把下面的积木块拖进脚本区，然后修改其中的数值。

```
当 被点击
将 亮度 特效设定为 -35

当接收到 闪电
将 亮度 特效设定为 50
等待 .5 秒
将 亮度 特效设定为 -35
```

单击绿旗按钮，窗户外的场景会在海克特走完之后立刻亮一下。在“当接收到……”和“将亮度特效设定为……”两个积木块之间可以加入一个“播放声音……”积木块，以同时触发一个声效。图中只是用了默认的 Pop 声，以后可以用第 9 章中的步骤来换成更刺激的雷声。

```
当接收到 闪电
播放声音 pop
将 亮度 特效设定为 50
```

为了让狼人出现在窗口，我给它加了这些积木块。

```
当 被点击
下移 10 层
隐藏

当接收到 闪电
显示
```

直接在“当接收到……”积木块上单击可以测试这个代码而不需要等待真的广播发生。在很长的动画中，或者是动画师不那么耐心的话，这样测试会比较方便。

要让海克特在看到狼人的一刹那后能转身，还需要给它加一些积木块。

```
当接收到 闪电
等待 .25 秒
将造型切换为 背影
等待 1 秒
将造型切换为 受惊
```

如果第一个场景要以熄灯结束，那么可以再给海克特加另一个“广播<熄灯>”积木块。

```
当接收到 闪电
等待 .25 秒
将造型切换为 背影
等待 1 秒
将造型切换为 受惊
广播 熄灯
```

然后给这一章之前创建的有“虚像效果”的“变暗”的角色加一个“当接收到……”和“显示”积木块，再给这个“变暗”角色加一个“当绿旗被单击”和“隐藏”积木块，这样直到收到“熄灯”的消息之前，这个“变暗”角色都是隐藏着的。

看明白了吗？故事中的每个事件都可以通过广播和接收消息的方式来触发很多代码块，就像导演在彩排的时候给演员和技术人员下指令一样。另外，从“将造型切换为……”积木块可以看出为什么有意义的名字是重要的，比如“背影”和“受惊”。

在动画场景之间切换

要在动画的场景之间切换，需要有办法隐藏第一个场景中出现的角色，然后显示出第二个场景中要出现的角色，同时还要切换要出现的背景。在我的故事中，就是要隐藏沙发、墙、海克特和狼人角色，然后显示出下一个场景要出现的树、营地大门、房子和僵尸女孩。

如何通过发送消息来隐藏或显示一些角色并改变背景呢？下面是另一种使用广播的做法。

1. 给动画开头要出现并且在第二个场景要隐藏的每个角色加上下面的代码。

2. 在“当接收到……”积木块中，选择“新消息……”，输入“场景 2”，然后单击“确认”。

3. 给动画开头要隐藏并且在第二个场景要出现的每个角色加上下面的代码。

4. 如果在第一和第二个场景之间要切换背景，单击舞台图标，然后在脚本区加入下面的代码。

5. 在“将背景切换为……”积木块中选择第二个场景要用的背景的名字。

发现少什么了吗？我们还需要发送广播消息的那个积木块！这个“广播……”积木块

应该放在哪里呢？它必须放在第一个场景所执行的最后一个积木块的下面。

第一个场景中最后发生的是什么？在我的故事里编码实现的最后一件事情是熄灯，所以要把“广播场景 2”积木块放在这个“变暗”角色那里。

不过还有一个问题，你能看出来吗？就是这个代码会立刻把第一个场景里的角色都隐藏了，然后立刻显示出第二个场景里的角色，这样就看不到第一个场景变暗的过程了，而是第二个场景的角色直接就黑黑地出场了。

可以用“等待……秒”积木块在第一个场景变暗之后暂停几秒，不过还有一个更戏剧化的方式来处理：加入音乐！我在声音库里发现了一个正好合适的音乐，叫作“Spooky String”。在“广播场景 2”之前可以加入一个“播放声音直到播放完毕“积木块，然后把“变暗”角色隐藏起来，从而平滑过渡到下一个场景。

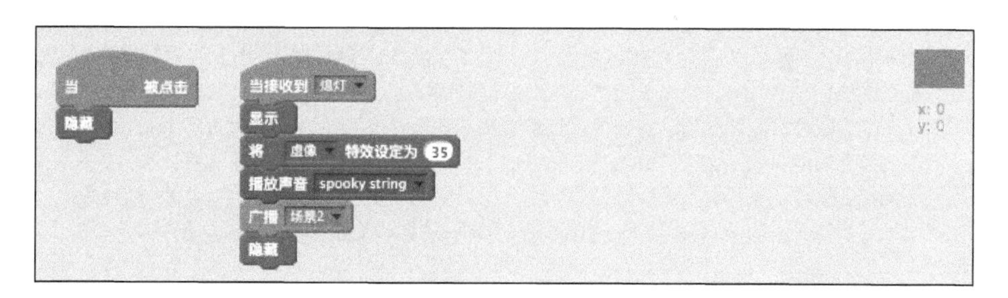

这样，单击绿旗按钮之后，第一个场景演出完毕，然后就经过一个比较平滑的过渡到了第二个场景。

之前建议过可以直接单击“当接收到……”积木块来测试它下面的代码而不需要等待广播。也可以单击“广播……”积木块来触发接收这个消息的所有代码。如果要在新场景中交换角色和背景，这样做会很方便。

于是，完工！

在动画的世界里还有那么多的可能性，去你喜欢的图书馆或书店，能找到一堆专门讲动画的书，从经典的手绘动画到定格动画到计算机动画都有。下面列举了一些不错的资源，可以激发和拓展你的动画技巧。

进一步在线学习动画

下面的网站提供了大量的建议、技术和教程来拓展你的技巧。

- www.scratch.mit.edu：真的，我不是唯一的 Scratch 动画师（而且也一定不是最好的那个！）。如果搜索动画教程，就会发现各种风格的成千上万的作品和工作室。
- www.youtube.com：专门在 YouTube 上搜索能得到最佳结果。试试搜索“Scratch animation tutorial（动画教程）”、“simple animation tutorial（简单动画教程）”或“2d animation tutorial（2 维动画教程）”。如果你的学校不允许放完 YouTube，可以试试 www.schooltube.com
- www.vimeo.com：如果用 YouTube 上的那些搜索术语来搜索，会发现许多独特的教程。“Six Steps of Animation（动画的六步技法）”是对传统动画技术的很好的介绍，也可以用于 Scratch。
- www.animatorisland.com：这是一个动画社区，用来分享动画技术，从讲述故事到绘制特殊效果都有。
- www.jerrysartarama.com/art-lessons/Skill-Level/Kids/：别被这么长的网址吓坏了，这个网站有大量很棒的艺术和设计教程。
- diy.org/tags/animation：这是个孩子的线上社区，是那些喜欢做东西、创造各种艺术作品、学习周围的世界，并实践各种东西的孩子的社区，从烘焙到养蜂这样的东西都有。

第 3 部分

成为 Scratch 游戏开发者

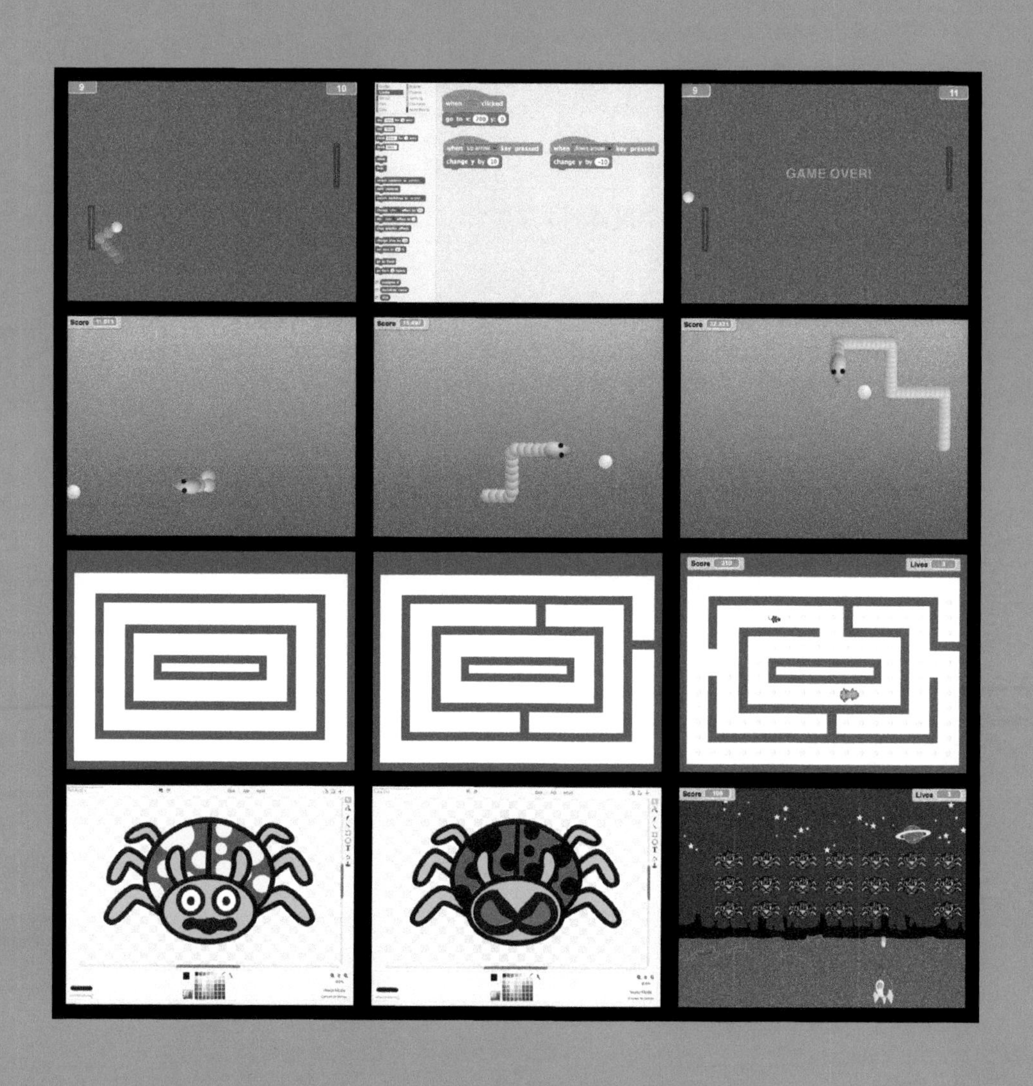

这一部分里……

第11章
设计一个经典的电子游戏

从游戏设计角度来讲，制作一个经典的乒乓球电子游戏和制作简笔画动画类似，它不是为了教你如何制作一款优秀的游戏，它只是介绍了一些游戏设计所需要的基本要素，你可以使用这些要素制作出自己的好游戏。大多数的球类电子游戏（比如网球和英式足球）都从乒乓球演变而来，因此，如果最终想要设计自己的足球、排球、或者冰球游戏，这将是一个完美的学习作品。即使不想创作任何体育类游戏，你也能从本游戏中快速学习到如何使用键盘移动角色，如何让物品自己四处移动，如何触发声音效果，以及如何计分。

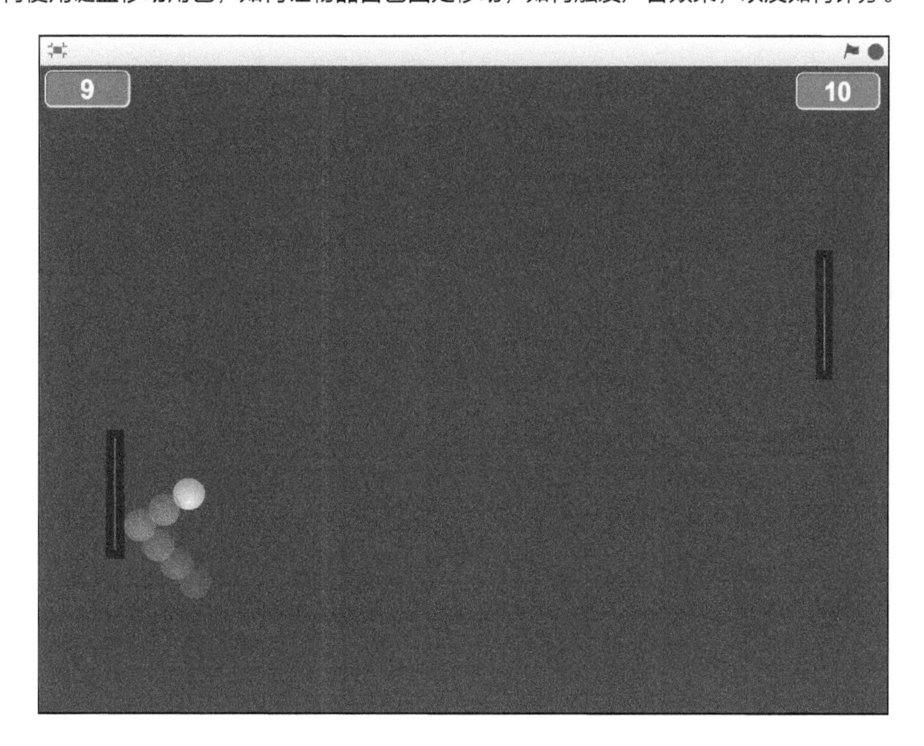

这个游戏太烂了！

我用简单的图形来制作这个游戏，不代表你也必须这样做。如果不喜欢这个游戏的样子，任何时候，你都可以在 Scratch 中改变背景或角色造型，可以从 Scratch 的各种图库中选择背景和角色，或者自己画。

如果问任何一位超过 40 岁的人他或她玩的第一个电子游戏是什么，大多人可能都会回答“ 乒乓球”。我也是！最初的电子游戏是由雅丽达公司在 1972 年推出的。它使用了来自沃尔格林的一台黑白电视机、一个专门为洗衣店设计的投币机以及一个牛奶箱来接玩游戏需要使用的25美分硬币。此后雅丽达公司继续推出新游戏大范围占领游戏厅，包括《爆破彗星》《飞天蜈蚣》《导弹指挥官》和《暴风雨》。随后，这家公司又发行了 Atari 2600 游戏机，将流行的电子游戏送入家庭。Atari 2600 是家用游戏机的先驱，此后才出现了任天堂 NES、索尼的 PlayStation 和微软的 Xbox。

创建新作品

乓是乒乓的简写，由于已经有很多人因为使用乓这个名字而被游戏乓的发明者指控，你可以把这个游戏命名为乒乓。（看我多么有创意？）

1. 访问 www.scratch.mit.edu 或打开 Scratch 2 离线编辑器。
2. 如果是在线使用，单击蓝色工具条中的“创建”，如果是离线，菜单选择“文件➪新建”。
3. 给作品取个名字（ 在线的话，在“Untitled”文本框里输入“乒乓”，离线的话，选择“文件➪另存为”，然后输入“乒乓”。
4. 选择剪刀删除舞台上的小猫角色（或者按住 shift 键单击小猫再选择“删除”）。

删除了小猫，才能充分发挥创造力！既然这是你的游戏，可以给舞台刷上你喜欢的颜色。

改变舞台背景的颜色

我将舞台背景设置为墨绿色，就像一个经典的乒乓球桌。

1. 单击“背景”标签页。（如果当前选中的是某个角色，需要先单击“舞台”图标）。

2. 单击“用颜色填充”工具。
3. 单击调色板左边的填充选项。
4. 在调色板中选择你喜欢的颜色。
5. 在绘图编辑画布中间单击，用新的颜色填充舞台背景。

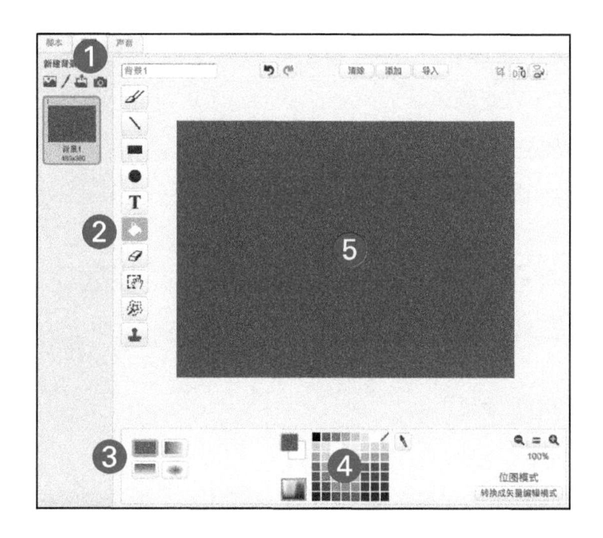

添加一个弹跳球

虽然画一个球并不难，但还是使用角色库中名字为 Ball 的角色吧，这样可以保证每个人在开始游戏制作时使用的角色大小都相同。如果不想和别人一样，那就自己在 Scratch 中画一个球。

1. 在舞台下方的“新建角色”区域，单击第一个图标，从角色库中选取角色。
2. 选择“物品”模块。
3. 单击名字为 Ball 的角色，再单击“确定”按钮。

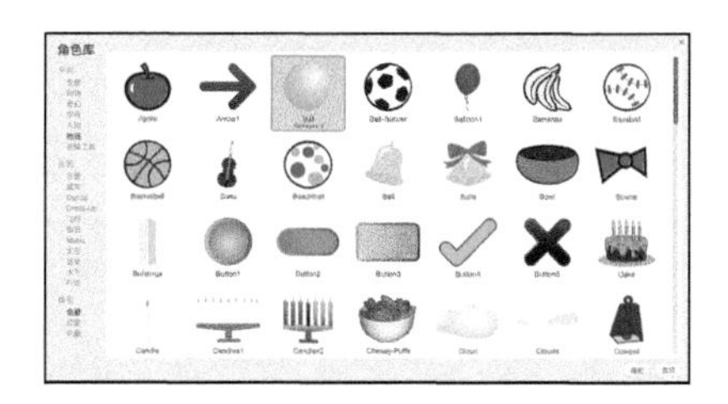

改变球的颜色

在“造型”标签页，我们看到 Ball 这个角色有五个造型，颜色各异。单击任何一个造型就会把球变成那个颜色。选择其中一个，删除其他颜色的造型。我选择橙色造型，因为真实的乒乓球就有橙色的。

1. 单击想删除的造型。
2. 单击造型右上角的 X 号。
3. 在想删除的其他造型上重复上述步骤。

让球动起来

使用一块积木就可以让一个角色跨舞台移动。你认为这块积木应该在哪个模块里呢？

1. 单击“脚本”标签页。
2. 单击“动作”模块。
3. 单击“移动 10 步”积木块，将它拖到脚本区，再松开鼠标或触控板。
4. 单击一次这块积木，观察球在舞台上的动作。

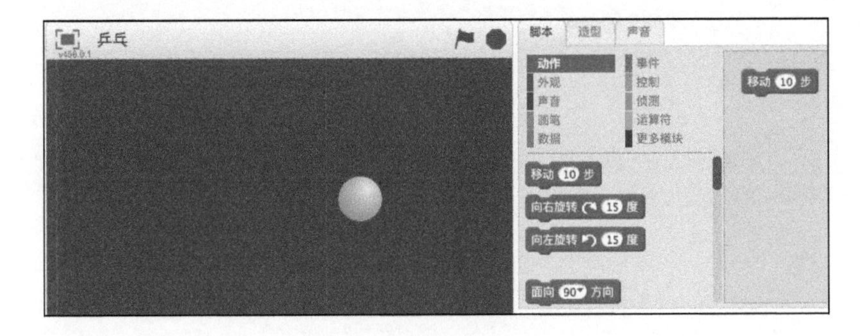

每单击一次“移动 10 步”积木，球应当向右移动 10 步。但是你肯定不希望别人要不停单击积木块才能让球移动。

玩家怎样才能让球动起来呢？通常，我们通过单击舞台上方的绿旗按钮来开始 Scratch 游戏。可以在“事件”模块中找到“当绿旗被单击”积木块，它会检测舞台上方的绿旗按钮是否被单击了。

1. 在“脚本”标签页，单击“事件”模块。
2. 单击并拖曳“当绿旗被单击”积木到脚本区。
3. 将这块积木拼到“移动 10 步”积木块的上面。

此时，当单击舞台上方的绿旗按钮时，球就会移动 10 步。但是，该如何告诉一个角色不停移动呢？

让积木块重复执行

检查一下“控制”模块里的积木块，那里有一些积木块可以让某些事情重复不断地做。应该试试哪个呢?

1. 在“控制”模块里，找到“重复执行”积木块。

2. 单击并拖曳“重复执行”积木块把它拼到“当绿旗被单击”积木块下面。观察一下“重复执行”积木块是如何张开并包围住“移动 10 步”积木块的。

3. 单击绿旗按钮测试代码。

当绿旗被单击时，“重复执行”积木块中的任何积木块都会不断地执行。但是，我们只希望球移动到舞台的右边缘，那就再给它一条反弹的指令。

用编程的术语讲，“重复执行”和“重复执行……次”都是循环。就像音乐中一样，程序循环就是指指令一次次不断地执行。循环太重要了，因此在任何一种编程语言中，你都可以找到它。如果没有循环，计算机程序将变得冗长、缓慢和低效。

碰到边缘反弹

再次检查“动作”模块。只需要再多加一块积木就可以让球在舞台边缘弹来弹去。能找到它吗？应当把它放到代码的什么地方呢?

1. 从“动作”模块中单击并拖曳“碰到边缘就反弹”积木块到脚本区。

2. 将它拼到“重复执行”积木块中，放到“移动 10 步”积木块下面。

3. 单击绿旗按钮测试代码。

将“碰到边缘就反弹”积木放到“重复执行”积木中，球就会来回反弹。但是，这样直线弹来弹去是不是有点儿无聊呢？如何改变球运动的角度呢？当然，有一块积木就是专门做这件事的。

改变弹跳角度

默认情况下，所有的角色都指向同一方向——右方。在“动作”模块中，有一块“面向……方向”积木。积木中的值默认是 90 度，如果单击这个值，就会出现一个菜单，里面有四个值，第一个就是 90 度，向右。如果改为另外三个值，球还是会沿直线弹跳，来来回回。不过不必局限于这四个值。

1. 单击并拖曳“面向……方向”积木脚本区。
2. 将“面向……方向”积木拼到“当绿旗被单击”和“重复执行”积木块之间。
3. 单击 90 选中它并输入 45。

如果单击绿旗测试代码，球最初应该向对角移动，然后每次碰到舞台边缘时向一个不同的方向弹去。

设置球的起始位置和大小

球应该从舞台的中央开始，而且现在这个球也有点儿太大了。

1. 在“脚本”标签页，单击“动作”模块，把“移动到 x:……y:……”积木块拖到脚本区，并把它拼到“当绿旗被单击”积木块的下面。
2. 将积木块中的值改为 0（这样球就会从 x:0，y:0 开始）。
3. 单击“外观”模块，将“将角色的大小设定为”积木块拖到脚本区。
4. 将“将角色的大小设定为……”积木块拼到“当绿旗被单击”和“移到 x:……y:……”

积木块中间。

5. 将“ 将角色的大小设定为……”积木块中的值设定为 40，将球的大小从 100% 减小到 40%。

6. 单击绿旗测试代码。

当绿旗被单击时，球应该变小，并且出现在舞台中央。

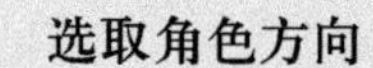

一个圆是 360 度，因此可以输入 0～360° 的任意值来设置角色的方向。就如在“面向……度”积木块的下拉菜单中看到的一样，也可以输入负数。所以，向左，既可以输入 -90 也可以输入 270。糊涂了？别怪我，不是我发明的几何。

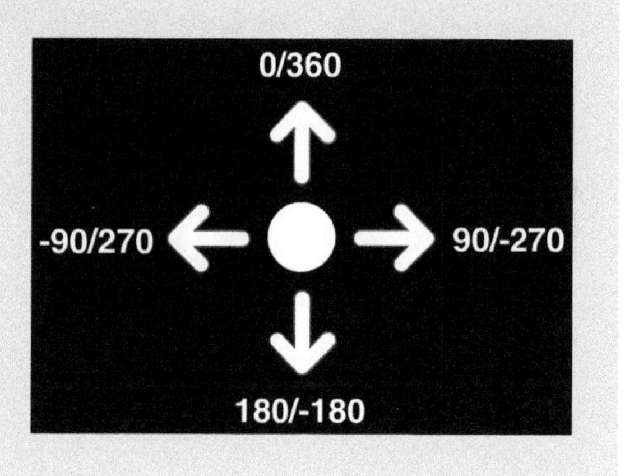

添加反弹板

如果已经比较熟悉角色和代码块了，那当添加游戏中的反弹板时，可以加快点儿速度。

1. 在舞台下方，单击“从角色库中选取角色”。
2. 选择“物品”模块。
3. 单击名为 Paddle 的角色，再单击“确定”按钮。

4. 单击“造型”标签页，单击“为形状填色”工具，选择颜色（我选择棕色），再单击反弹板内部。

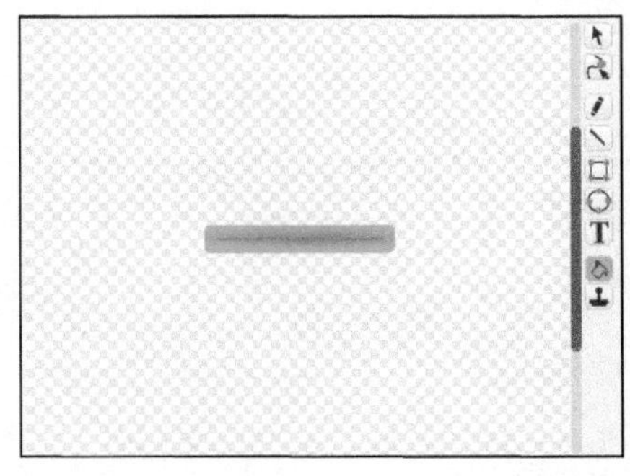

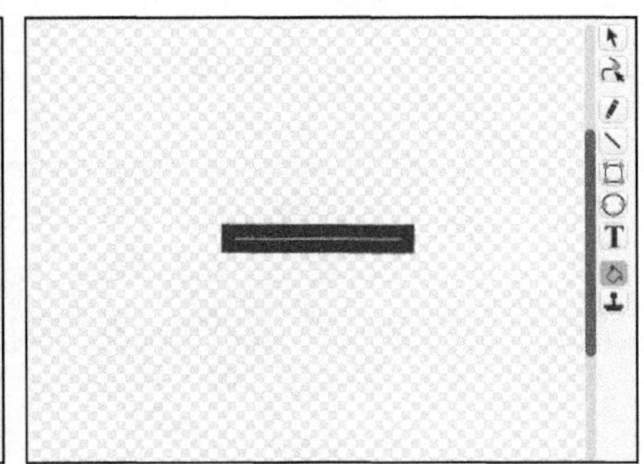

反弹板的形状和大小都合适，但是需要翻转。

1. 在“造型”标签页，单击“选择”工具。
2. 在绘图编辑画布上，单击反弹板。
3. 单击反弹板正上方的小圆圈，将反弹板旋转到垂直位置。

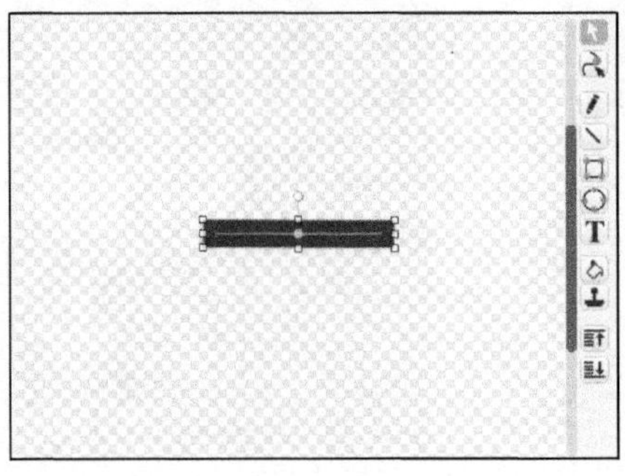

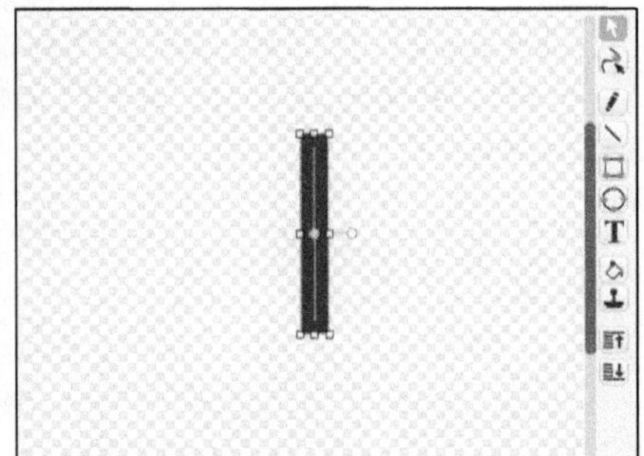

使用键盘移动反弹板

玩这个游戏，玩家需要使用一个键控制球拍向上移动，另一个键控制球拍向下移动。在编写代码实现这个功能之前，需要把球拍放到屏幕的一边。

1. 在“脚本”标签页上，将“当绿旗被单击”积木拖到脚本区。

2. 从“动作”模块中，拖一块“移到 x:……y……”积木块，把它拼到“当绿旗被单击”积木块的下面。

3. 将积木块中的值改为 x:200 与 y:0。

4. 单击绿旗测试代码。

球拍应当移动到屏幕右边缘的中间，球拍和屏幕边缘之间应当留点儿空隙以便让球越过。现在，来做最酷的部分：交互！

5. 将如下积木块拖到 paddle 的脚本区。

6. 在“当按下……”积木块中，单击下拉菜单，选择“上移键”。

7. 将“将 y 坐标增加……”积木块中的值改为 10。

有没注意到“当按下……”积木块的形状和“当绿旗被单击”积木块的形状一样？这些都是帽子积木块，它们都只能被放在代码块的顶端（我说帽子积木，指它们看起来像棒球帽）。因为“ 当按下……”积木块是帽子积木块，不需要单击绿旗按钮就可以测试它下面的代码，只需要按下键盘上的上移键即可。如果代码正确，那么当按下上移键时，球拍应当向上移动。

对于下移键，不需要再从头拖很多积木，我们可以使用如下方法。

1. 在脚本区，按住 Shift 键单击“当按下上移键”积木块，选择“复制”。

2. 将复制出来的代码块从原始位置拖开，然后释放鼠标或触控板将代码块放下。

3. 将复制出来的代码块中的“上移键”改为“下移键”，并将“将 y 坐标增加……”中的值改为 -10。

测试上移键和下移键的代码确保球拍能向上和向下移动。如果希望球拍移动得快一点儿，应该怎么办呢？增加 y 的值直到球拍的速度让你满意为止。

让球碰到球拍反弹

当单击绿旗按钮时，球碰到舞台边缘会反弹，但是却直接穿过了球拍。和球碰到舞台边缘反弹类似，必须让球碰到其他物体也能反弹。

1. 单击 Ball 角色，再单击“脚本”标签页。
2. 从“控制”模块中拖一块“如果……那么”积木块到脚本区，再从“侦测”模块中拖一块“碰到……”积木块到脚本区。
3. 将“碰到……”积木块放入“如果……那么”积木块中。
4. 在“碰到……”积木块中，单击旁边的下拉菜单，选择“Paddle”。
5. 从“动作”模块中拖一块“向右旋转……度”积木到脚本区，并拼到“如果……那么”积木块里面。
6. 将向右旋转积木中的值改为 180（这样球就会向相反方向移动）。
7. 单击“如果……那么”积木块，并把它拖到“碰到边缘就反弹”积木块下面的“重复执行”积木块里面。

```
重复执行
    移动 10 步
    碰到边缘就反弹
    如果 碰到 Paddle ? 那么
        向右旋转 ↻ 180 度
```

“如果……那么”积木块通常出现在“重复执行”积木块里面，这样游戏或程序就可以不断检查条件是否满足（比如，“球有没有碰到球拍？”）。当单击绿旗测试游戏时，球应当可以直接从球拍上弹开。

找到舞台上的 x 和 y 坐标

在Scratch中，舞台宽480像素，高360像素。舞台正中间的位置是0,0（x=0和y=0）。因此最大的x值是240（舞台的右边缘），最小的x值是-240（舞台的左边缘）。舞台上边缘是y=180，下边缘是y=-180。Scratch的背景库中有一个很方便的xy坐标背景图。

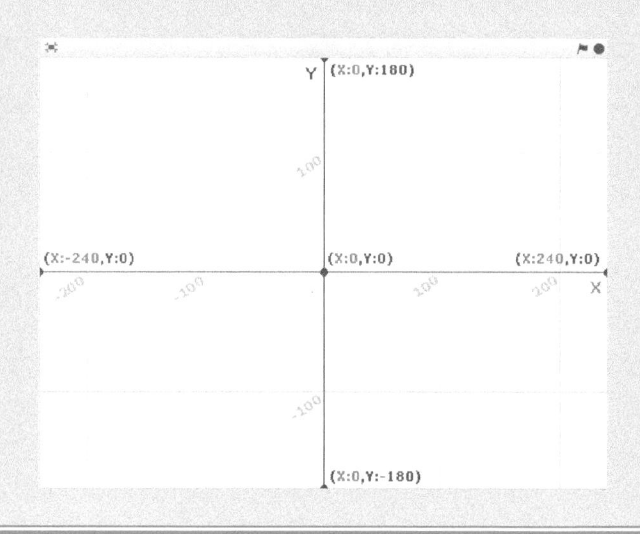

添加第二个玩家

如果再增加一个对手的话，这个游戏肯定会更有趣。还记得如何用按住 Shift 键选中并单击来复制一段代码吗？也可以使用同样的方法来复制角色。而且，当复制一个角色时，这个角色的所有代码也会被一起复制过去。所以，添加第二个玩家角色也比较简单。

1. 按住 Shift 键单击球拍角色，选择 Info，将名字改为“右侧玩家”（因为它在舞台的右边）。

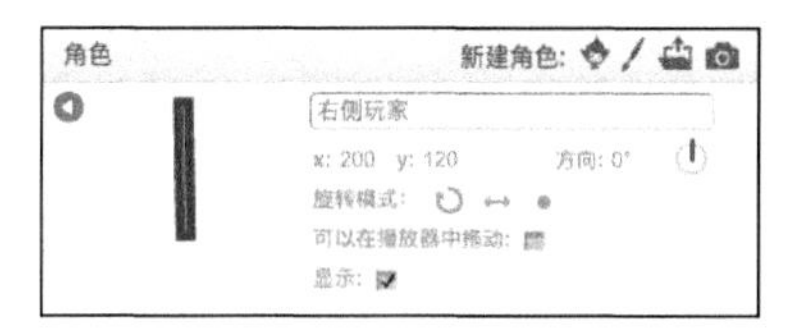

2. 单击蓝色三角形退出 Info 窗口。
3. 按住 Shift 键单击右侧玩家，选择“复制”。
4. 按住 Shift 键单击复制出的新角色，选择 Info，将名字改为“左侧玩家”。
5. 单击蓝色三角形退出 Info 窗口。

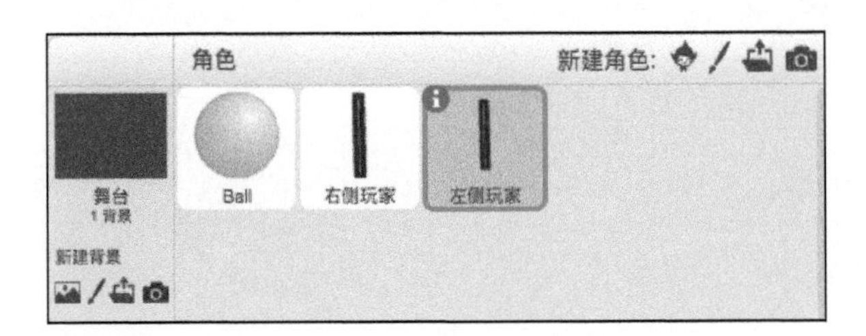

查看左侧玩家的脚本区，所有右侧玩家的脚本都被复制过来了，不过还需要修改它的水平位置（x 值）以及控制这块球拍的键。（两个玩家不能同时使用键盘上的方向键，对不对？）

修改左侧玩家的代码

1. 将“移到 x:……y:……”积木块中的 x 值改为 -200。
2. 将“当按下上移键”积木块中的上移键改为 w 键。
3. 将“当按下下移键”积木块中的下移键改为 s 键。
4. 单击绿旗按钮测试游戏。

你可能注意到了一个问题：球碰到右侧玩家会反弹，但是碰到左侧却直接穿过去了。知道为什么吗？提示一下：检查 Ball 角色的代码。

修改球的代码

当你将角色 Paddle 的名字改为“右侧玩家”时，Scratch 自动将“碰到 Paddle”积木块改为“碰到右侧玩家”。但是“如果……那么”积木块只是检测球是否碰到右侧玩家，没有检测是否碰到左侧玩家。怎么解决？再用下复制如何？

1. 按住右键单击“如果……那么”积木块，选择“复制”，将复制出的代码块拖到原来的“如果……那么”积木块下面。

2. 在复制出的代码块中，将“右侧玩家”改为“左侧玩家”。

3. 单击绿旗按钮测试代码。

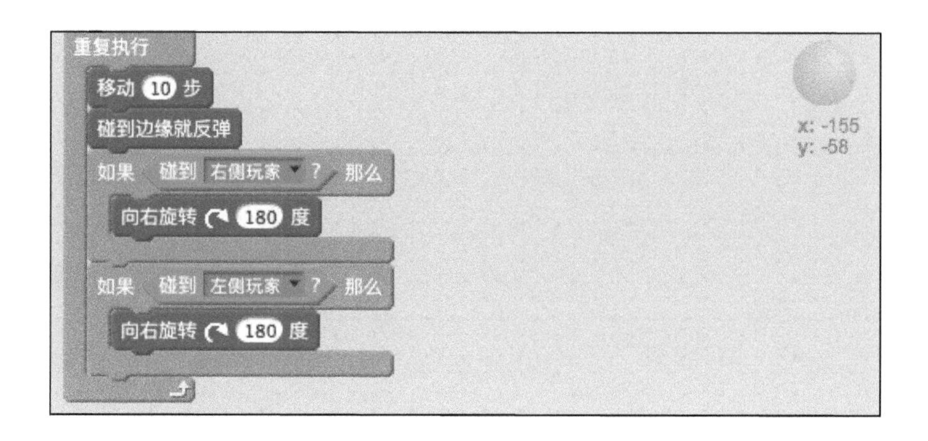

现在，球碰到两块球拍应该都可以弹开了。但是，弹过几次后，你可能会发现，球会自己弹来弹去，根本不需要移动任何一块球拍。这是因为球每次从球拍上弹开的时候，都是使用的同一个角度，180 度。

让球随意弹

可以使用“在……到……间随机选一个数”积木块来在两个不同的值间随机选择一个值，而不是一直使用同一个值。

1. 单击角色 Ball。

2. 单击“脚本”标签页。

3. 将“在……到……间随机选一个数”积木块拖到每一个“向右旋转”积木块中（替换每块积木中的 180 度值），并按下图修改积木块中的值。

如果 碰到 右侧玩家 ? 那么
播放声音 pop
向右旋转 在 170 到 190 间随机选一个数 度
如果 碰到 左侧玩家 ? 那么
播放声音 pop
向右旋转 在 170 到 190 间随机选一个数 度

当单击绿旗测试代码时，球从球拍上弹开时的角度就会有所不同了。现在可以找个对手一起来测试你的游戏了。不过，如果游戏可以计分的话，是不是更有趣呢?

记录玩家的分数

到目前为止，我们有“右侧玩家”控制一块球拍，“左侧玩家”控制另一块球拍，球就在它们之间弹来弹去。如果我是“ 右侧玩家”，你是“ 左侧玩家”，怎么样可以从我这里得分? 我的意思是，这个游戏的重点是什么，哥们儿? !（或者说，这个游戏的重点是什么，姐们儿? ！）

检查球的 x 值

如果没接到球，对手（我）就得一分，对吧? 你需要两块“如果……那么”积木块来检查球有没有碰到第一个或第二个玩家。我们用两个“如果……那么”积木块来检查球的 x 坐标如何? 如果 x 坐标太大，那么球肯定已经越过了位于舞台右面的玩家。如果 x 坐标太小，那么左边的玩家肯定没有接到球。

1. 单击角色 Ball，再单击“脚本”标签页。
2. 将如下三个积木块拖到脚本区。

第一个玩家的 x 坐标值为 200，而舞台允许的最大 x 值为 240，因此“如果……那么”积木块可以检查球的 x 坐标是否大于 230（需要留一点儿余地）。在大于表达式的第二个

槽里输入 230（如果 x>230）。

我们还需要一个地方来记录分数。事实上是两个分数，因为每位玩家都需要有自己的分数。

创建分数变量

千万不要被变量这个词吓到。有些小朋友可能已经在数学课上学过变量了；没有学过的小朋友也别着急，你们将很快成为变量大师！

分数变量提供了一个地方，在那里 Scratch 可以记录每位玩家的分数。

因为分数是由 Ball 角色在舞台上的 x 坐标决定的，所以所有与改变玩家分数有关的代码都应该放在 Ball 的脚本区。

1. 选中 Ball 角色，在“脚本”标签页上选择“数据”模块。等等！积木块都到哪里去了？因为这个模块里的积木块都需要一个变量，只有先创建一个变量才能看到它们。
2. 单击“新建变量”按钮。
3. 将变量命名为右侧玩家分数，不要改变“适用于所有角色”选项，单击“确定”。
4. 重复步骤 2～3，再创建一个名为“左侧玩家分数”的变量。

两个变量都显示在了舞台上，应当能在“数据”模块中看到一些积木块了。

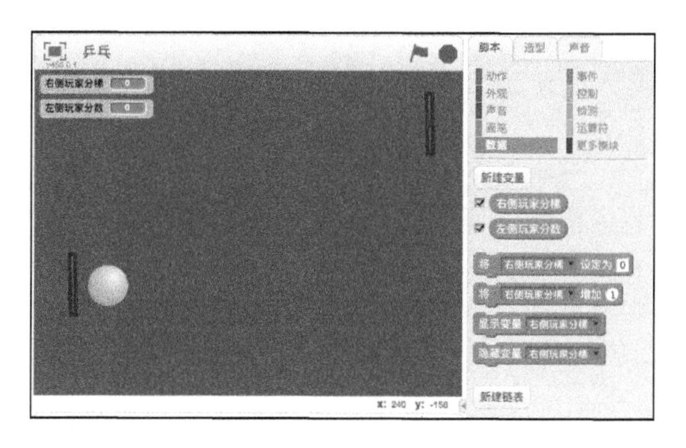

调整分数的显示

分数变量在舞台上占的空间太多了，我也不喜欢它们堆在一起，可以像拖角色一样将它们拖到新的位置。如果把每个分数变量拖到它对应的球拍上面，那就不需要再显示“左侧玩家分数”和“右侧玩家分数”了，只需要显示分数值即可。

1. 在舞台上，将每个分数变量拖到它对应的球拍上面。
2. 双击每个分数变量，将变量的名字隐藏（只显示数值）。

3. 再次调整分数的位置，使它们占用的空间尽可能少。

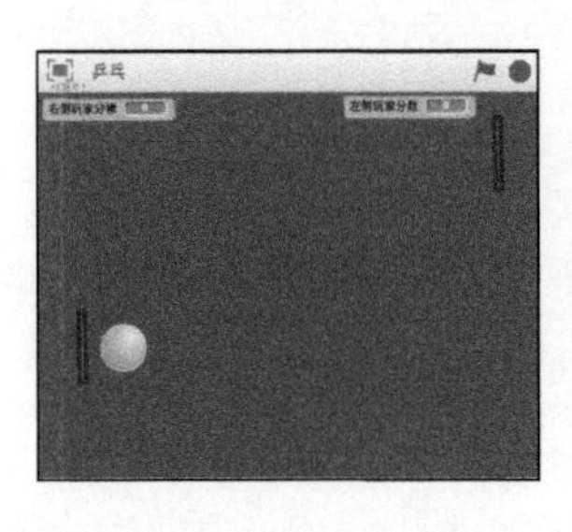
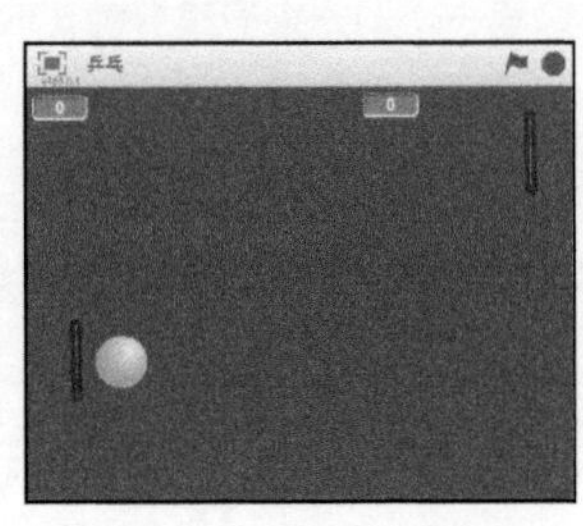
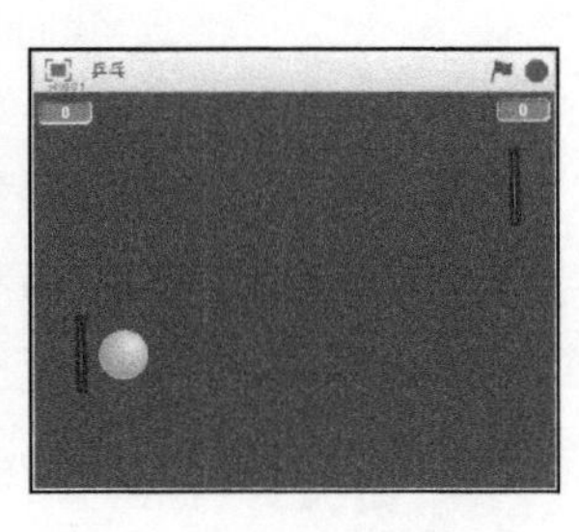

增加分数

如果左侧玩家没接到球，那么右侧玩家的分数应当增加 1。

1. 从“数据”模块中，将“将……增加 1”积木块拖到“如果……那么”积木块内，并将积木块中的值改为“左侧玩家”和 1。

2. 将“如果……那么”积木块拖到“重复执行”积木块中，这样 Scratch 就可以持续检查球是否越过了右侧玩家。

3. 单击绿旗测试代码。

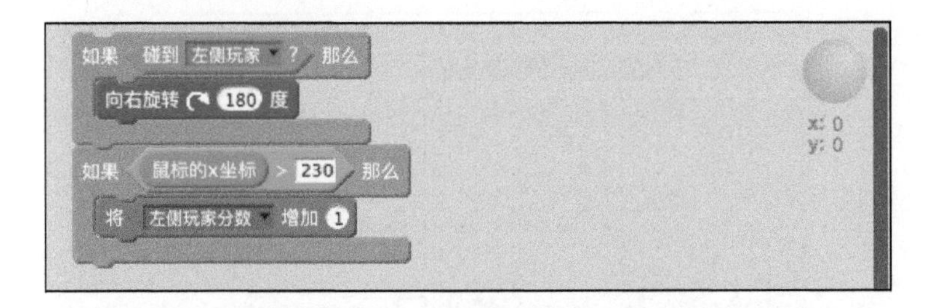

如果你的代码和我的代码一样，那么当球在右侧玩家和舞台边缘之间时，左侧玩家的分数会不断增加而不是一次加 1。你知道怎么样解决这个问题吗？

一种办法是当分数增加 1 后，重新设置球的位置。这样可以让游戏在球再次移动之前短暂停止。

1. 拖一块“ 移到 x:……y:……”积木到“ 将右侧玩家分数增加 1”积木块的下面，并将其中的值改为 x:0 和 y:0。

2. 从“控制”模块中拖一块“等待 1 秒”积木块，并把它拼到“移到 x:……y:……”积木块的下面，并将其中的值改为 1。

3. 单击绿旗测试游戏。

这样，当球移动到舞台右边缘时，左边玩家的分数就会增加1，然后球会跳到舞台中央，等待 1 秒，然后再次移动。可以使用同样的步骤，使得左边的玩家没接住球时给右边的玩家加分。或者也可以走捷径，复制前面的代码并修改相应的值。（ 确保把 > 积木块改成 < 积木块！ ）

当游戏开始时重置分数

当单击绿旗按钮重新开始游戏时，需要重置分数变量的值。这非常容易做到！

1. 单击 Ball 角色，再单击“脚本”标签页。

2. 将如下积木块拖到脚本区，并拼到“ 当绿旗被单击”积木块下面，并将积木块中的值改为“右侧玩家分数”和“左侧玩家分数”。

检查获胜分数

准备让玩家没完没了的玩这个游戏直到他们厌倦得想用头撞屏幕吗？我通常在某一方得到 11 分时结束乒乓球游戏。

创建一个游戏结束角色

创建一个新角色并将其命名为 Game Over，让这个角色检查分数，当任意一方玩家的分数达到 11 时，显示“Game Over”信息，并结束游戏。

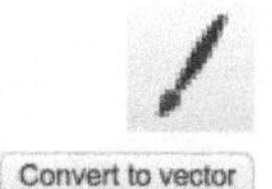

1. 单击舞台下方的“绘制新角色”图标。

Convert to vector

2. 单击“造型”标签页。
3. 单击“转换成矢量编辑模式”按钮。

4. 单击“文本”工具。
5. 选择一种字体。（我选择 Helvetica。）
6. 从调色板中选择一个浅色。（我选择橙色，以和分数值的颜色一致。）
7. 单击绘图编辑画布的中间，并输入 Game Over!

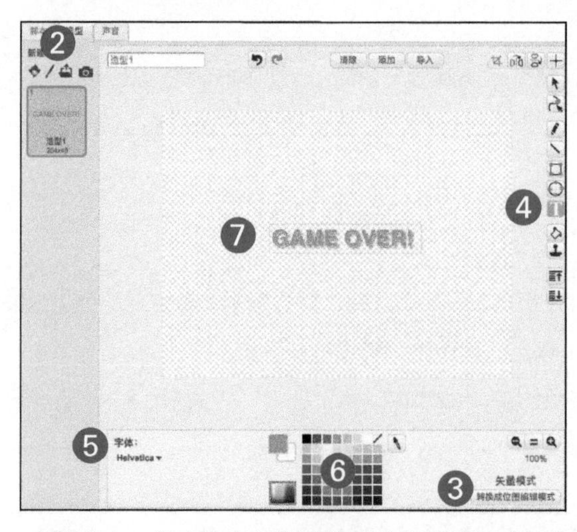

在舞台上，单击消息并把它拖到合适的位置（舞台中央，在球的上面一点儿）。

添加游戏结束代码

当某一方游戏玩家的分数达到 11 时，游戏胜利的消息应当出现。这意味着在游戏开始时，应当隐藏游戏结束消息角色。这需要给每一位玩家添加一块“如果……那么”积木块来检查他或她的分数。

1. 单击 Game Over 角色的“脚本”标签页。
2. 添加如下代码到脚本区。

```
当 [绿旗] 被点击
隐藏
重复执行
    如果 (右侧玩家分標) = 11 那么
        显示
        停止 全部
    如果 (左侧玩家分数) = 11 那么
        显示
        停止 全部
```

x: 7
y: 34

当单击绿旗测试代码时，应当可以玩游戏直到一位玩家得到 11 分，这时，Game Over 消息会显示，并且代码会停止运行。（如果想快速测试代码，可以减少获胜的分数值，不必等到 11 分。）

添加声音效果

要使乒乓球游戏更加真实，一个简单的方法是给乒乓球添加声音效果。可以让球碰到球拍时发出一声默认的Pop声，这可以通过在每块检查球是否碰到球拍的“如果……那么”积木块中添加一块“播放声音”积木来实现。

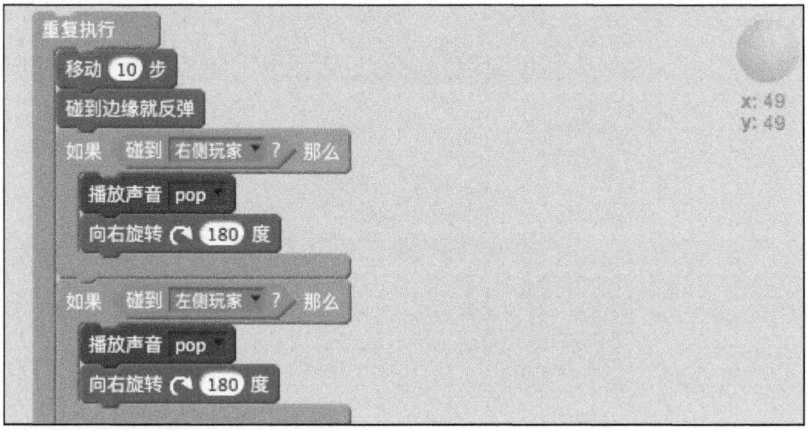

```
重复执行
  移动 10 步
  碰到边缘就反弹
  如果 碰到 右侧玩家 ? 那么
    播放声音 pop
    向右旋转 180 度
  如果 碰到 左侧玩家 ? 那么
    播放声音 pop
    向右旋转 180 度
```

x: 49
y: 49

看看能否找到在哪里放另一块“ 播放声音”积木，使得 Game Over 消息显示的同时播放不同的声音（注意“停止全部”积木块的位置）。

改进你的游戏

在游戏设计中，总有可以改进的空间。在后续的章节中，你会学到更多的游戏设计技术。到时，也看看能否找到一些改进这个乒乓球游戏的方法。我这里有一些建议。

- 让目标更小：可以创建一个更小的目标让得分更难，就像冰球游戏一样有个小的球门，而不是撞到整面墙来判断得分。
- 添加障碍物：在两个玩家之间添加其他可以让球反弹的角色。
- 调整游戏的难度：可以改变球拍的长度，增加球的速度，或者减慢玩家的移动速度来让游戏更有挑战性。
- 允许玩家“ 接”球：添加另一个控制键，当球靠近时，让玩家可以按下，并且当松开这个键时，让球直接飞过舞台。

第 12 章
贪吃蛇

当我还是个孩子的时候，我真的想要一条宠物蛇！我不是说那种小小的、可爱的花纹蛇或者青草蛇，不是，谢谢。我梦想能拥有一条红尾蚺或者一条可以长到6英尺长甚至更长的大蟒蛇！

然而不幸的是，我的继父非常害怕蛇，所以，我不能将任何比蚯蚓大的动物带回家。我曾经最靠近这个梦想的时候，就是在计算机上玩各种和蛇有关的游戏了。设计自己的这款经典游戏，意味着可以选择自己喜欢的蛇。最棒的是，只用两个角色和一点儿 Scratch 积木块就能创建出整个游戏！

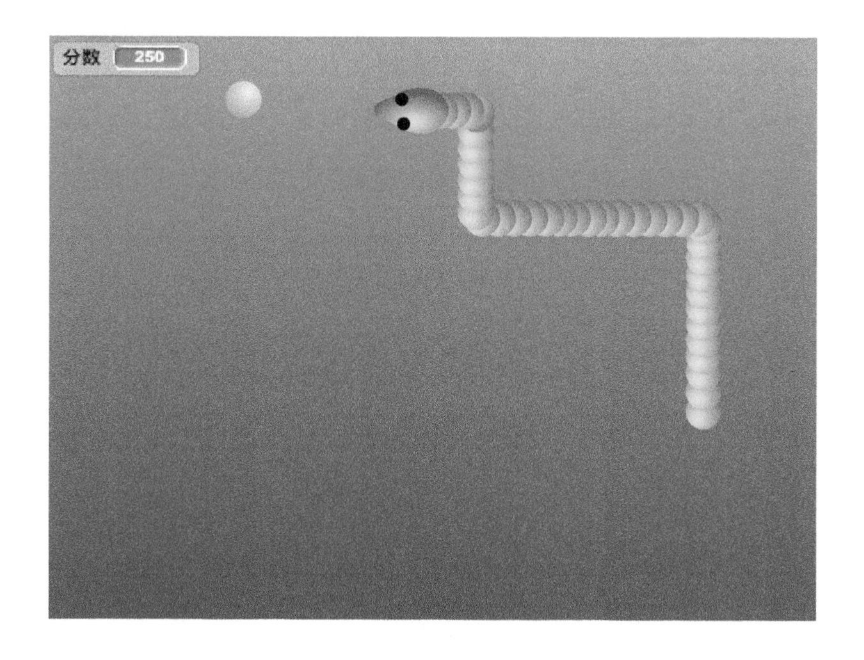

创建新项目

在本章中，我可以使用蛇这个名字，因为这是游戏的类型（类似追拍游戏或者棋盘游戏），不是原本的游戏名字，但是我还是觉得贪吃蛇这个名字更有吸引力。如果你和我的继父一样害怕蛇，可以随意把你的游戏叫作恐怖的毛毛虫，者神奇的蚯蚓，或者严肃的鼻涕虫。

1. 访问 scratch.mit.edu 或打开 Scratch 2 离线编辑器。
2. 如果是使用在线编辑器，单击蓝色工具条中的“创建”，如果是使用离线编辑器，菜单选择“文件 ➪ 新建”。
3. 给作品取个名字（在线的话，在“Untitled”文本框里输入“贪吃蛇”，离线的话，选择“文件 ➪ 另存为”，然后输入“贪吃蛇”。
4. 选择剪刀单击舞台上的小猫角色删除它，或者按住 Shift 键单击小猫再选择“删除”。

在背景中使用渐变色

我准备使用棕色背景，因为我想象着我的蛇正在土里找零食吃（可能是无壳的蜗牛或者美味的松露）。可以不使用单一颜色填充背景，而是使用一个浅色和一个深色的混合渐变色。

1. 单击“背景”标签。

2. 单击“用颜色填充”工具。
3. 单击调色板左边的一个渐变色选项。
4. 选择一种深颜色。
5. 单击当前的的颜料，切换到背景色。
6. 选择一个浅颜色。
7. 单击绘图编辑画布，使用渐变色填充背景。
8. 如果想换一种渐变色，那么单击“清除”按钮，再从头开始。

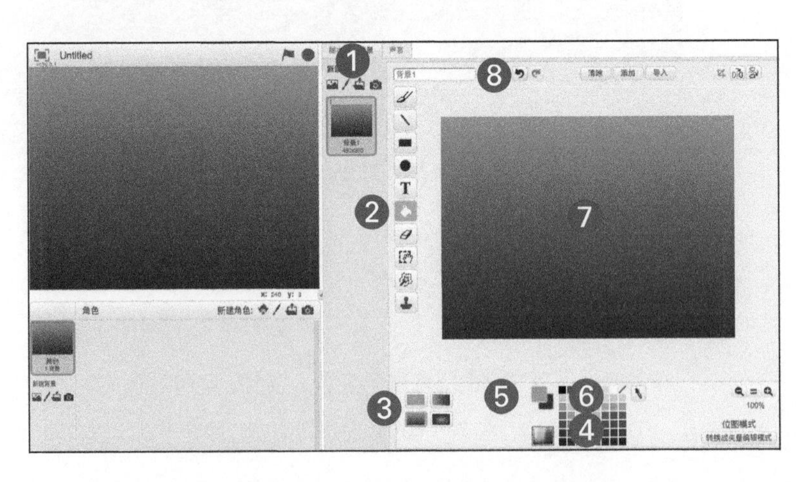

创作你的蛇

如果浏览一下 Scratch 的角色库，就会发现有很多动物，但是没有蛇。那好吧，这个游戏的一个有趣部分就是根据一些简单的形状设计出一条蜿蜒爬行的蛇。

1. 单击舞台下方的“从角色库中选取角色”。
2. 选择“物品”模块。
3. 单击命字为 Ball 的角色，再单击“确定”。

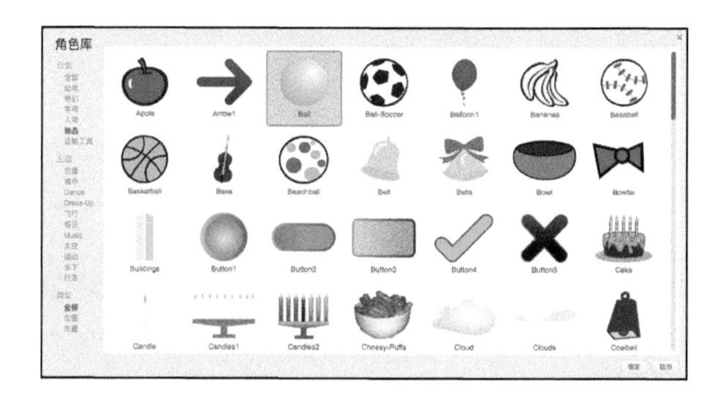

别担心，你没有看错章节。等会儿就能看到 Scratch 如何把一个简单的球变成一条狡猾的蛇。

1. 将角色重命名为“蛇”。(单击蓝色的 Info 按钮，或者按住 Shift 键单击并选择 Info)。
2. 检查角色面向的方向(90° 是向右)，这样就可以知道形状的哪一面是蛇头的前部。
3. 单击回退按钮(蓝底的白色三角形)关闭 Info 窗口。

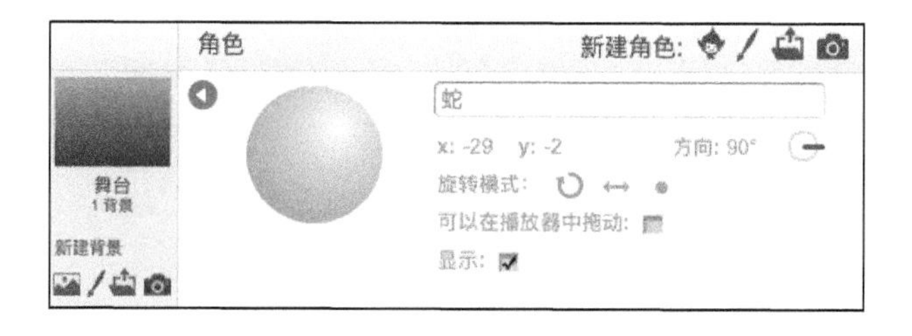

选择角色造型

在“造型”标签上，单击你喜欢使用的蛇的颜色(我觉得浅绿色在棕色的背景上看起来不错）。可以删除其他的造型。将造型重命名为“头”，方便后续使用。

创建蛇的身体

我知道你肯定可以使用绘图编辑工具设计一个长长的、弯弯曲曲的蛇，但是，这个游戏需要一个更灵活的生物。可以使用一些 Scratch 积木块克隆蛇身体的某个部分来组成一条长长的蛇，而不是画一条完整的蛇。先从复制蛇头造型开始。

1. 在“造型”标签，按住 Shift 键单击或右键单击第一个造型，选择“复制”。
2. 将新造型重命名为“身体”。

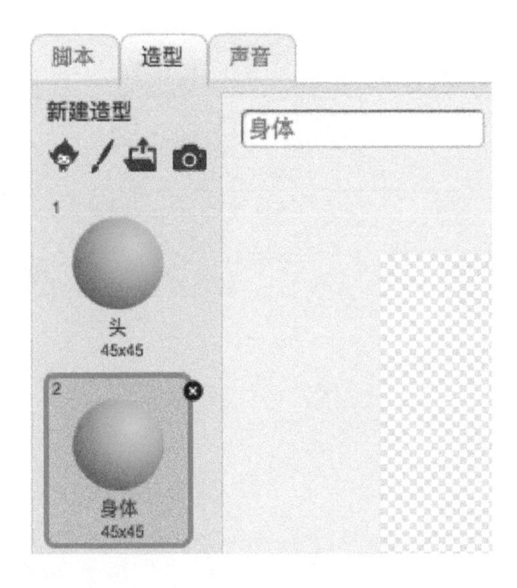

雕刻蛇头

我们选择的角色是个矢量图，因此可以使用“变形”工具将它拉伸成一个更像脑袋的形状。然后，可以再画上黑色的眼睛和其他想要的特征。

1. 单击“头”造型。
2. 单击“变形”工具。
3. 单击两次“放大”按钮放大到 400% 模式。
4. 在绘图编辑画布中，单击球的形状，再单击并拖拉控制点，将球变成一个更像脑袋的形状。

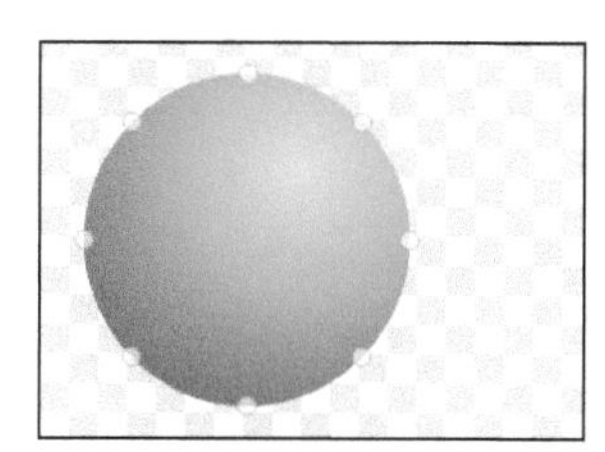 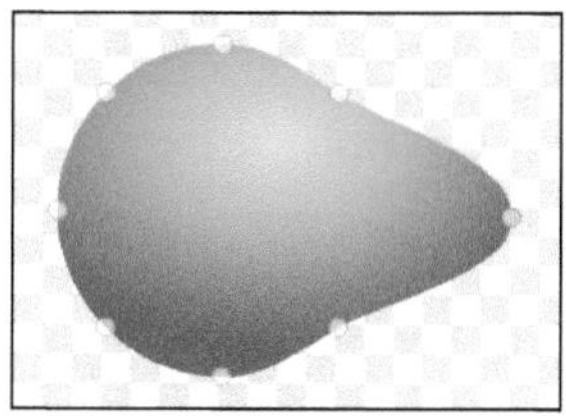 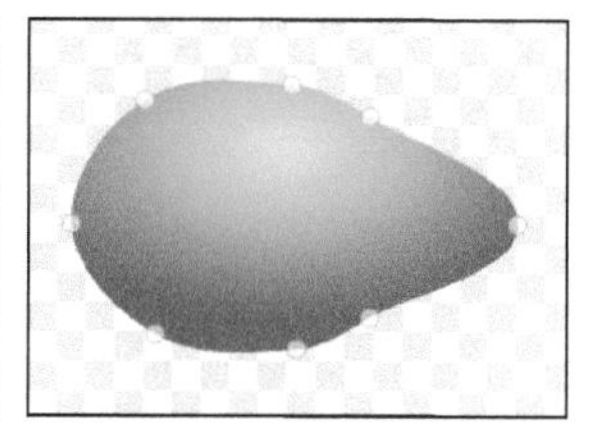

5. 单击“椭圆”工具，单击实心选项，选择黑色，再单击并拖拉，画出一只眼睛（按住 Shift 键可以画出标准圆形）。

6. 单击“复制”工具，单击眼睛，将复制出来的眼睛拖到合适的位置。

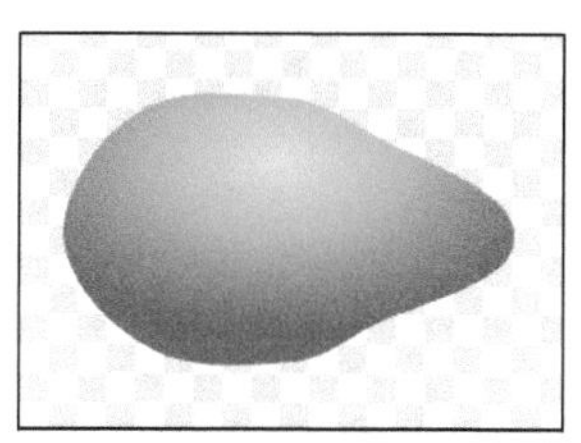 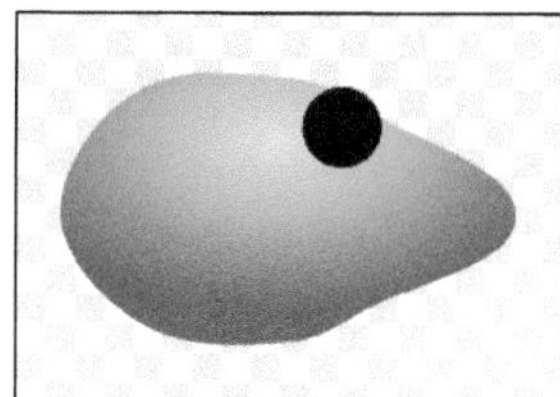 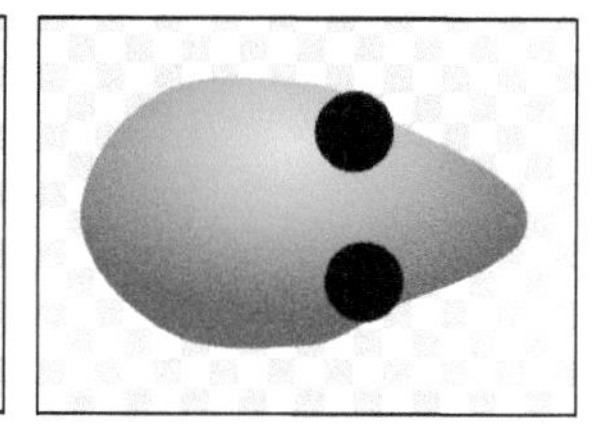

让蛇动起来

在一个典型的蛇类游戏中，玩家会以同样的速度一直向前走，并通过按键向左或向右转来追逐食物。这有点儿像将乒乓球的持续运动和球拍的左右移动结合在一起。

让角色向前移动

必须将一块“移动……步”积木放入“重复执行”积木中，这样才能编出一个循环让蛇不停向前走。

1. 单击角色“蛇”的“脚本”标签。
2. 将如下积木块拖到脚本区，并将移动步数改为 2。

添加转向积木块

为了避免让蛇头滑出舞台边缘，需要添加两段代码让蛇转方向。

1. 从“事件”模块中拖两块“当按下……”积木到脚本区。
2. 拖曳并拼接“向左旋转”和“向右旋转”积木块到每一个“当按下……”积木块下面，并将积木块中的角度改为 90。

如果单击舞台上的绿旗按钮，蛇会自己向前移动，并且当按下左移键时向左转，当按下右移键时向右转。

为什么让蛇每次都转 90°？因为蛇只能向上、下、左、右移动而不是按玩家意愿任意移动能让游戏难度更高。只允许左移键和右移键控制蛇的移动也是同样道理。

我知道只有一只蛇脑袋在屏幕上到处移动没什么意思，特别是当这不是你设计的第一个 Scratch 作品的时候。不过，酷的部分马上来了：写程序来产生蛇的身体！

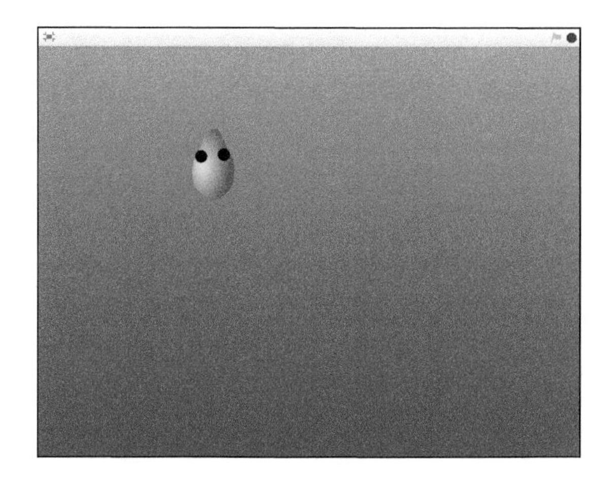

给蛇添加身体

我们之前复制过“头”造型（当它还是一个绿色球的时候）来创建身体造型。如果蛇头一直以固定的速度移动，可以使用规整的克隆技巧创建蛇的身体部分，让它跟着蛇头移动和转向。

创建蛇身体克隆循环

我们需要一块“等待……秒”积木来减慢克隆体的创建速度。因此下一串积木需要放在另一块“当绿旗被单击”积木下面，否则新的“等待……秒”积木块也会减慢蛇的运动速度。

1. 将另一块“当绿旗被单击”积木块拖到前面积木块的下面或者拖到右面。

2. 将下图中剩余的积木块拖到“当绿旗被单击”积木块下面，并将“等待……秒”积木块中的值改为 0.25。

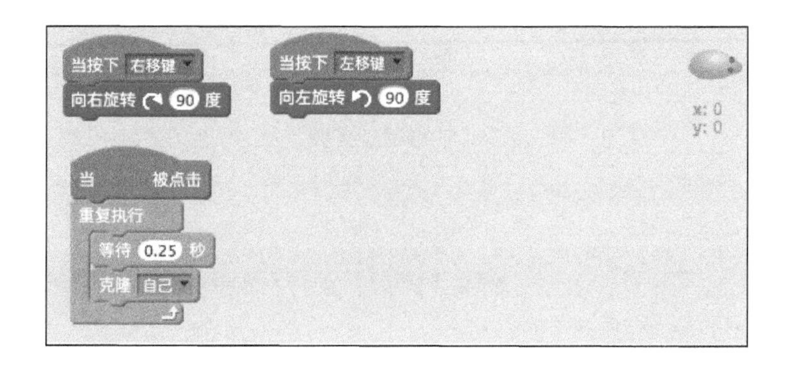

这时候该好好检查一下代码了。当单击绿旗按钮时，蛇头还像原来那样移动，但是现在后面有一个奇怪的身体了（由很多蛇头组成？！）这是对的，因为还需要改变克隆体的造型。

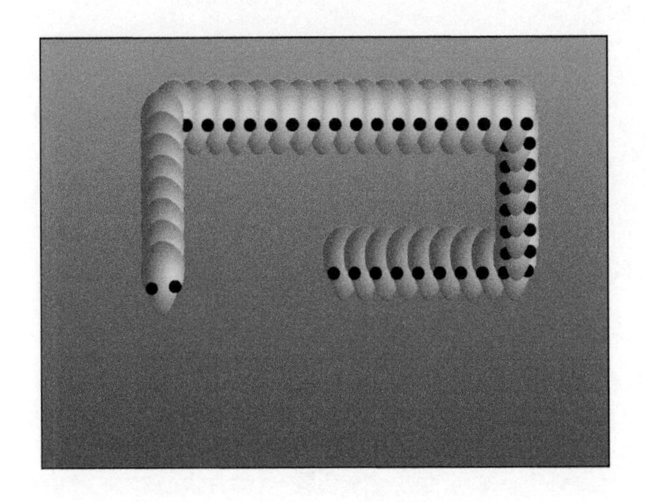

让克隆体不同

创建一个角色的克隆体时，可以使用“当作为克隆体启动时”积木块给每一个新的克隆体下达指令，比如让它改变大小或切换造型等。

再次测试代码，蛇身体的形状应当看上去比较合适了。不过，因为雕刻了蛇的头，这样蛇的身体有点儿粗，看上去更像一条毛毛虫。而且蛇的长度似乎在不停变长、无穷无尽一样。

可以通过在“作为克隆体启动时”积木下面再添加三块积木来解决这两个问题。最后一块积木可能有点意想不到。

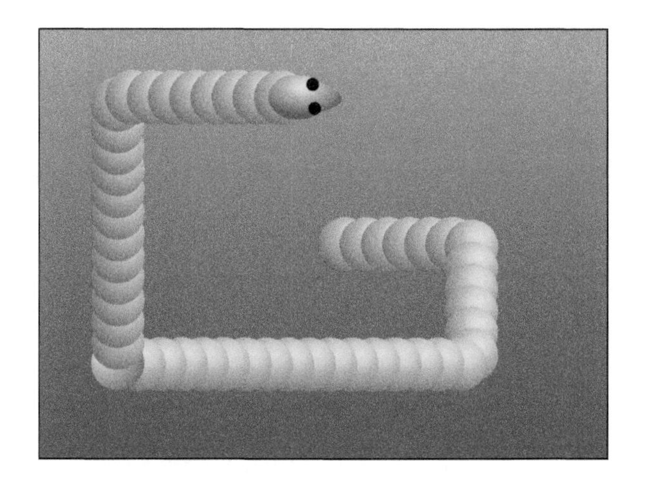

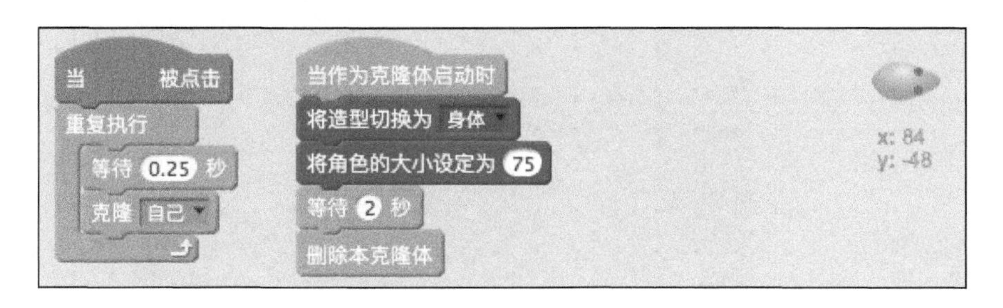

“将角色的大小设定为 75”积木使得蛇的身体比头部小一些。但是“等待 2 秒”和“删除本克隆体”积木是干什么用的？单击绿旗按钮看看会发生什么。

蛇仍然像以前那样在舞台上移动，但现在相当短了，知道为什么吗？

当游戏开始时，蛇头创建了一个自己的克隆体，然后马上移动了 2 步。但是当克隆体创建出来后，它等了四分之一（0.25）秒才开始移动，所以它比蛇头落后几步。每一个克隆体和前一个克隆体之间的距离都相同。

添加了刚才的代码后，克隆体的造型切换成了身体造型，马上变成了原来大小的 75%，然后跟着蛇头和其他的克隆体一起移动两秒后删除自己。这个 2 秒的延迟决定了在舞台上一次能有多少个克隆体存在，也就是蛇有多长。将等待 2 秒改为等待 5 秒试试看会发生什么，得到了一条更长的蛇，对吗？

在这个游戏中，我设想蛇每次吃掉一小块美味的食物后，它就会长长一点儿。每当游戏玩家控制蛇吃到更多食物时，通过克隆身体部分，可以增加那块等待积木中的值让蛇变长。说什么？要在游戏中增加食物？

给蛇添加食物

我印象最深刻的贪吃蛇游戏中，在游戏开始时，一小块食物会随机出现。每次蛇吃掉它，蛇会变长一点儿，并且另外的地方就会再出现一块儿食物。

创建食物角色

可以选择任何你想要的食物角色或者自己画一个。为了简单起见，我使用另外一个球并改变它的颜色和大小。

1. 单击舞台下方的“从角色库中选取角色”。

2. 选择一个物体来扮演蛇的食物，然后单击“确定”。

3. 单击角色上的 Info 按钮，将名字改为 Food。

4. 单击“造型”标签。

5. 如果角色有多个造型，从中选择一个你想用的（我为我的蛇选择橙色）。

6. 将造型名字改为食物 1（如果后面还想添加不同的食物的话），然后删除其他的造型。

让食物的位置随机

贪吃蛇游戏中食物最难被吃到的位置是靠近屏幕边缘的地方。如果蛇在那里没有来得及转方向，它就会碰到舞台边缘，游戏就结束了。将食物角色拖到舞台左下角的位置，然后使用 x 和 y 坐标值来设置随机移动积木块中的值。

1. 将食物角色拖到舞台左下角。

2. 单击“ 脚本”标签，在脚本区右上角有一个角色的阴影版本，它下面是角色的当前 x 和 y 坐标值。人们通常会被舞台右下角的 x 和 y 坐标值搞糊涂，这两个值不是角色的坐标值，而是当前鼠标在舞台上的坐标值。可以在舞台上移动鼠标来测试一下，看看这两个值在鼠标从舞台上移开前是如何变化的。

3. 拖一块“当绿旗被单击”和一块“移到 x:……y……”积木块拖到脚本区。

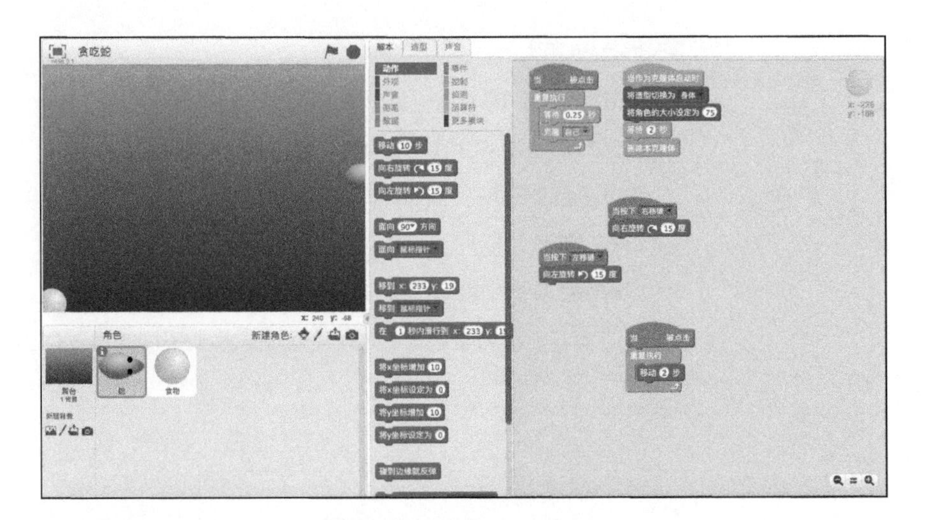

4. 拖两块“在……和……间随机选一个数”到“移到 x:……y……”积木的两个槽中。

5. 使用舞台左下角食物位置的 x 和 y 值来设置积木块中的随机值范围。

多单击几次绿旗按钮，每次食物角色都应当出现在不同的位置。

Scratch 中舞台宽 480 像素（x），高 360 像素（y），所以最大的值 x=240，y=180（舞台右上角），最小值是 x=−240，y=−180（舞台左下角）。

设置游戏中的碰撞

在乒乓球游戏中，侦测类积木块检查球是否碰到球拍，并且碰到舞台边缘时反弹。这个游戏需要检查蛇头是否碰到了食物、屏幕边缘或者它自己的身体。（对，这个游戏中甚至不允许碰到自己！）

检查蛇和食物的碰撞

在 Scratch 中要持续检查碰撞是否发生，大多数的侦测类积木块都需要放入循环中，比如“重复执行”“重复执行……次”，再使用“如果……那么”积木块来指示当碰撞发生时做什么动作。

1. 检查舞台下方的食物图标，并单击“脚本”标签。

2. Shift 单击（或右键单击）“移到 x:……y……”积木块，选择“复制”，再将复制出来的积木块拖到一边。（将使用这些复制出来的积木块在碰撞发生时移动食物。）

3. 将这些积木块拼到“移到 x:……y……”积木块的下面。

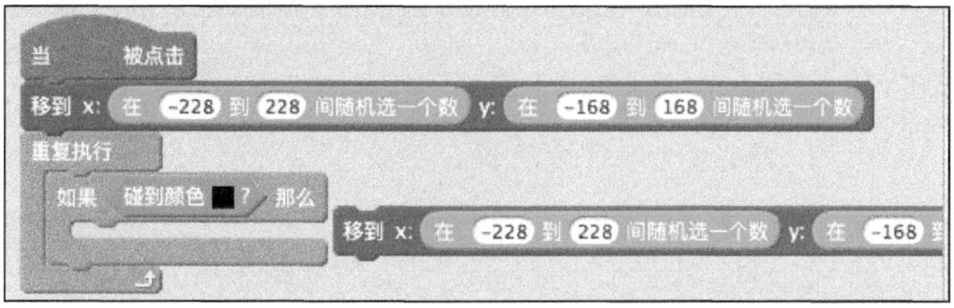

4. 单击“碰到颜色”积木块，再单击蛇的任意一只眼睛。

5. 将复制出来的“移到 x:……y……”积木块拖到“如果……那么”积木块里面。

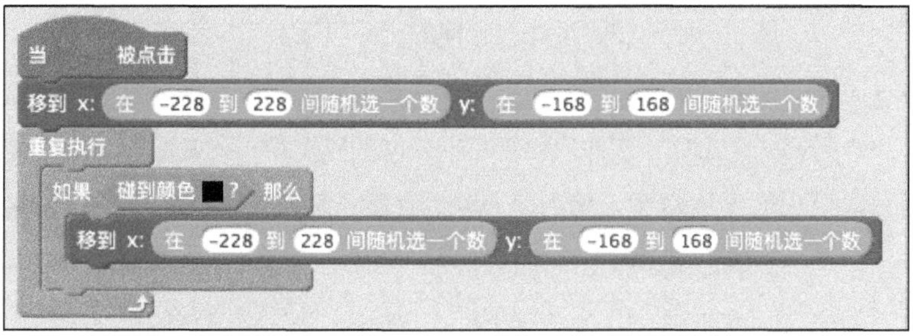

单击绿旗按钮并控制你的蛇移向食物。每次蛇头碰到食物时，食物会立即移到另一个位置。

让舞台的边缘变得致命

在乒乓球游戏中，“碰到边缘就反弹”积木让球碰到舞台的边缘后反弹，但是这个游戏中，不能让蛇反弹，要让它丧命！所以，这里需要一个不同的“侦测”类积木块。

1. 单击舞台下方的蛇图标，再单击“脚本”标签。

2. 不用再添加另一块“重复执行”积木，可以将“碰到……”积木拼到“重复执行”积木里面的“移动 2 步”积木下面。

```
当 [绿旗] 被点击
重复执行
    移动 2 步
    如果 碰到 边缘 ? 那么
        停止 全部
```

3. 确保“碰到……”积木中的值是“边缘”。
4. 单击绿旗测试你的代码。

当控制蛇移到舞台边缘时，游戏停止了。另一个让游戏停止的事件是蛇头碰到蛇尾，就好像这是一条咬到了自己的毒蛇一样。愚蠢的蛇！（我在说谁呢？有天晚上，我在吃一块硬肉的时候，将自己的舌头咬掉一块儿！）

让蛇的身体变得致命

现在应该已经熟悉处理碰撞的窍门了吧。可以使用不同的“侦测”类积木来检查角色是否碰到了角色，是否碰到了某种颜色或者是否碰到了舞台边缘。但是如果头和身体都属于同一个角色，该如何检查它们之间的碰撞呢？我说过，当每个克隆体创建出来时，可以给它们下达命令（使用“当作为克隆体启动时”积木）。之前就是这样来改变蛇身体的造型的。因为身体造型中没有黑色，可以在侦测类中使用和检查食物碰撞相同的积木。

1. 单击舞台下方的蛇图标，再单击“脚本”标签。
2. 再拖一块“当作为克隆体启动时”积木到脚本区（放在其他积木块旁边或下面）。
3. 将如下积木块拼到它下面。

```
当作为克隆体启动时
将造型切换为 身体
将角色的大小设定为 75
等待 2 秒
删除本克隆体

当作为克隆体启动时
重复执行
    如果 碰到颜色 [■] ? 那么
        停止 全部
```

测试你的代码。我打赌，你的蛇开始移动但是整个程序立即就停止了。知道为什么吗？

检查当绿旗被单击时创建克隆体的代码。程序等待 0.25 秒然后创建出第一个克隆体，一旦这个克隆体被创建出来，它就检查自己是否碰到了任何黑色的东西。因为这个克隆体和蛇头刚好在同样的位置，它当然碰到了黑色的东西，就是蛇的眼睛！可以在检查克隆体是否碰到黑色东西之前再使用一块“等待……秒”积木，但是这块等待积木应该放在哪里呢？

延迟与身体的碰撞

这需要在第二个“当作为克隆体启动时”积木串中添加一个“等待……秒”积木。拼接这块积木的时候要当心，别把你的蛇头蛇身碰撞代码搞没了。

将“等待……秒”积木中的值改为 1 秒，再次测试游戏。每个克隆体刚好等待了足够的时间来排在蛇头上的眼睛后面，这样蛇可以四处游动直到它的头向后碰到了它的尾巴。可能需要增加“等待……秒”积木中的值，这取决于角色造型的大小以及玩家移动的速度。

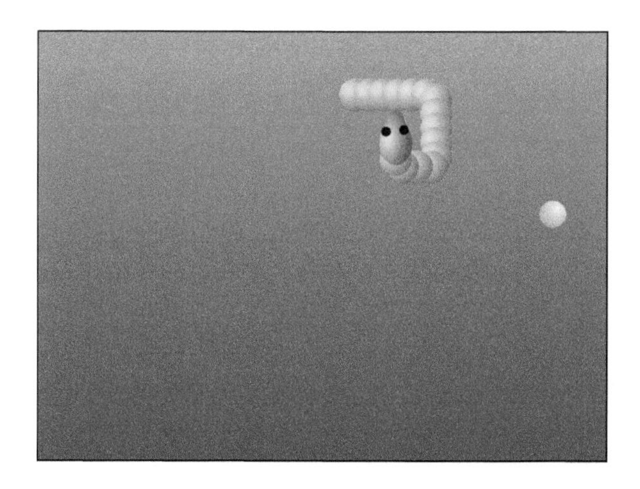

啊喔，我发现游戏中蛇头蛇身碰撞的部分代码还有一些问题。

排除蛇碰撞代码中的错误

游戏开始时，如果蛇头碰到了舞台的边缘，游戏会立即结束。因为蛇的眼睛在蛇头的边上，在急转弯时，它们可能会碰到蛇身的克隆体。

解决这个问题的一个简单方法是在游戏开始时设置蛇的位置。在第一块“当绿旗被单击”积木串那里，添加一块“移到 x:……y……”积木到让蛇持续移动的“重复执行”积木块的前面。

对于蛇眼睛来说，可以在绘图编辑器中让它们彼此靠近一些，或者让蛇身变小一些。我觉得第二个方法比较好，因为我的蛇看起来还是有点儿太像蜈蚣了（那又是一个完全不同的游戏）。现在蛇身体的大小是 75%，我把它改为 50%。

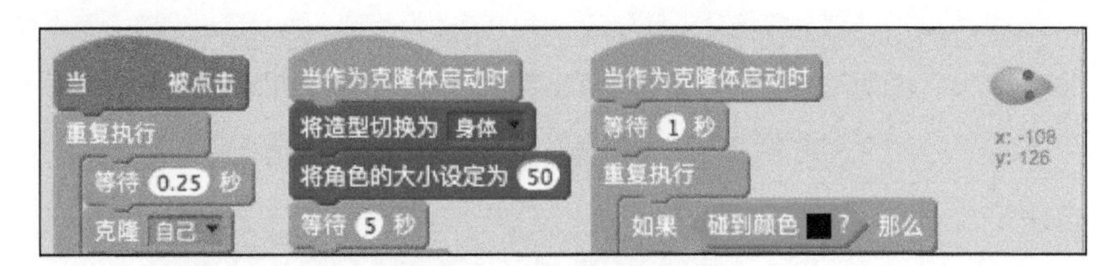

当单击绿旗按钮时，蛇位于舞台的中央。当移动蛇时，蛇身与蛇眼睛碰撞部分的代码运行正确。最好的是，蛇身变小后，它看上去更像一条蛇了。

现在，这个贪吃蛇游戏还缺什么？还没有添加蛇每次吃到食物会变长的代码。蛇一点点儿变长是游戏中的难点，也是游戏有趣的地方。当然我们知道还有其他缺失的，但是，现在还没有办法记录分数！

编程让蛇变长

能在蛇的脚本中找到哪一段代码是决定蛇的长度的吗？看看第一块“当作为克隆体启动时”积木块的下面。那块“等待……秒”积木块中的值能让蛇变短、变长，对吧？将它改成 8 秒测试下游戏，然后再改成 2 秒试试。

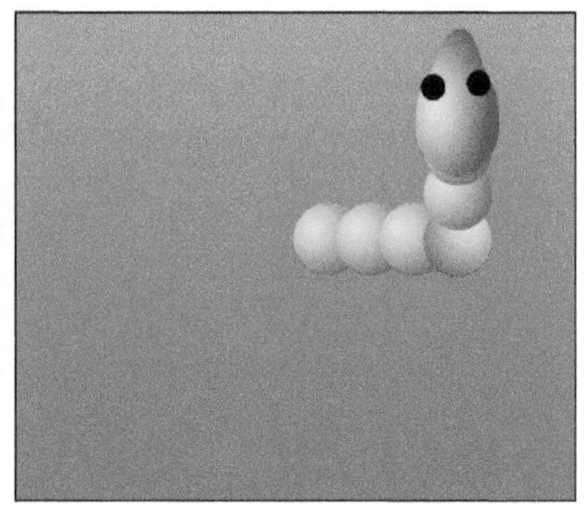

每当蛇吃到食物时，需要增加这个值。不能在“等待……秒”积木块中设定这个值（这样它就不会变化了），应当使用一个变量，并且在每次蛇碰到食物时增加这个变量的值。

对于编写电子游戏（对于人们编写的其他程序也一样）来讲，变量是非常重要的，它允许你在程序运行的时候改变它的值。

创建蛇身长度变量

Scratch 提供了三种方式在舞台上显示变量：正常显示、大屏幕显示和滑杆。

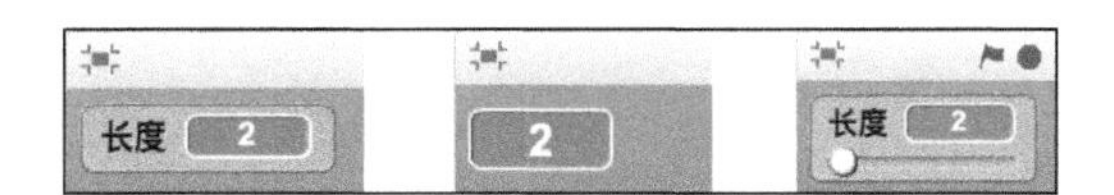

滑杆允许玩家在游戏中左右拖动来改变变量的值。这可以用来改变车辆的速度、角色的颜色、甚至切换造型。

下面是显示蛇身长度的步骤。

1. 在“脚本”标签上面，单击“数据”模块。
2. 单击“新建变量”按钮，输入“长度”，选择“适用于所有角色”，再单击“确定”。

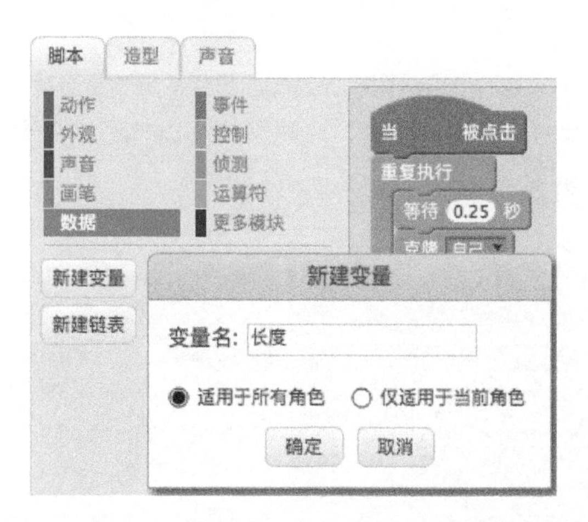

3. 拖一块“将……设定为”积木，把它拼到“当绿旗被单击”积木的下面，并把其中的值改为2（这样游戏开始的时候蛇比较短）。如果创建了不止一个变量，要确保选中正确的变量再拖积木。

4. 将“长度”变量拖到“当作为克隆体启动时”积木下面的“等待……”积木中。

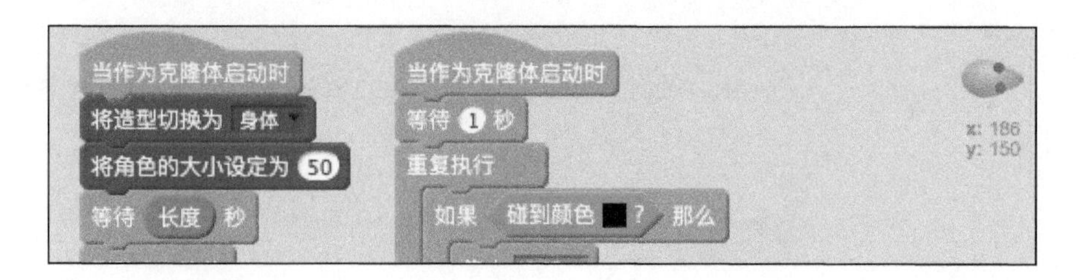

单击绿旗按钮，一开始蛇还比较短，“长度”变量也会出现在舞台的左上角。将来会想把这个变量隐藏起来，不让玩家看见的，但是，在完成脚本之前，让这个变量显示在舞台上是有用的。

可以双击舞台上的“长度”变量来改变它的显示样式。如果要查看变量滑杆的效果，可以在游戏运行的时候拖动它。

用代码控制蛇的长度

什么能让蛇长大？吃东西！我们已经编写好了代码，当蛇头碰到食物时，让食物移动，需要的只是添加一块“将 Length 增加……”积木来让蛇长大。

1. 单击舞台下方的食物图标，并单击“脚本”标签。
2. 拖一块“将长度增加 1”积木并把它拼到“如果……那么”积木和“移到 x:……y……”积木之间。暂时不改变“将长度增加 1”积木中的值。

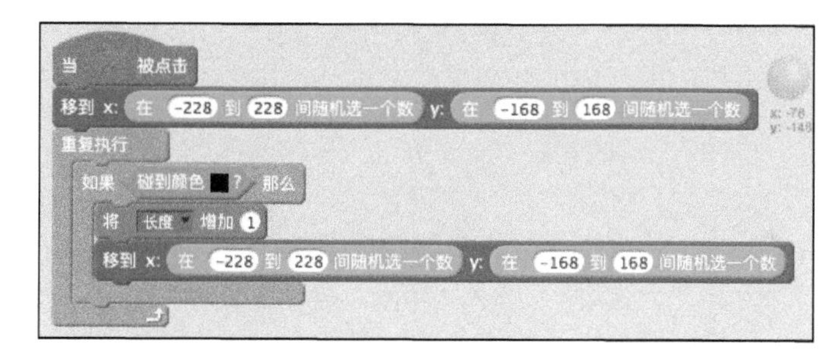

当游戏开始的时候，蛇还比较短，但是每次吃到食物时它就会变长，可以通过舞台上显示的长度值来证实这个功能。

记录玩家的分数

和这本书中的其他游戏不同，在贪吃蛇游戏中，分数是建立在玩家碰到舞台边缘或自己之前的生存时间长短基础上的。可以使用 Scratch 自带的计时器在游戏中计分。当蛇的长度能正常增加后，可以在舞台上隐藏长度变量，这样可以更多的空间来放置新的分数变量。

隐藏蛇身长度变量

1. 单击舞台下方的蛇图标。

2. 在“脚本”标签上，单击“数据”模块。
3. 取消选中长度变量，这样它就不会在舞台上显示。

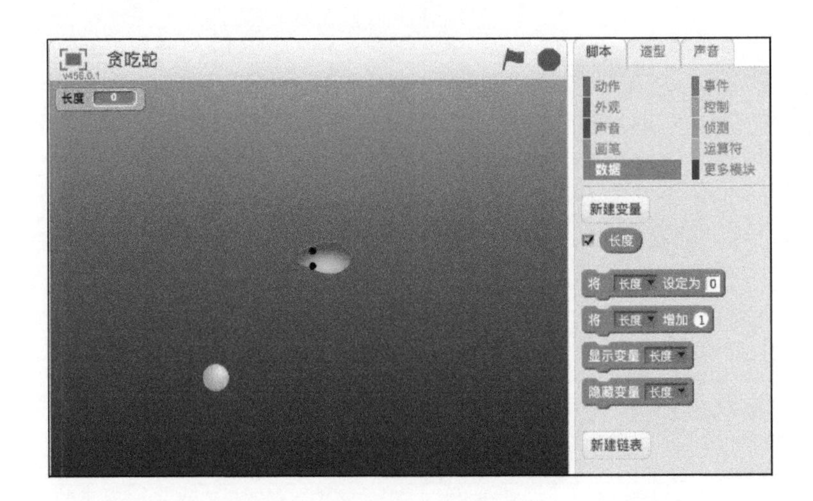

创建玩家的分数变量

1. 在“脚本”标签上，单击“数据”模块。
2. 单击“新建变量”，输入“分数”，选择“适用于所有角色”，再单击“确定”。
3. 在舞台上，将分数变量的显示值拖到合适的位置。
4. 将如下脚本拖到蛇角色的脚本区。

在 Scratch 中，计时器是一直工作的，因此需要添加一块“计时器归零”积木以确保每次游戏开始时都能重新计分。

是时候了，我的 Scratch 朋友们，请单击那个漂亮的绿旗按钮，测试你亲自制作的、完整的贪吃蛇游戏！

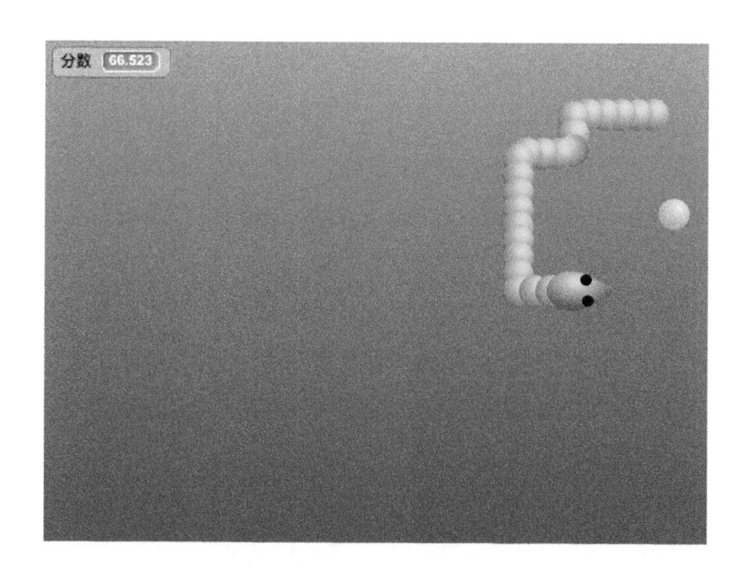

改进你的贪吃蛇游戏，让它更具挑战性

虽说这个游戏已经比较有趣了，可能想让游戏对于你的朋友来说更难一点儿，可以使用如下方法来增加游戏难度。

- 提高蛇的速度：蛇移动得越快，它越难被控制。（注意：需要改动蛇克隆体中的好几处值以确保蛇的身体不会分得太开。）
- 减小食物的大小：可以在游戏开始时减小食物大小，也可以随着游戏的进展去减小。
- 增加转向时的停顿时间：使用了“等待……秒”积木来避免蛇不停转圈，当玩家需要更多时可以增加这个等待时间，让蛇能正确转向。
- 添加蛇宝宝：当蛇的长度达到某个值时，或者当它吃了错误的食物时，可以让蛇分离出一小部分变成另一条蛇。如果玩家碰到了这条新的蛇，他就丢掉一条命。
- 操纵游戏：如果真的想搞破坏，可以每隔一段时间就把食物放在舞台的边缘。

第 13 章
一个迷宫游戏

如果说乒乓球是我玩过的第一个电子游戏，那吃豆人是我见过我奶奶玩过的唯一的一款游戏！或许这能解释为什么这款游戏能成为历史上最赚钱的游戏（超过 100 亿个 25 美分，你来算算到底是多少！）。

谁能说清楚为什么一款游戏可以广受欢迎而另一款却在游乐场的角落里备受冷落？作为一个游戏设计者，应当努力创建自己都想玩的游戏。因为法律原因，我不能展示给你看如何去创建一个和吃豆人一摸一样的游戏，但是我可以分享一些在 Scratch 中创建有趣的迷宫游戏的知识。

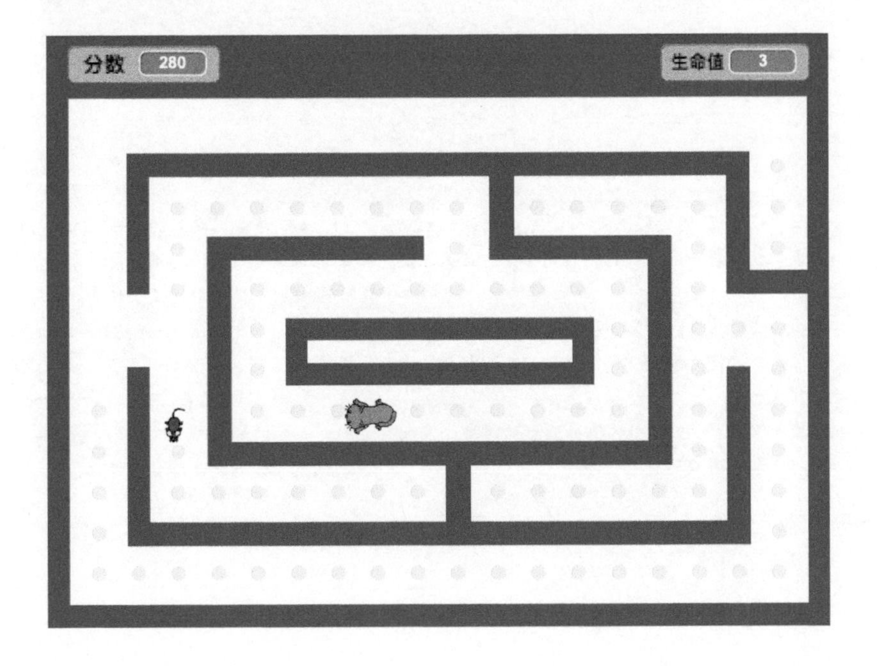

创建新作品

在选择题目之前，先选择游戏中要用的角色。浏览过 Scratch 角色库后，我认为最适合在迷宫游戏中使用的角色是 Mouse1 和 Cat2，因为这两个角色和迷宫一样都是以俯视角度设计的。因为玩家角色将会是小老鼠，所以我把这个游戏叫作了不起的小老鼠。好吧，这不是最有创意的题目，但吃豆人又究竟有什么意思呢？！

1. 访问 scratch.mit.edu 或打开 Scratch 2 离线编辑器。
2. 如果是使用在线编辑器，单击蓝色工具条中的“创建”，如果是使用离线编辑器，菜单选择“文件 ➪ 新建”。
3. 给作品取个名字（在线的话，在“Untitled”文本框里输入“了不起的小老鼠”，离线的话，选择“文件 ➪ 另存为”，然后输入“了不起的小老鼠”。
4. 选择剪刀删除舞台上的小猫角色（或者按住 Shift 键单击小猫再选择“删除”）。我必须承认这让人觉得有点儿奇怪，因为我正要给游戏选择一只小猫。如果小老鼠看到了 Scratch 的小猫，它很可能会笑得忘了逃跑。

添加角色

在画迷宫之前，将游戏中用到的所有角色都添加到舞台上将会很有用，这样就可以设计一个大小适合这些角色的迷宫。

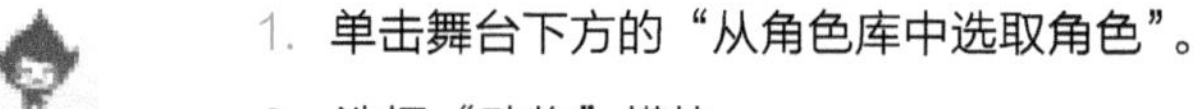

1. 单击舞台下方的“从角色库中选取角色”。

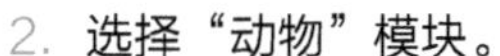

2. 选择“动物”模块。

3. 双击名字为 Mouse1 的角色。

4. 重复步骤 1～3 选择另一个名字为 Cat2 的角色。

当我把这两只动物并排拖到舞台上时，我注意到两件事。第一件，小老鼠几乎和小猫一样大。第二件，这两个角色太大了，迷宫里根本放不下。

可以使用“缩小”工具单击角色来将它们变小。但我更喜欢使用积木块，因为积木块让我能更精确地做控制。

使用代码调整角色大小

因为小猫是相对较大的角色，我们先设置它的大小。

1. 单击小猫角色，再单击“脚本”标签页。
2. 将“当绿旗被单击”积木和“将角色的大小设定为……”积木拖到脚本区并拼在一起。
3. 将“将角色大小设定为……”积木中的数字改为 30。

4. 单击“将角色大小设定为……”积木改变小猫的大小。

我一开始并不确定对于小猫来说 30% 的大小是不是合适的尺寸，我试了很多数字才发现这个尺寸是合适的。

在角色间复制代码块

小老鼠也需要我们刚创建的那些积木块。这里可以采用一种快速的方式将那些积木块复制过去。

1. 将“当绿旗被单击”积木块从小猫的脚本区拖到小老鼠角色上。

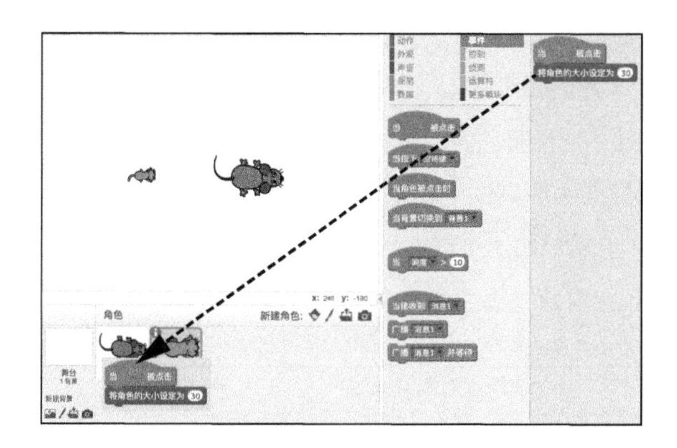

2. 单击小老鼠角色确保代码被复制了过去。
3. 将“将角色大小设定为……”积木中的值改为 20。
4. 单击“将角色大小设定为……”积木改变小老鼠的大小。

如果对比下舞台上的小猫和小老鼠的大小，它们看上去应该是成比例的，因此，现在开始创建迷宫吧。

设计迷宫背景

比起本书中的其他游戏，迷宫背景需要更多的思考和设计工作。

创建奶酪角色

记得在吃豆人游戏中，玩家在进入下一关前必须吃小圆点吗？我想让小老鼠能在迷宫里一边逛一边吃奶酪。

将所有的奶酪都铺到迷宫里可能有点儿不容易，不过，如果先把奶酪铺好再根据这些奶酪的排列来画迷宫的围墙呢？

1. 单击舞台下方的“绘制新角色”图标。
2. 单击“造型”标签页。

3. 单击“放大”按钮（加号）4 次，将画布放大到 1600%。

4. 单击“画笔”工具。
5. 将线宽滑块条拖到中间。
6. 从调色板中选择黄色。
7. 在绘图画布中间单击一次。
8. 按住 Shift 键单击这个新角色，选择“info”，将角色名字改为“奶酪”，再单击回退按钮关闭 Info 窗口。

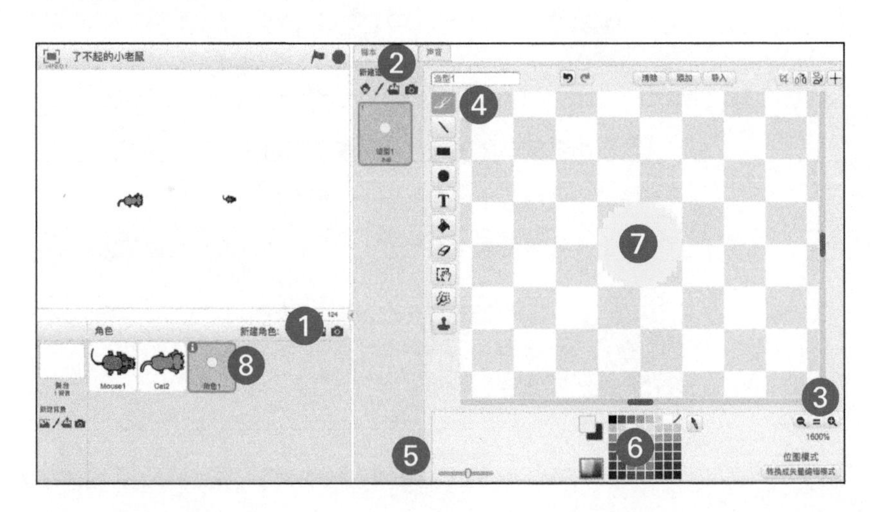

想象一下如果复制几百个奶酪角色并把它们一个个拖到舞台上正确的位置需要花多长

时间。幸运的是，Scratch 提供了简单的方法让我们能在舞台上精准地摆放一堆相同的角色。

使用克隆创建一行行奶酪

Scratch 中的克隆允许我们最多创建一个角色的 300 份克隆体。每一份克隆体都带着相应的脚本、造型、声音以及被克隆角色（被称为克隆体的父亲）的所有属性。

1. 单击奶酪角色的“脚本”标签页。
2. 将下图中的代码块拖到脚本区，并将积木中的值也改为和下图一致。

单击绿旗来测试代码，会看到舞台的顶部画满了一行奶酪。“移到 x:……y……”积木将奶酪放在起始点、创建一个克隆体、移动 24 步、再创建一个克隆体。“重复执行 20 次”积木创建了 20 个克隆体，但是，如果仔细数数的话，你会发现舞台上有 21 块奶酪。知道为什么吗?

在舞台右上角的第 21 块奶酪就是原来那块被克隆的奶酪，因此，有 20 块克隆出来的奶酪和 1 块原始的奶酪。最后要隐藏那块原始的奶酪。

用奶酪铺满舞台

下面是在舞台上铺 15 行奶酪的脚本。

1. 拖一块“将 x 坐标设定为”积木和一块“将 y 坐标增加”积木到脚本区，并拼到“重复执行 20 次”积木的下面。

2. 将“将 x 坐标设定为”积木中的值改为 -230，将“将 y 坐标增加”积木中的值改为 -24。

3. 拖另一块“重复执行……次”积木，将它拼在“移到 x:……y……”积木和“重复执行 20 次”积木中间。请注意，这一块积木需要包围住“重复执行 20 次”“将 x 坐标设定为 -230”积木和一块“将 y 坐标增加 -24”积木。

4. 将步骤 3 中“重复执行……次”积木中的值改为 15。

```
当 被点击
移到 x: -230 y: 170
重复执行 15 次
    重复执行 20 次
        克隆 自己
        移动 24 步
    将x坐标设定为 -230
    将y坐标增加 -24
```

现在，当单击绿旗按钮时，奶酪就会铺满整个舞台（每一只老鼠的梦想啊！）。

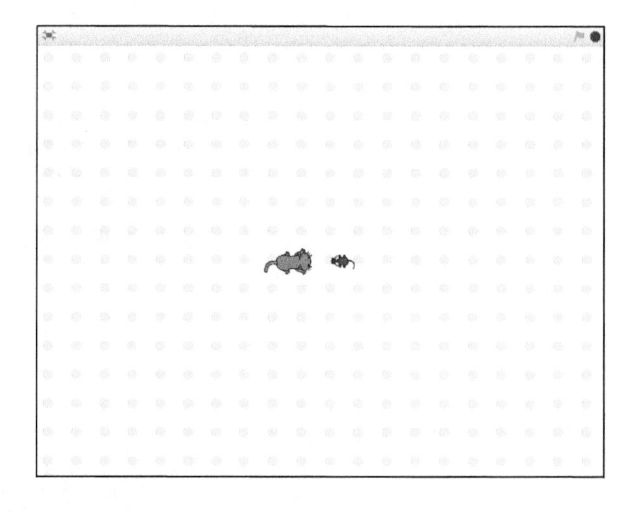

那一块原始的奶酪（父亲奶酪）现在位于舞台的左下角。可以将一块“隐藏”积木拼

到前面脚本的最后来隐藏最原始的奶酪角色。不过，因为每次运行代码时都需要重新克隆所有奶酪，隐藏后，还需要在代码开始处增加一块“显示”积木。下面是克隆奶酪的最终脚本。

```
当 被点击
显示
移到 x: -230 y: 170
重复执行 15 次
    重复执行 20 次
        克隆 自己
        移动 24 步
    将x坐标设定为 -230
    将y坐标增加 -24
隐藏
```

因为 Scratch 最多只允许创建 300 个克隆体，所以我把它们排成 15 行 20 列（15×20=300）。

可以将这些被克隆出来的奶酪当作网格，并借助它来画迷宫的围墙。画围墙之前，需要先单击绿旗让奶酪铺满舞台。注意不要单击停止按钮。（如果单击了停止按钮，所有的奶酪都会消失。）

创建迷宫墙壁

在 Scratch 中有很多方法可以画迷宫。我最近偶然发现一个快速的方法：在矢量图模式下使用一系列的矩形。

1. 如果奶酪网格没有显示在舞台上，单击绿旗按钮再创建一次。
2. 单击真正的舞台下方的“舞台”按钮（在角色的左边）。
3. 单击“背景”标签页。
4. 单击“转换成矢量编辑模式”按钮。

Convert to vector

5. 单击“矩形”工具。

6. 单击“轮廓模式”按钮。
7. 将线宽滑动条拖到最右边以便画出最粗线条。
8. 从调色板中选择期望的围墙颜色并单击（我选择深蓝色）。
9. 单击“放大”和“缩小”按钮之间的“=”，将画布恢复到 100% 大小。

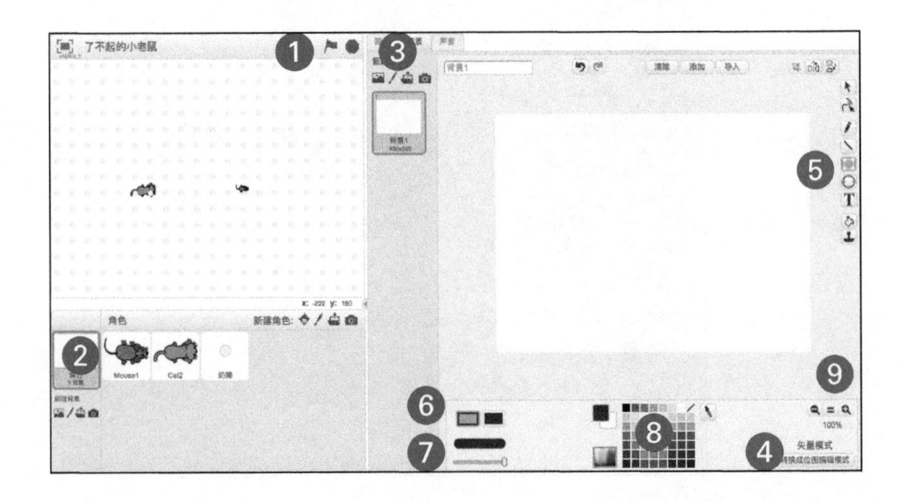

这里的技巧是在画布上画一个矩形，然后一边调整矩形的大小（单击并拖曳矩形的中心点）一边查看舞台，确保每一面围墙都会覆盖住一行奶酪。第一个矩形应当覆盖住左边、右边和底部的奶酪。我们跳过第一行奶酪以便给显示玩家得分和生命值留出空间。

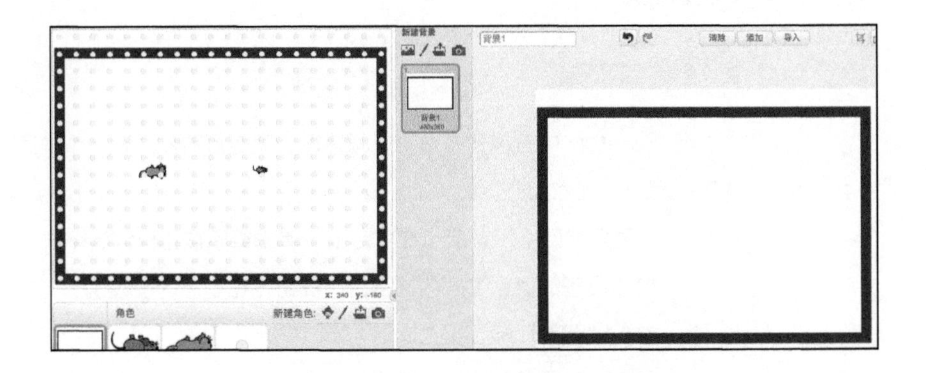

再画三个矩形并调整它们的各个边，确保每条边都在两行或两列奶酪中间。

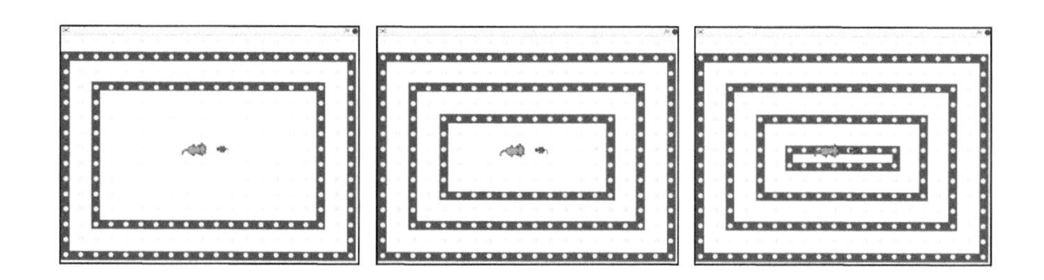

需要注意的是，在哪里放置围墙不只是为了让迷宫好看。同样重要的是，围墙和围墙之间也要有足够的空间让角色移动以及在拐角处转身。

在迷宫墙壁上挖洞

你可能在想，“喂，Scratch 高手，那根本不是迷宫，那只是 4 个蓝色矩形”！说对了，使用“变形”工具可以在这些蓝色围墙上开一些出口，但是我有一个更好的办法。如果我们不再画蓝色矩形，而是在这些蓝色围墙上画一些实心的白色矩形会怎么样呢?

1. 单击“矩形”工具。
2. 选择“实心”模式并选择白色。
3. 在蓝色围墙上单击并拖曳出一个小矩形。
4. 在舞台上查看这个新的“洞”在舞台上的位置，调整这个“洞”的位置让它刚好能覆盖住一块奶酪（可以使用键盘上的左右方向键来微调选中的矩形在舞台上的位置）。

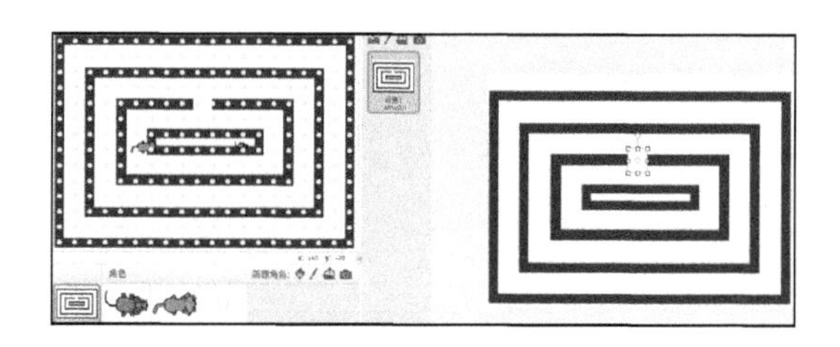

复制迷宫缺口

使用“复制”工具可以快速在围墙上放好几个缺口。

1. 单击“复制”工具。
2. 按住键盘上的 Shift 键（这样就可以重复复制绘图编辑画布上的对象）。
3. 单击复制出来的每一个白色矩形，把它们都拖到另外不同的位置。

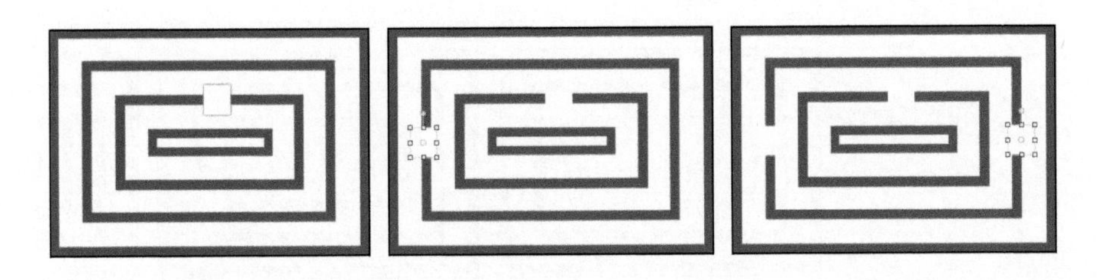

4. 在绘图编辑画布上调整每一个围墙出口的位置，使得每一个出口都能和奶酪整齐排列。

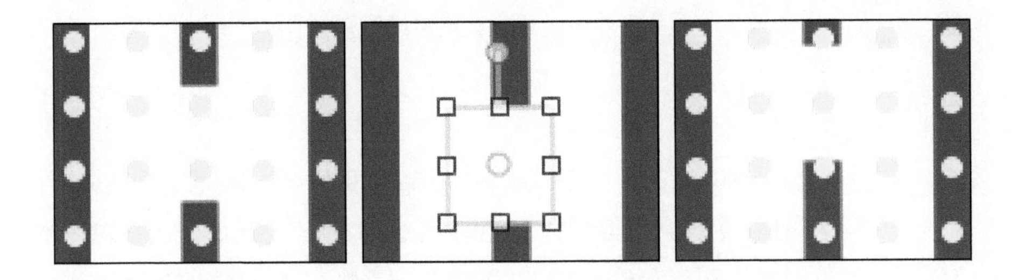

可以把白色的矩形当作迷宫出口，那如何给迷宫添加一些死胡同呢？

添加死胡同让迷宫更复杂

这次不使用矩形工具，而是使用“线段”工具来画一些额外的墙壁。

1. 在绘图编辑画布中，单击“线段”工具。

2. 选择和迷宫围墙同样的颜色和线宽。

3. 选择一些位置，单击并拖曳，将一面墙和另一面连在一起形成死胡同（拖曳的时候按住 Shift 键来让画出的线和墙壁垂直）。

4. 在舞台上查看效果，调整线段的位置，使得黄色奶酪都出现在线段上。

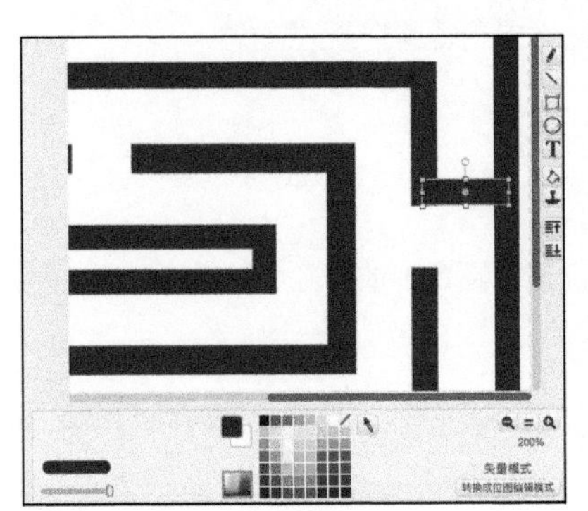

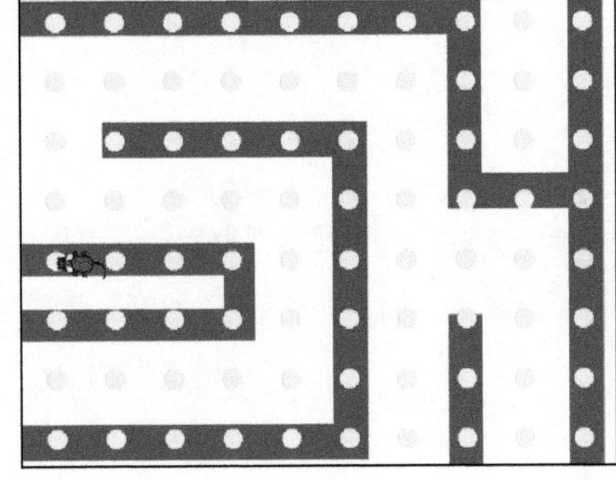

看看，改变迷宫背景的布局是多么容易啊！我通常会在这样大小的迷宫里面设置两三个死胡同，这样可以让玩家保持紧张。

开始游戏前可能需要将小老鼠和小猫拖到舞台上合适的起始位置（拖到墙壁之间不面向死胡同的地方）以确保玩家不会不小心陷入困境。要确保白色通道上的所有奶酪块都是可以被碰到的，因为玩家需要吃完每一块奶酪才能让游戏胜利结束。

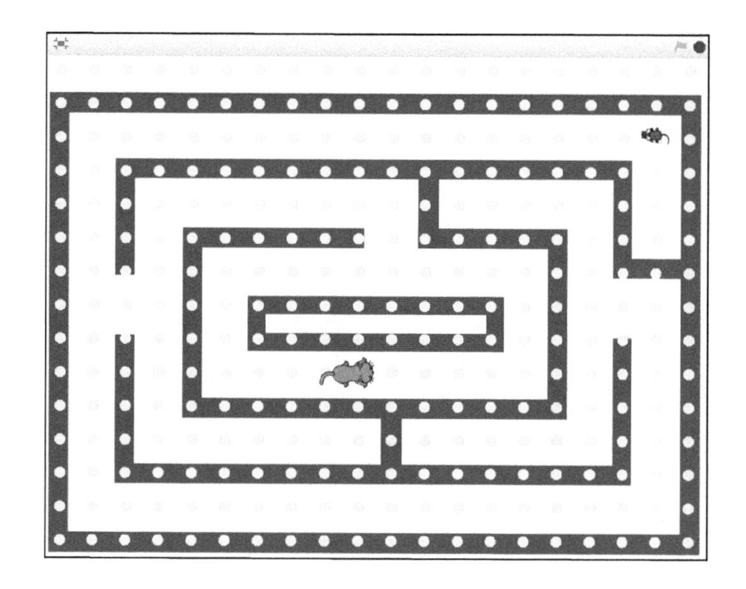

虽然奶酪可以让我们方便地画出围墙、通道和死胡同，但是所有位于蓝色围墙内部的奶酪都是不能被玩家角色碰到的。给奶酪角色添加几行代码就能马上实现这个功能。

删除迷宫墙壁中的奶酪

克隆的另一个用处是一旦克隆体被创建出来，就可以使用“当作为克隆体启动时”积木给它们下达执行指令。那为什么不给每一个克隆体下达指令让它们一碰到迷宫墙壁就删除自己呢？

1. 单击奶酪角色。
2. 单击“脚本”标签页。
3. 将如下积木块拖到脚本区并拼在一起。

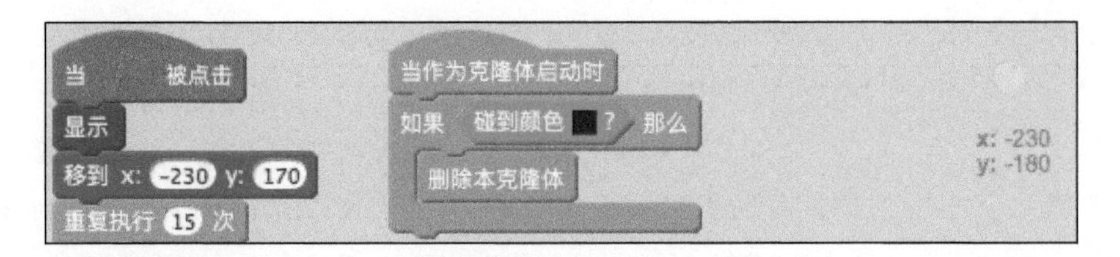

4. 单击“碰到颜色……”积木中的颜色，将鼠标移到舞台上并单击迷宫围墙来选择正确的围墙颜色。

如果单击绿旗，奶酪的克隆体就会在舞台上铺排，但是现在所有的奶酪碰到迷宫围墙时都消失了。

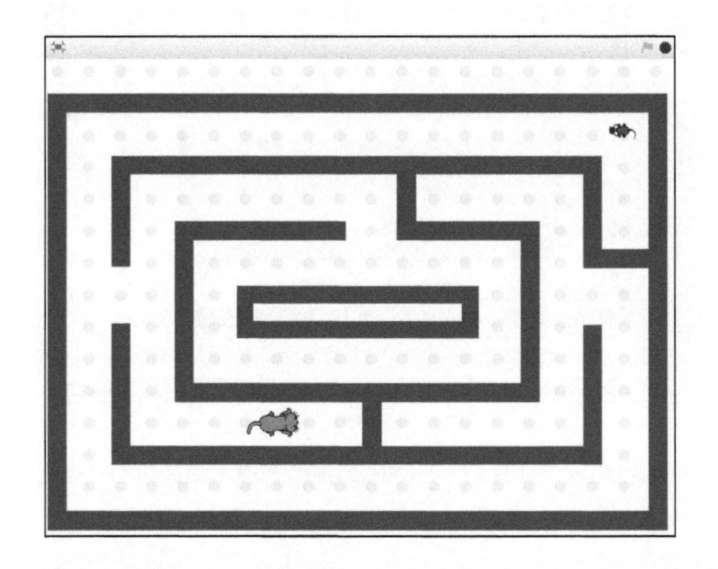

是不是很酷呢？如果借助这些点来放置围墙，一旦玩家开始游戏，Scratch 就会删除额外的点。那么，要删除舞台顶部的那些点，有什么简单方法呢？用一个和迷宫围墙颜色相同的矩形填充它！

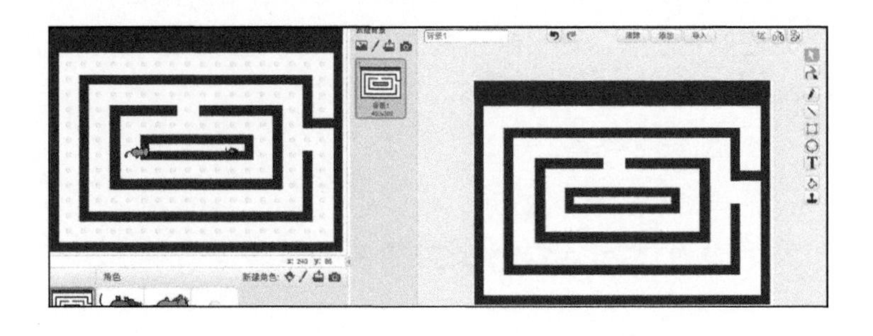

迷宫围墙和奶酪都创建好了，我们可以让游戏的角色动起来了。

添加玩家键盘控制

我把这个游戏叫作了不起的小老鼠，这样玩家就可以使用键盘上的方向键控制小老鼠。我喜欢使用侦测模块中的“按键……是否被按下？”积木块，这是因为这块积木比事件模块中的“当按下……”积木能使运动更平滑。

1. 在舞台上单击小老鼠角色并把它拖动到迷宫围墙之间不太靠近小猫的地方，作为起点。

2. 单击“脚本”标签页，再单击“动作”模块。

3. 将“移到 x:……y:……”积木拖到脚本区并拼到“将角色的大小设定为 20%”积木后面。因为小老鼠是最后一次在舞台上移动的角色，所以积木块中的 x 与 y 就是它当前的位置。

4. 将剩下的积木块拖到“移到 x:……y:……”积木块的下面并将积木中的值改为下图中的值。

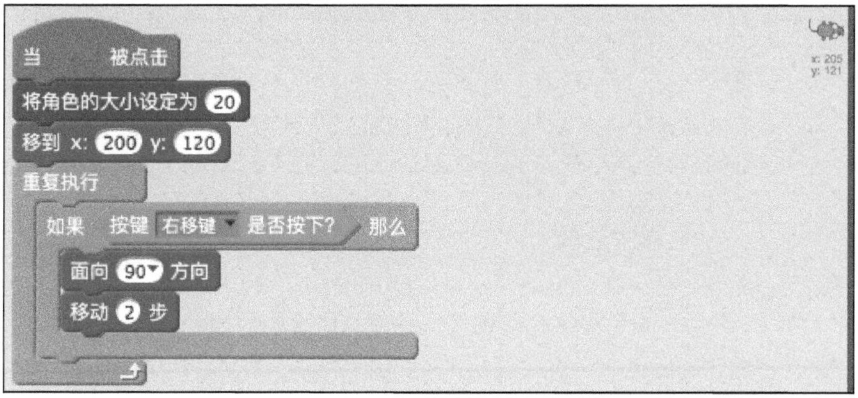

```
当 被点击
将角色的大小设定为 20
移到 x: 200 y: 120
重复执行
    如果 按键 右移键 是否按下? 那么
        面向 90 方向
        移动 2 步
```

x: 205
y: 121

单击绿旗测试刚写的代码。当按下键盘上的右移键时，玩家角色（游戏中的小老鼠）会慢慢向右移动。

复制代码块

还需要再拖几块积木来检查另外三个方向键。我们复制这些积木来节省时间。

1. 按住 Shift 键单击“如果……那么”积木，选择“复制”。

2. 将复制出来的积木拼到上面的“如果……那么”积木下面，确保它们仍然位于“重复执行”积木内。

3. 将“按键……是否按下”改成左移键，并将“面向……方向”积木中的值改为 -90°。

4. 重复步骤 1～3，为上移键和下移键添加类似的脚本。

```
当 被点击
将角色的大小设定为 20
移到 x: 200 y: 120
重复执行
    如果 按键 右移键 是否按下? 那么
        面向 90 方向
        移动 2 步
    如果 按键 左移键 是否按下? 那么
        面向 -90 方向
        移动 2 步
    如果 按键 上移键 是否按下? 那么
        面向 0 方向
        移动 2 步
    如果 按键 下移键 是否按下? 那么
        面向 180 方向
        移动 2 步
```

单击绿旗测试代码，会发现方向键可以控制小老鼠角色向四个方向上移动，但是它会直接穿墙而过。还记得是怎么编写脚本让角色碰到墙壁反弹回去的吗？这和删除多余奶酪的方法有点儿类似。

让墙壁阻挡小老鼠

我们曾经使用迷宫围墙颜色来删除不需要的奶酪，现在可以使用同样的方法来判断小老鼠是否碰到了围墙。可以把脚本添加到方向键控制代码块后面或者用更简单的办法：使用另一块“当绿旗被单击”积木。

1. 选中小老鼠角色，将下列积木拖到脚本区。

2. 单击“碰到颜色……”积木中的颜色，再单击舞台上迷宫的围墙。
3. 将“移动 10 步”积木的 10 改为 2。
4. 单击绿旗测试新的代码。

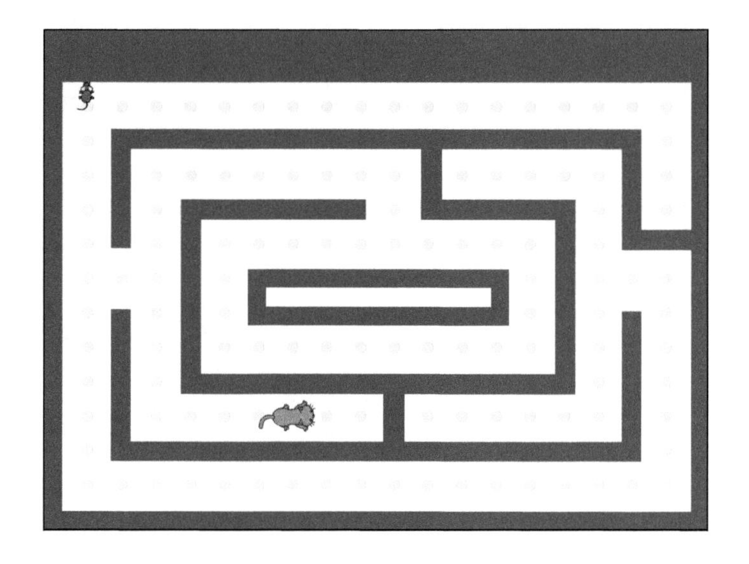

现在还可以像刚才那样使用方向键控制小老鼠的移动，但是当它碰到迷宫墙壁时，它应该原地停下。为什么需要“ 移动 -2 步”这块积木？当玩家移动到墙壁时，它已经向前走了 2 步，所以它应该后退两步来停止碰撞墙壁。

如果想增加或减慢玩家角色的速度，一定也要相应修改用来判断小老鼠是否碰到墙壁的脚本中的“移动 -2 步”中的负数。

好，现在可以让小老鼠吃奶酪了。

小老鼠吃奶酪

抽点儿时间思考一下，当玩家角色在迷宫中行走时，应当发生什么。当小老鼠碰到每块奶酪时，需要删除奶酪的克隆体、增加玩家的分数，并且检查迷宫里的奶酪是否都被吃光了。

碰撞时删除奶酪

小老鼠和奶酪的克隆体是互相碰撞的，那删除奶酪克隆体的代码应该放在哪个角色的脚本里呢？当然是放在奶酪的脚本里！（不会只有我一个人觉得这件事听起来怪异吧？）

1. 单击舞台下方的奶酪角色，然后单击“脚本”标签页。

2. 将“重复执行”积木拖到脚本区并拼接到“当作为克隆体启动时”的一串积木的最下面。

3. 拖动如下积木，把它们放到“重复执行”积木里面，并改称“碰到 Mouse1”。

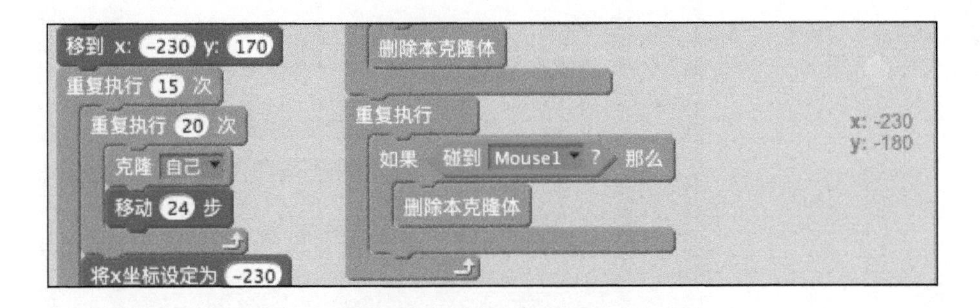

单击绿旗后，会发现当小老鼠跑过奶酪时，奶酪会立即消失。

吃到奶酪时加分

需要创建一个变量来计分，还需要增加代码块使得每块奶酪被吃掉时分数增加。

1. 在“脚本”标签页下面，单击“数据”模块。

2. 单击“新建变量”按钮并输入分数，默认选中“适用于所有角色”，然后单击“确定”。

3. 将积木为“将分数设定为 0”积木拖到“当绿旗被单击”积木下面，并确保该积木中的值为 0。

当 被点击
将 分数 设定为 0
显示
当作为克隆体启动时
如果 碰到颜色 ? 那么
删除本克隆体
x: 234
y: -173

4. 将“将分数增加”积木拖到“如果碰到 Mouse1”和“删除本克隆体”中间。

5. 将分数增加的值设为每块奶酪的所值的分数（我使用 10）。
6. 在舞台上，可以拖动分数变量的来给它设置新的位置。

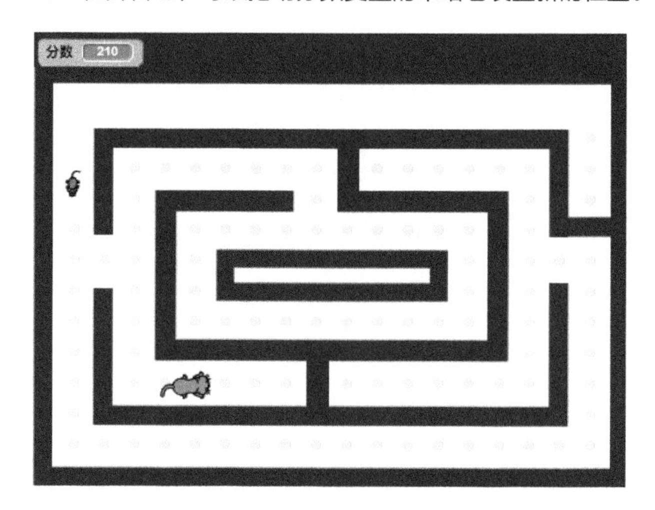

现在是我最喜欢的时刻！当单击绿旗让小老鼠在迷宫中移动时，每当它吃到奶酪，奶酪就会消失，而且分数也会增加。但是，怎么知道它吃了多少块奶酪？可以数迷宫内奶酪的数量，可一旦修改了迷宫的墙壁，就必须再数一次。

记录剩余的奶酪数量

再建一个变量，游戏开始时将它设为 300，然后每当一块奶酪被删除时就减 1 怎么样？

1. 新建另一个变量“奶酪”（参考前一节步骤 1～3）。
2. 在舞台上，将奶酪变量的显示值拖到右上角（等会儿当确认代码写好时我们会删除它。请试着连续说 5 遍！）

3. 将“将……设定为”积木拖到脚本区并拼到“将分数设定为”积木下面，选中积木中的奶酪变量并将其值改为 300。

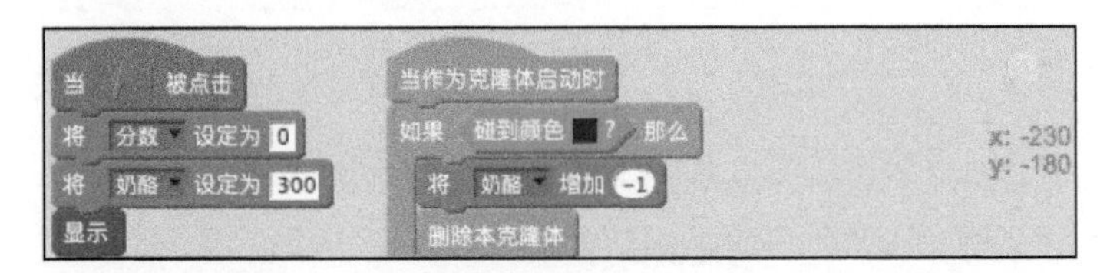

4. 拖一块“将……增加”积木拼到每一块“删除本克隆体”上面，选中积木中的奶酪变量并将其值改为 -1。

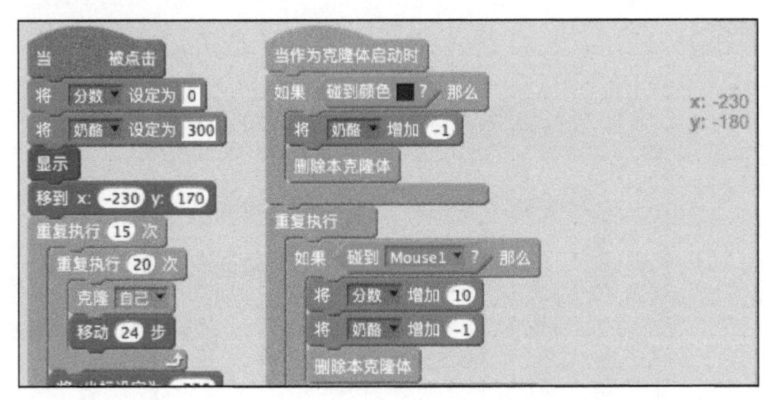

不开玩笑！危险！

一旦“删除本克隆体”积木运行时，这一块脚本中的其他代码就不能执行了。这是为什么必须把“将 Cheese 增加 -1”积木放到这块积木上面的原因。

当单击绿旗按钮时，奶酪计数器的值会从 300 开始，并且碰到迷宫墙壁后马上减 1。现在，可以让小猫动起来了。

编程实现小猫巡逻

在现代的电子游戏中，敌人的运动一般是由人工智能（A.I.）控制的。对编程了解得越多，就能创建出越厉害的敌人。现在，只需要让小猫在迷宫里四处巡逻，并且当碰到小老鼠时夺去玩家的一点生命值直到玩家没有生命值为止。另外，我们也不希望小猫能穿墙而过，对吧?

给小猫下达巡逻指令

1. 在舞台上，将敌人角色（小猫）拖到一个好的起始位置（迷宫围墙之间，不要太靠近小老鼠）。

2. 单击“脚本”标签页并选择“动作”模块。

3. 将“移到 x:……y:……”积木拖到脚本区积木“将角色大小设定为……”底部。因为小猫是舞台上最后移动的角色，积木里的 *x* 和 *y* 值就刚好是小猫的坐标。

4. 将剩下的积木块拖到“移动到 x:……y:……”积木块的底部，并将积木块中的值修改为图中的值（别忘了将“碰到颜色……”积木中的颜色设为迷宫围墙的颜色）。

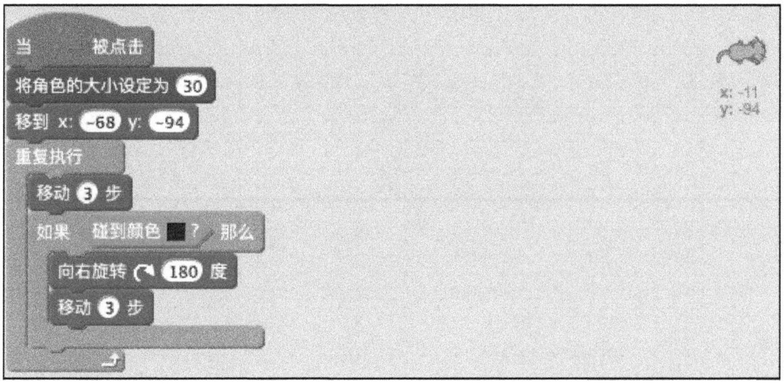

```
当 被点击
将角色的大小设定为 30
移到 x: -68 y: -94
重复执行
  移动 3 步
  如果 碰到颜色 ? 那么
    向右旋转 180 度
    移动 3 步
```

x: -11
y: -94

单击绿旗按钮设置小猫的大小、位置，“重复执行”积木也可以让小猫到处移动。现在，小猫只是在迷宫里水平地来回移动。将碰到围墙旋转 180° 改为 90° 来扩大小猫巡逻的范围。

如果发现小猫角色不停地在原地打转，可以使用好几种方法修改。最简单的方法可能是改变小猫的起始位置或者把它变小一点儿。如果不想把小猫变得更小，可以调整小猫的长度或者改变它的旋转中心。

调整小猫长度

我不清楚你的小猫是不是也这样，但是我的小猫会在一些围墙角落里被卡住，看起来好像是它的尾巴被围墙抓到了一样。可以通过调整角色的长度来避免这样的问题。我想把小猫的尾巴折起来让小猫更短一点儿。

1. 单击“造型”标签页。

2. 单击“选择”工具。
3. 单击小猫尾巴把它拖到小猫身体上。

单击绿旗按钮查看效果。可以看到，当小猫尾巴折上去后，它就比较容易通过迷宫拐角了。

如果选择了另外的角色并且也在迷宫拐角处被卡住了，可能需要调整角色的造型中心（一个角色围绕其旋转的点）。

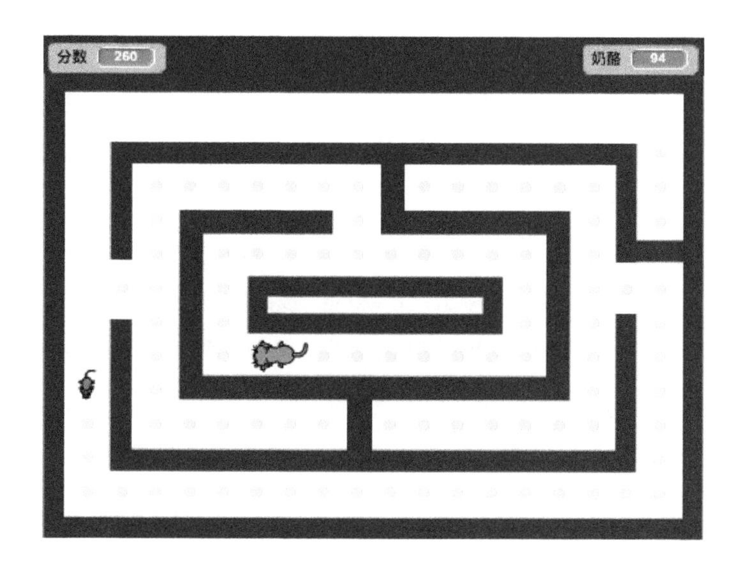

调整旋转中心

如果造型中心点在角色之外，当这个角色走到迷宫拐角处时，它就会碰到围墙，旋转90°，旋转后可能又碰到了墙，然后就再次旋转，就这样不停地转啊转。

可以使用如下方法来避免这个问题。

1. 单击要修改的角色，再单击“造型”标签页。
2. 单击“设置造型中心”按钮。
3. 单击并拖曳来调整十字准线的中心点在角色上的位置，这个位置就是角色的造型中心。

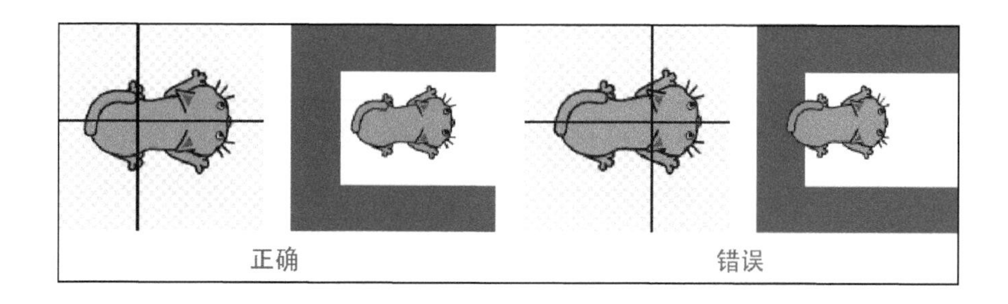

造型中心是一个精确的点，Scratch使用它来决定每一个角色在舞台上的位置。当使用任意一个动作模块中的积木（比如“移到 x:……y:……”积木）时，请记住这点。

记录玩家生命值

现在，你应该是一位角色碰撞大师了，但是别忘了如果想让玩家角色有不止一条命时，需要再创建一个变量。

1. 选中玩家角色（小老鼠）的“脚本”标签页。
2. 单击“数据”，再单击“新建变量”按钮。将新变量命名为“生命值”，单击“确定”。
3. 取消选中奶酪变量旁边的小方框（我们不需要它在舞台上了）。

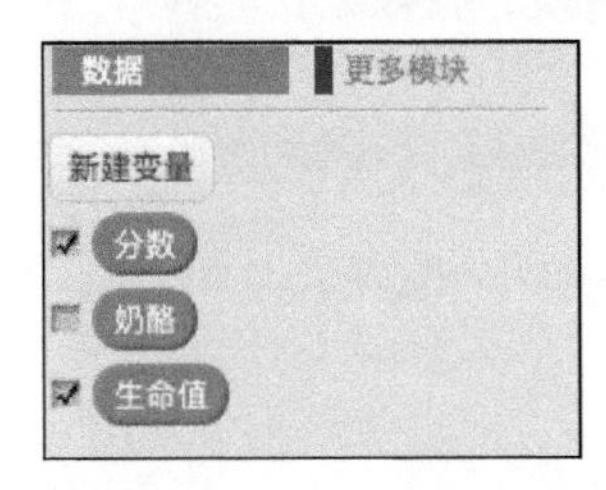

4. 将“将……设定为”积木拖到“当绿旗被单击”积木和“重复执行”积木中间，然后选择变量生命值，并把它的值设为3。

5. 将图片中的积木块（另一个“如果……那么”代码块）添加到“碰到颜色”和“移动 -2 步”积木的下面。

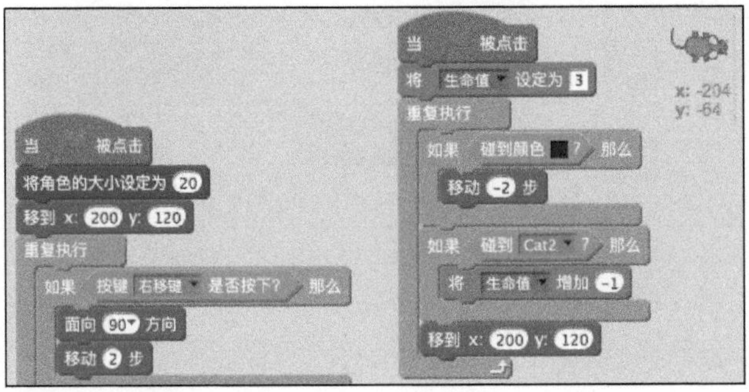

6. 将“移到 x:……y:……”积木块中的 x 与 y 值改为玩家角色起始点的 x 与 y 值。

7. 为了让玩家不再有生命值时游戏结束，在“将……设定为”积木和“移到 x:……y:……”积木之间。

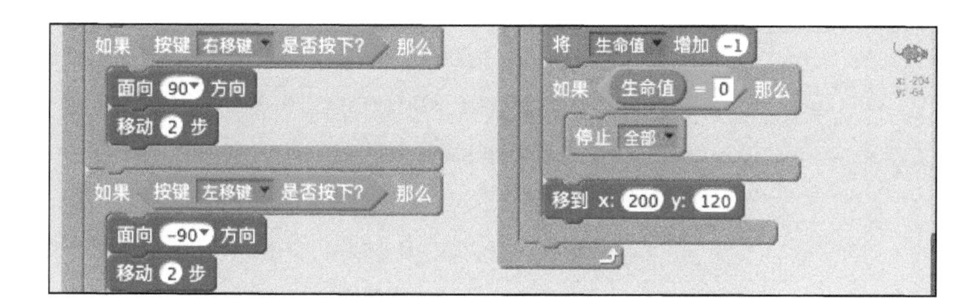

8. 将生命值变量指示器拖到舞台右上角。

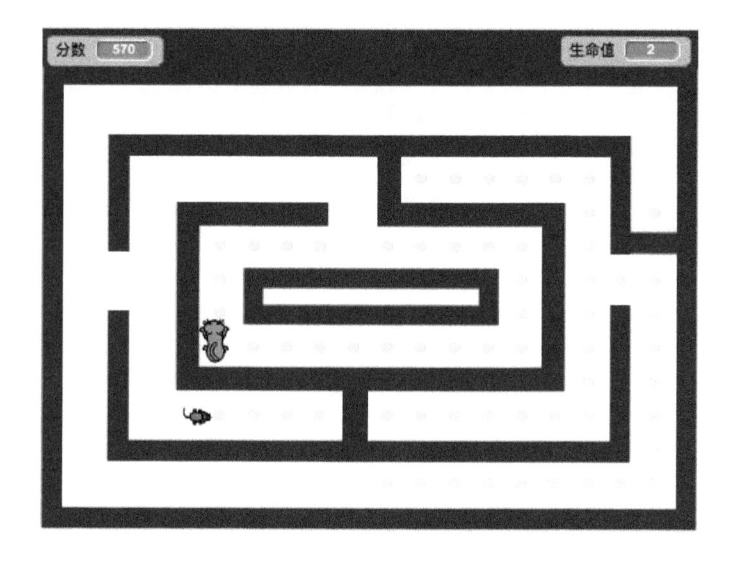

单击绿旗按钮开始游戏，移动小老鼠让它碰到小猫，看一下生命值是否减少。如果碰了三次小猫，游戏应当结束。

给玩家一个获胜的机会

我们创建了一个变量来记录迷宫中剩余奶酪的数量，但是当玩家将迷宫中所有的奶酪都清除掉时，应该怎么办？在到处急速奔跑并成功躲避敌人后，玩家应当获得一些奖励，对不对？

当迷宫中的奶酪都被清除掉以后，要播放胜利的声音或者消息，我们使用另一个“如果……那么”积木。

1. 单击敌人角色（我这里的 Cat2），再单击“声音”标签页。

2. 单击“从声音库中选取声音”按钮并选择一个合适的声音（我选择了 Triumph）。可以单击每一个声音旁边的播放按钮来预听这些声音。

3. 双击一个声音让它可以被你的角色使用。

4. 单击“脚本”标签页，将“如果……那么”和图中其他积木拖过去并拼接在一起，放到“移动 3 步”积木上面的“重复执行”积木中。

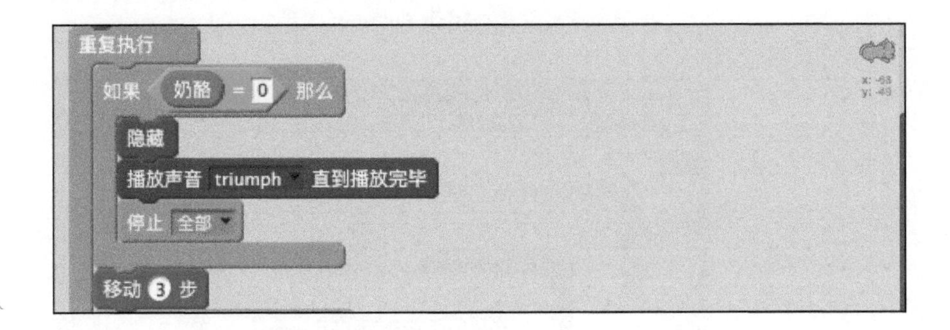

5. 一旦给某个角色的脚本加入了一块“隐藏”积木，最好在脚本开始处再添加一块“显示”积木，否则，下一次开始游戏或进入游戏下一关时，角色就不会出现了。

我用了“播放声音直到播放完毕”积木，这样在“停止全部”积木结束所有脚本前，Triumph 音乐能播放完毕。

只有一段胜利的音乐对我来说有点儿差劲。为什么不给游戏中的其他事件也加点儿音乐呢？

- 用力咀嚼每一块奶酪时（添加到奶酪的脚本中）。

```
重复执行
  如果 碰到 Mouse1 ? 那么
    播放声音 chomp
    将 分数 增加 10
    将 奶酪 增加 -1
    删除本克隆体
```

✔ 小老鼠被小猫抓住时（添加到 Mouse1 的脚本中）。

```
如果 碰到 Cat2 ? 那么
  播放声音 meow
  将 生命值 增加 -1
  如果 生命值 = 0 那么
```

✔ 玩家失去最后一条命时（添加到 Mouse1 的脚本中）。

当然，你使用的声音不必和我从声音库中选择的一样。可以选择其他的声音、上传声音或者录制你自己的声音！（参考第 9 章学习如何在 Scratch 中录制和编辑声音）。

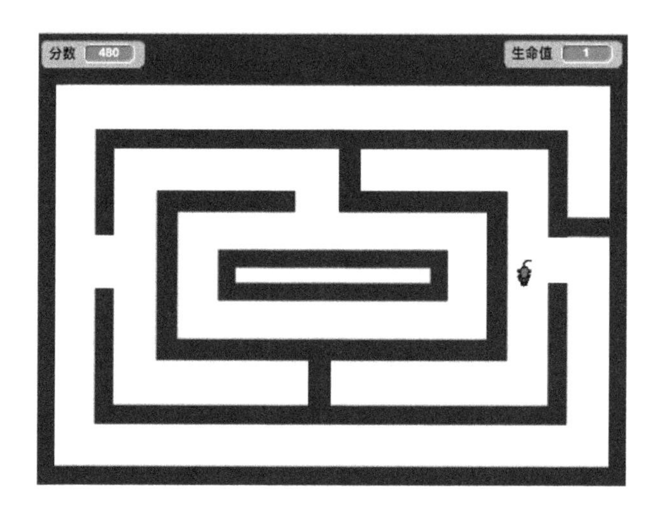

改进你的游戏

可以使用如下方法来改进你的迷宫游戏。

- 添加更多的敌人：复制敌人角色，让它从不同的地方开始，并让它旋转-90°而不是90°。
- 给游戏添加级别：当奶酪被吃完时，进入下一个铺满奶酪的迷宫。
- 改变敌人的速度：当奶酪变少时，可以加快敌人的速度，或者让玩家选择不同的难度级别来加快敌人的速度，或者变慢玩家的速度，或者既加快敌人速度又减慢玩家速度。
- 增加能量机制：还记得在吃豆人游戏中，当小精灵吃掉大力丸时，幽灵会变蓝一会儿吗？可以把玩家角色变成一条狗一段时间，好让小猫能赚取金币。

第 14 章
攻击克隆体

虽说乒乓球是我玩过的第一个电子游戏，但让我上瘾的第一个电子游戏却是《太空入侵者》。这个游戏的街机版本出现在 1978 年，仅比《星球大战》电影晚一年（我指《星球大战 4》，我当时是在电影院里看的——暴露年龄了）。

在 Scratch 早期版本中做一个这样的游戏是难以想象的，因为它不支持角色克隆。我们在第 13 章中克隆出来的奶酪只能躺在那里等着被吃，但本章游戏中克隆出来的角色则会在屏幕上行军并发射致命的西瓜炸弹！不过幸运的是，可以使用克隆激光束来还击！

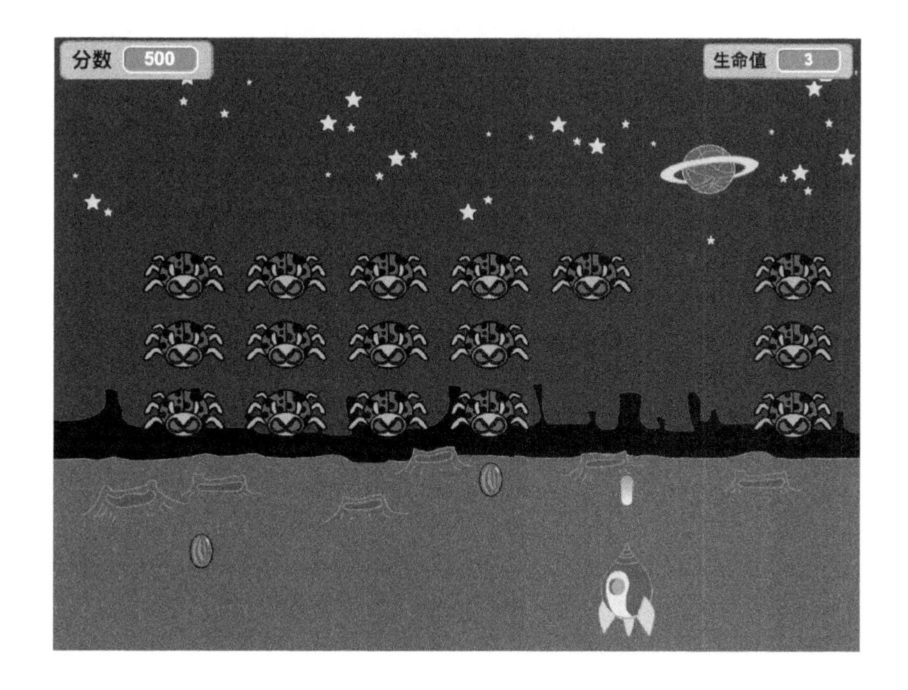

创建新作品

一如既往，你可以按照自己的方式给作品命名。我将避免使用《太空入侵者》，因为这是法律规定。另外呢，我觉得我的这个游戏看上去还要更酷一些。

1. 访问 scratch.mit.edu 或打开 Scratch 2 离线编辑器。

2. 如果是使用在线编辑器，单击蓝色工具条中的“创建”，如果是使用离线编辑器，菜单选择“文件 ➪ 新建”。

3. 给作品取个名字（在线的话，在“Untitled”文本框里输入“太空袭击”，离线的话，选择“文件 ➪ 另存为”，然后输入“太空袭击”。

4. 选择“剪刀”，删除舞台上的小猫角色（或者按住 Shift 键单击小猫再选择“删除”）。

选择游戏背景

虽然可以导入一幅绘画或照片、或在绘图编辑画布中自己设计一个游戏背景，但是为了快速开始游戏制作，让我们使用一个简单的办法：从背景库中选择一个。

1. 在“背景”标签页中，单击“从背景库中选择背景”。

2. 在背景库中翻动，找到你想使用的背景（我将使用名字为 Space 的背景）并双击它。

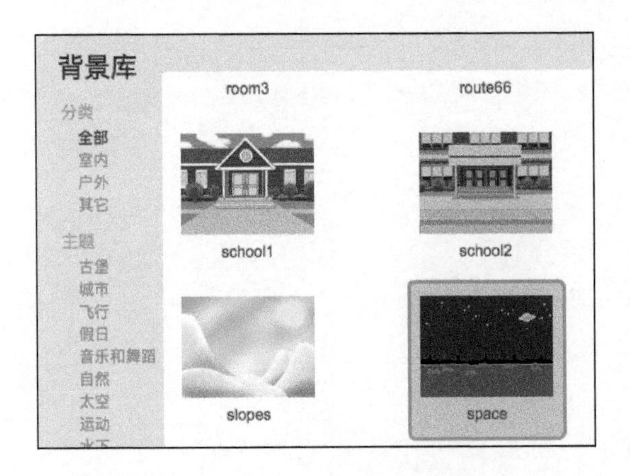

如果想得到有关如何绘制背景方面的指导，请查看第 8 章，那里介绍了一些设计生动的背景的技术。

创建玩家和敌人角色

我会从原版的《太空入侵者》游戏中汲取一些灵感，那里有一个……实际上，我也不知道那个游戏中的玩家角色应当被叫作什么！这里使用一个宇宙飞船，让它在屏幕底部来回移动。

1. 在舞台下方，单击“从角色库中选取角色”。
2. 单击“运输工具”模块。
3. 双击名字为“Spaceship”的角色。

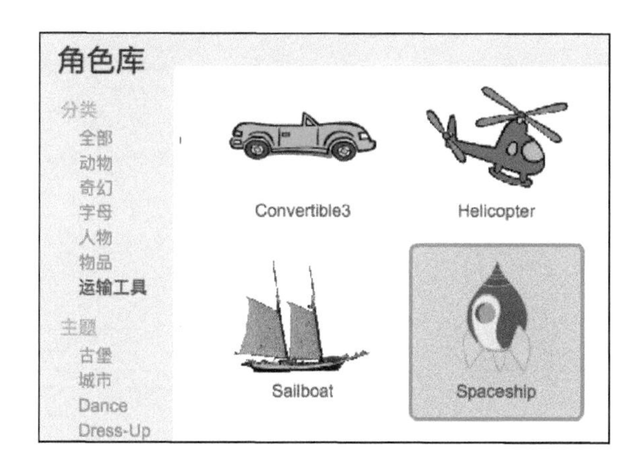

调整宇宙飞船的大小和位置

宇宙飞船太大了，要精确地设置它的大小，需要使用几行代码（而不是使用“缩小”工具）。同时，也使用代码在屏幕底部设置飞船的起始位置。

1. 单击“脚本”标签页。
2. 单击、拖曳、拼接如下积木到脚本区。

3. 将积木中的值改为：角色大小 =30，x=0，y=−140。
4. 单击绿旗测试代码。

宇宙飞船现在应该变成了原来大小的三分之一左右，并且被放在了舞台底部的中央。我试了好多 y 值和角色大小值才觉得这样的大小和位置看起来比较舒服。

当选择角色的合适尺寸时，一定要在标准视图和全屏视图（单击舞台左上角的按钮）下都看看。你不能确定玩家会使用哪种视图，因此要确保你的游戏在两种视图下都看上去不错。

在原版的《太空入侵者》游戏中，每屏幕有 55 个外星人（5 行 11 列）。感谢克隆，不管你想在游戏中包含多少敌人，都只需要一个角色！

1. 在舞台下方，单击“从角色库中选取角色”图标。
2. 单击“动物”模块。
3. 双击名字为“Ladybug2”的角色。

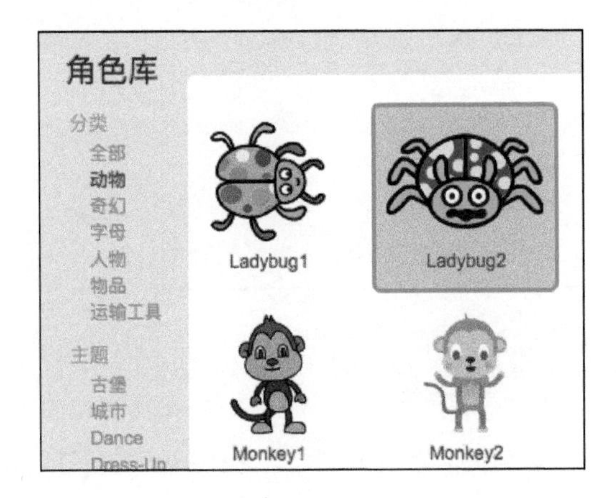

这就对了，我将会从来自外太空的瓢虫杀手开始！（配上恐怖的太空主题音乐。）

可以在游戏中直接用这只可爱的小家伙，不过，我想在绘图编辑器中把它稍微变形一下，让它看起来更像外星人一些。

修改角色库中的角色

这里就不再介绍很多细节了，因为你可以去看看前面第 4 章或第 7 章，每一章都有介绍如何使用矢量绘图工具设计你自己的角色。

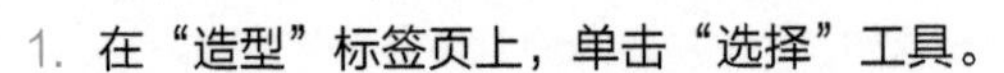

1. 在“造型”标签页上，单击“选择”工具。

2. 单击“放大”工具将角色放大，以看清细节。
3. 单击绘图画布上的瓢虫，选中它。

4. 使用“为形状填色”工具改变瓢虫的颜色。

5. 使用“变形”工具来雕刻单个的形状（比如眼睛）。
6. 使用“选择”工具选择、缩放、移动形状。

克隆一堆外星人

在以前（2013 年以前），如果需要 20 个或 30 个外星人，就需要将外星人复制 20 次或 30 次。最终，游戏中就会有很多很多角色。这种情况下，如果不想或者不需要修改所有角色的外观或者脚本，那还算不上一件坏事情。如果要修改的话，就只能一个一个慢慢改，或者删除其他角色，只留下第一个，修改它，然后再次复制出其他的角色！简直糟透了！

现在，不用再复制了，只需要使用一块积木，游戏开始后，想要克隆出多少外星人就能克隆出多少。能看出来为什么这件事这么好吗？只需要修改第一个外星人，其余所有的克隆体将会自动获得这些修改（这叫作继承）。

均匀放置克隆体

如果跳过了第 12 章介绍克隆的部分，这里有制作克隆体的步骤：将原始的瓢虫外星人（称为父体）移到一个位置，创建一个克隆体；将父体移到下一个位置，再创建一个克隆体；将父体移到第三个位置，再创建一个克隆体……懂了吧？

我有点儿厌倦了每次都输入外星人瓢虫这个称呼，为什么不在使用“克隆自己”积木块前把这个角色的名字改成“外星人”呢？

1. 按住 Shift 键单击瓢虫角色（在舞台下方），选择“Info”，然后将名字改为“外星人”。

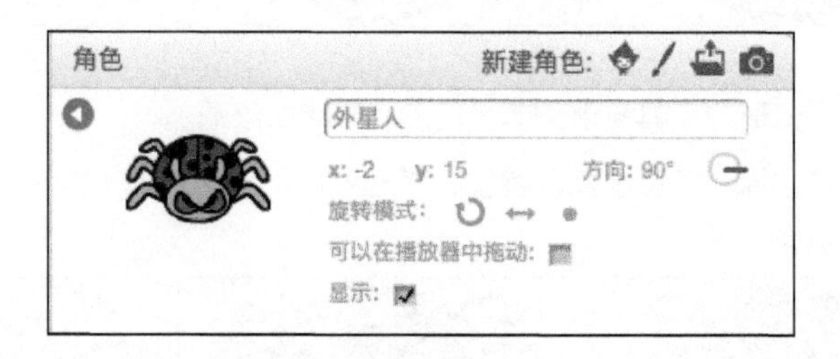

2. 单击白色的三角形按钮，退出 Info。
3. 单击“脚本”标签页。
4. 将下面的积木块拖到脚本区，并将积木块中的值改成图中的值（“克隆自己”积木块在“控制”模块里）。

如果正确地按照上面的步骤去做了，那么当单击绿旗按钮时，外星人就会缩小一半，跳到一个新位置，然后再……什么都没有了？!

将外星人缩小一半能让我们在舞台上放置更多的外星人。但是为什么没有看到外星人被克隆出来呢？因为原始的外星人和克隆出来的外星人位于同样的位置，它们重合在一起了！

添加一块“将 x 坐标增加”积木块，将值改为 90，单击绿旗按钮，看看会发生什么。

当 被点击
将角色的大小设定为 50
移到 x: -200 y: 100
克隆 自己
将x坐标增加 60
x: -140
y: 100

现在原始角色（父体）创建出一个它自己的克隆体并向右移动了 60 像素，这样就能看到两个外星人并排在一起。

如何创建一行外星人呢？拖一块“重复执行……次”积木包围住“克隆自己”和“将 x 坐标增加……”积木。将重复次数设为 7，这是舞台上一行能够容纳下的外星人克隆体的最大数目。

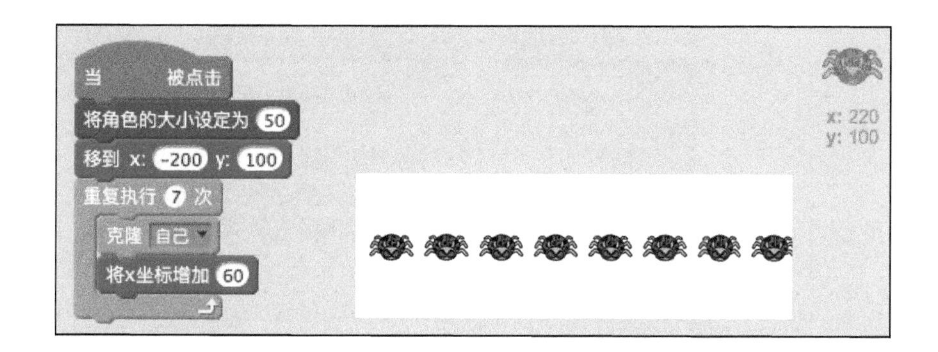

如果将 x 值增加 60 就能让外星人克隆体排成一排，那改变什么值就能再创建出一行外星人呢？改变 y 值！

可以再添加一块“重复执行……次”积木，但是同时还需要将 x 值重设为 200，这样父体才会从同一个位置（沿舞台左边缘）开始克隆。

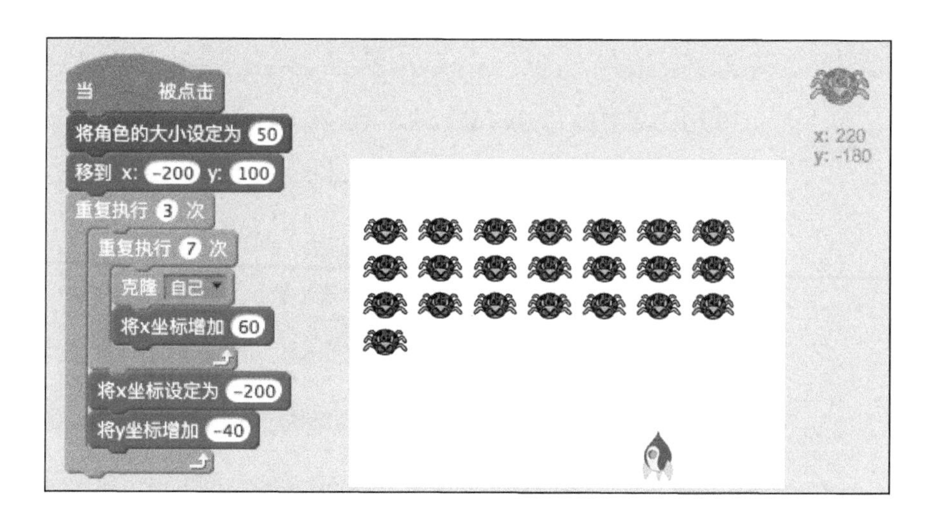

当把所有的外星人都排列在舞台上后（3 行 7 列），需要将原始的外星人隐藏起

来。在外星人克隆代码末尾添加一块“隐藏”积木，并在代码开始处添加一块“显示”积木，这样每次单击绿旗时，原始的外星人角色会出现，创建所有的克隆体，然后再隐藏。

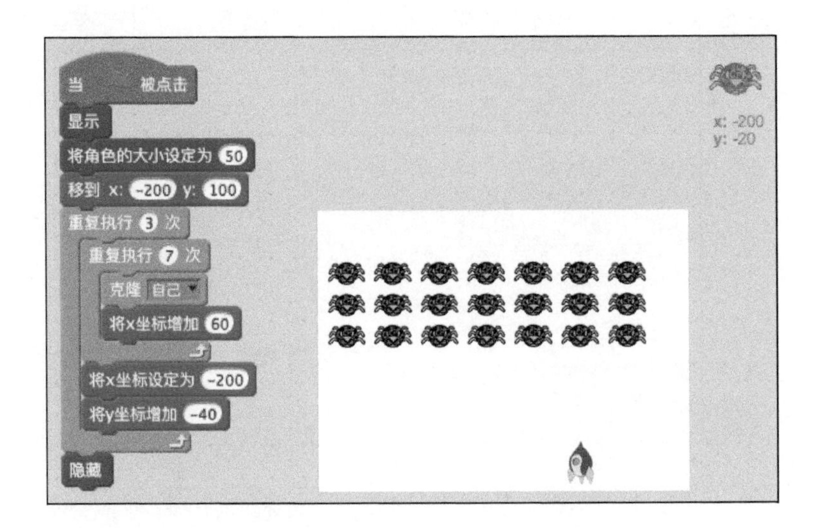

既然所有的外星人都已经在屏幕上了，怎么样让它们做点儿事情呢？

给克隆体下达行军命令

一旦克隆体出现在屏幕上时，就可以使用“当作为克隆体启动时”积木给它们下达命令。要让所有的外星人在游戏开始时都向右移动，可以将下面的积木块拖到其他外星人代码块的右面并按下图所示修改积木中的值。

当单击绿旗时，所有的外星人都向右移动，直到在舞台的边缘处堆在一起，发生交通阻塞。

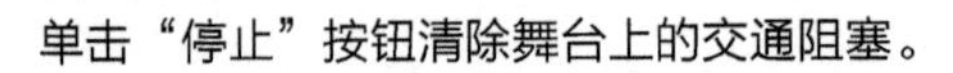

单击“停止”按钮清除舞台上的交通阻塞。

在原来的《太空入侵者》游戏中，只要有一个外星人碰到边缘，所有的外星人都会同时改变方向（并且降落一点儿，向玩家角色靠近）。一个克隆体如何向其他克隆体发命令呢？

广播消息让外星人转向

在电子游戏设计中，很多时候需要立即向一些角色（或者克隆体）发一条消息。在 Scratch 中，这被称为广播。

需要让外星人克隆体做两件事情：如果它们碰到舞台边缘（如果 *x* 坐标大于 210），那么就广播一条消息；如果它们接收到广播（转 180°），那么就改变方向。“广播……”积木在“事件”模块里。

```
当 被点击
显示
将角色的大小设定为 50
移到 x: -200 y: 100
重复执行 3 次
    重复执行 7 次
        克隆 自己
        将x坐标增加 60
    将x坐标设定为 -200

当作为克隆体启动时
重复执行
    移动 1 步
    如果 x座标 > 210 那么
        广播 消息1

当接收到 消息1
向右旋转 180 度

x: -200
y: -20
```

当单击绿旗按钮时，外星人应当立即改变方向。但是它们不再整整齐齐排列了，而且它们转向后都头朝下了？！

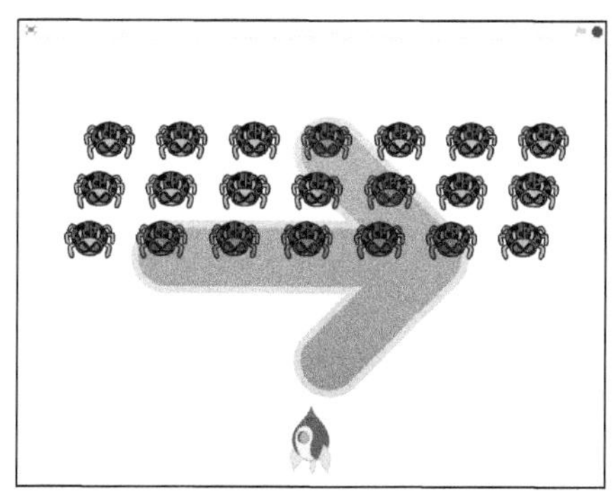

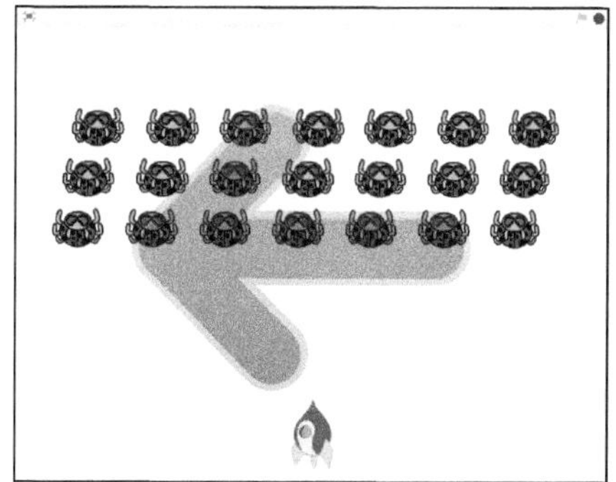

改变角色的旋转模式

如果只希望角色向左或向右（而不是像一只四脚朝天的死虫子），可以将旋转模式从“任意”（360°）改为“左 - 右”翻转（90°或 -90°）。还需要将所有外星人的初始方向都设置面向右。

1. 在外星人角色的“脚本”标签页那里，将如下积木块拖到“当绿旗被单击”和“显示”积木之间。

2. 在“将旋转模式设定为”积木中，选择“左 - 右翻转”。

3. 在“面向……方向”积木中，选择希望外星人入侵者最先移动的方向（我选择 90°，即向右）。

4. 单击绿旗测试新的代码。

当外星人大军碰到舞台右边时，它们应该只转向左而不是上下翻转了。酷！但是它们在舞台的左边又堵在一起了。不酷！

添加如下积木块并改变其中的值，让外星人碰到舞台左边缘（当 x 坐标小于 -210）时广播一条消息并改变方向。

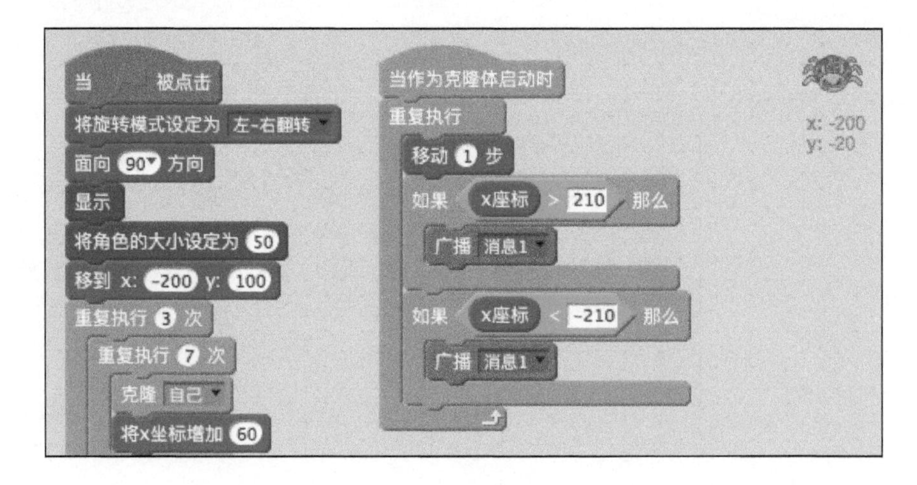

如果单击绿旗按钮，这些外星人克隆体应该能在舞台上来来回回行走了。

但是，原本排得直直的列现在变成什么样了呢？

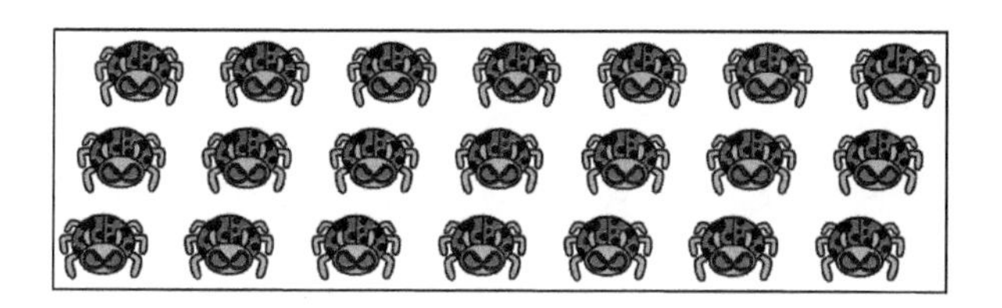

给你一个提示，想一想每个外星人开始移动的确切时间。

让外星人队列变直

一旦第一个外星人被克隆出来，“当作为克隆体启动时”积木块下面的代码块就会让它立即移动（在父体创建出所有克隆体之前）。为什么不让克隆体一直等待，直到最后一个克隆体创建出来，父体广播一条行军命令后才开始移动呢？

在添加另一条广播消息前，先给第一条广播消息取个形象的名字。

1. 在外星人的“脚本”标签页上，找到第一条“广播”积木块，单击“消息 1”并选择“新消息……”。
2. 输入“转方向”并单击确定。

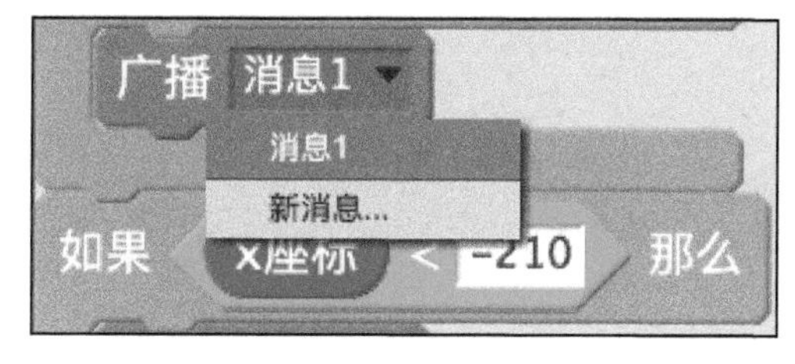

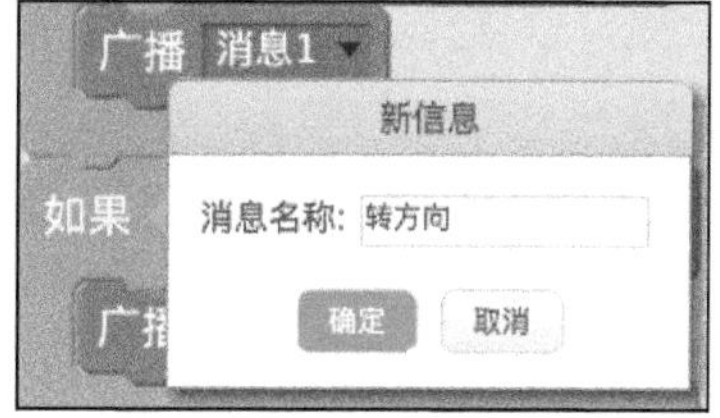

3. 在第二块“广播”积木中，选择“转方向”。
4. 在“当接收到……”积木块中，将消息改为“转方向”。

现在可以在创建所有克隆体的“重复执行”积木下面加一块广播开始行军消息的积木块，然后将“当作为克隆体启动时”积木块替换成“当接收到开始行军”积木块。

1. 拖一块新的“广播”积木块到脚本区，并将它拼到“重复执行”和“隐藏”积木块之间。
2. 在“广播”积木块中，选择“新消息……”，输入“开始行军”。

显示
将角色的大小设定为 50
移到 x: -200 y: 100
重复执行 3 次
重复执行 7 次
克隆 自己
将x坐标增加 60
将x坐标设定为 -200
将y坐标增加 -40
如果 x座标 > 210 那么
广播 转方向
如果 x座标 < -210 那么
广播 转方向
当接收到 转方向
向右旋转 180 度

3. 拖动另一块“当接收到……”积木块到“当作为克隆体启动时”积木块的右面。

4. 从“当作为克隆体启动时”积木块下面将“重复执行”积木块拖到“当接收到……”积木块下面。

5. 将“当作为克隆体启动时”积木块向左拖，拖到脚本区之外删除它。

6. 将“当接收到……”积木块中的消息改为“开始行军”。

7. 单击绿旗按钮测试代码。

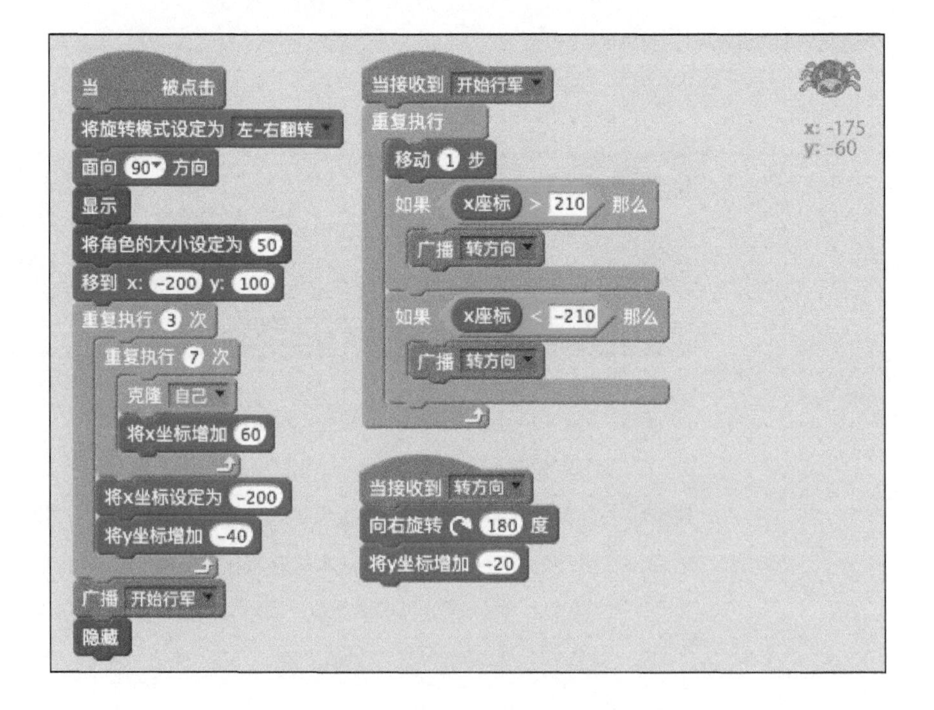

这样，克隆体们都会耐心地等待，直到最后一个克隆体出现在舞台上，然后所有的克隆体都开始行军，排着整齐、笔直的队列！

让外星人也向下移动

每次外星人碰到舞台边缘时，它们也应当向舞台下方移动，离玩家角色越来越近。那还需要添加什么积木呢？

不需要再添加广播消息积木，只需要在“向右旋转 180 度”积木块下面添加一块“将 y 坐标增加”积木就可以了，这样，每次接收到“ 转向”消息时，外星人就会掉转方向并向玩家方向降落一点儿。

1. 在“向右旋转 180 度”积木块下面添加一块“将 y 坐标增加”积木。
2. 将“ 将 y 坐标增加”积木中的值修改为希望外星人每次转向时向玩家方向移动的距离（我先使用 -20）。
3. 单击绿旗按钮测试代码。

现在，外星人入侵者应当每次在到达舞台边缘时改变行军方向，并同时向玩家角色靠近。

如果我们将宇宙飞船升级一下，让它能够打击前进的外星人克隆体来自我防卫，怎么样？

给宇宙飞船增加激光弹

克隆不是仅仅用来制造敌人的，我的朋友们，你也可以使用克隆体将它们从空中击落！

创建一个激光角色

1. 在舞台下方，单击“从角色库中选取角色”。
2. 单击“物品”模块，再双击名字为“Button2”的角色。
3. 按住 Shift 键单击 Button2 图标（位于舞台下方），选择“Info”。
4. 将角色名字改为“激光”。
5. 单击回退按钮（蓝色圆圈上的白色三角形），关闭 Info 窗口。

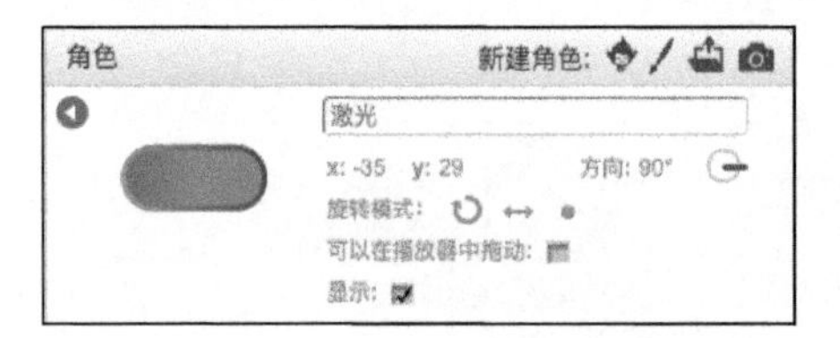

6. 单击“造型”标签页，将第一个造型的名字改为“蓝色”，将第二个造型的名字改为“橙色”。
7. 选择其中一个作为起始造型。（我选择“橙色”角色，我将“蓝色”角色作为奖励武器，可能是个冷冻光线枪！）

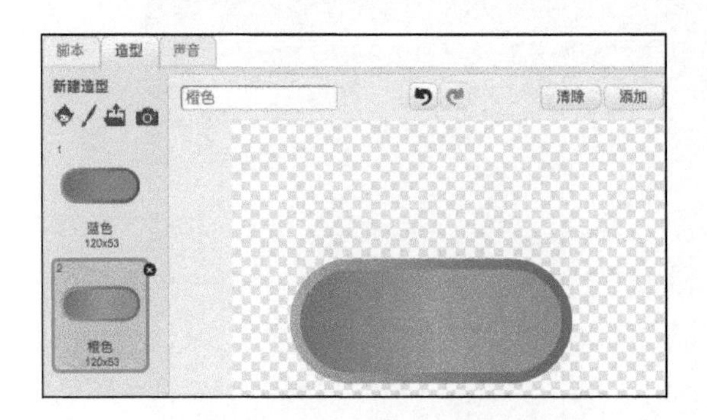

8. 花几秒想一想如何让一个按钮看起来更像一个激光炮。可以使用绘图工具修改它，

不过我会教你一个诀窍。

9. 单击“脚本”标签页。

10. 将如下积木块拖到脚本区，并按图中修改积木块中的值。

11. 单击一次“将角色大小设定为15”积木块。

单击任何一块积木都将执行这块积木以及接在它下面的积木。这些积木块可以让按钮角色变小并旋转90°，这样按钮就头朝上竖起来了，看上去更像一个激光弹。先不用担心它在屏幕上的位置，一会儿可以改变它。

使用空格键发射激光

可以让宇宙飞船克隆激光，这样它就可以使用激光射击那些外星人。

1. 单击舞台下方的宇宙飞船角色图标，再单击“脚本”标签页。

2. 已经有了一套积木在绿旗被单击时设置宇宙飞船的大小和位置，现在添加如图所示的第二套积木块，在玩家按下空格键时执行。

3. 在“克隆自己”积木块中，将“自己”变成“激光”。每次按下空格键时，一束激光就被克隆出来了。但是，我为什么在那里放一块“等待1秒”积木呢？如果不延迟一会儿的话，玩家可以发射成千上万的激光束，轻易赢得游戏。可以增加或减少这个等待时间来调整游戏的难易程度。

作为一个游戏设计者，需要做出的一个最重要决定就是游戏的难度。如果你的游戏太难了，玩家会很容易受挫并放弃；如果太简单了，玩家又会很快厌倦。职业游戏开发者使用一个专业的术语来衡量游戏的难易程度——难度系数，你的游戏应当难到既有挑战性又不失乐趣。

在可以开火之前，还需要给激光角色添加几行代码。

创建激光克隆体

1. 单击舞台下方的激光角色按钮，再单击“脚本”标签页。
2. 单击、拖曳、拼一块“隐藏”积木到“面向……”积木的下面。
3. 拖一块“当作为克隆体启动时”积木块到脚本区，并添加如下积木。

4. 在“移到鼠标指针”积木块中，将“鼠标指针”改为 Spaceship，把“将 y 坐标增加”积木中的值改为 10。
5. 单击绿旗按钮。

当按下空格键时，一束激光克隆体应当出现，从宇宙飞船移动到屏幕顶部，当碰到舞台上边缘时消失。（现在切换成空白背景，这样能更清楚地看到激光束。）

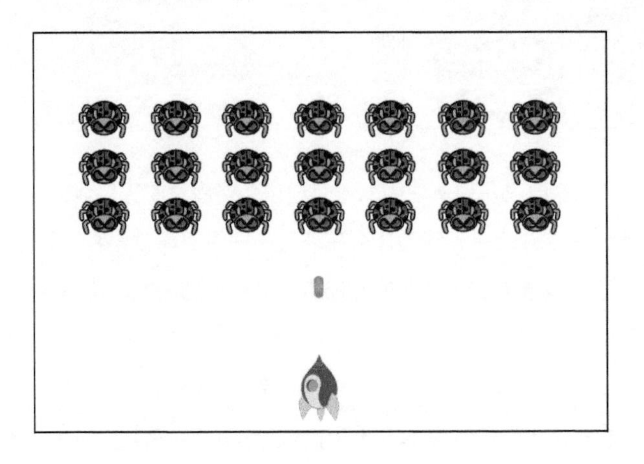

让宇宙飞船动起来

如果只是追击一个球，第 11 章乒乓球拍中用到的编程技术就很好，但是，当所有的外星人都蜂拥而来时，就需要升级一下代码了。

1. 单击舞台下方的宇宙飞船图标，再单击“脚本”标签页。

2. 将一块“重复执行”积木拖到“移到 x:……y:……”积木块下面，然后将如下积木块拖到“重复执行”积木当中，并按图修改积木中的值。

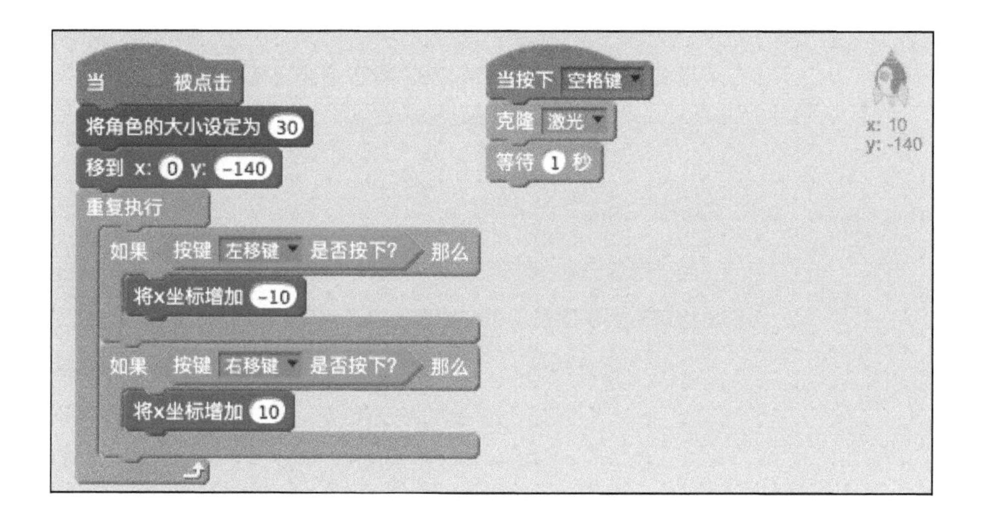

3. 单击绿旗按钮测试代码。

当按下键盘上的左移键和右移键时，宇宙飞船应当左右平滑移动。可以通过修改“将 x 坐标增加……”积木中的值调整玩家角色的移动速度。

使用碰撞消灭外星人

想消灭外星人，而不是让激光如同穿过瓢虫形状的云一样直接穿过外星人，对吧？

1. 单击外星人角色，再单击“脚本”标签页。

2. 将高亮部分的积木块拖到“重复执行”积木中。

3. 单击“如果碰到”积木块，并选择“激光”。

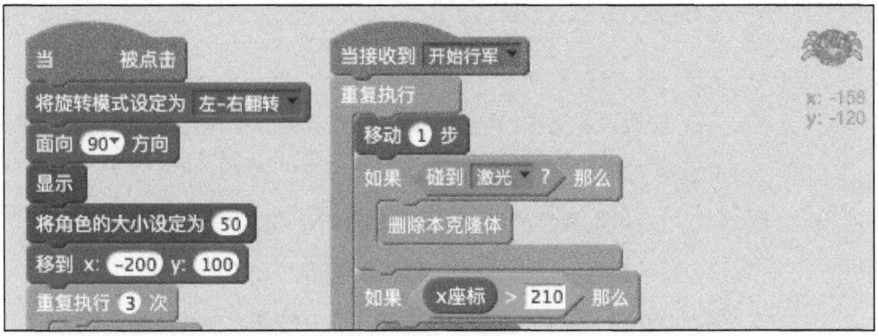

4. 单击绿旗按钮测试游戏。

当按下空格键时，一束激光应当从宇宙飞船中发射出并摧毁它碰到的外星人。知道为什么激光穿过并摧毁了一整列的敌人而不是只摧毁一个吗？

当碰撞时删除激光

当一束激光被克隆出来后，它会一直向上移动，直到碰到舞台边缘。可以使用“ 或”积木检查激光是碰到了舞台边缘还是碰到了外星人，并且两种情况下都删除它。

1. 单击激光角色，在“当作为克隆体启动时”的代码中找到“重复执行……直到”积木。
2. 将一块“或”积木拖到激光角色的脚本区。（“或”积木块在“运算符”模块中。）
3. 将一块“碰到……”积木拖到“或”积木的第一个方框内，并将积木块中的值改为“外星人”。
4. 将另一块“碰到……”积木拖到“或”积木的第二个方框内，并将积木中的值改为“边缘”。
5. 将“或”积木块拖到“重复执行……直到”积木块中，替换掉原来的条件。

如果再测试一下代码，你会发现激光束还会穿过外星人。这是由于双重碰撞的缘故：每一个外星人克隆体在激光束检测到它们碰撞前就消失了。要修改这个问题，简单的办法就是在激光束碰到外星人克隆体和外星人克隆体被删除之间等待一小会儿。

1. 选择外星人角色的“脚本”标签页。
2. 将“等待……秒”积木拖到“删除本克隆体”积木块上面。
3. 将“等待……秒”积木块中的值改为 0.01。
4. 单击绿旗按钮，测试升级过的激光炮。

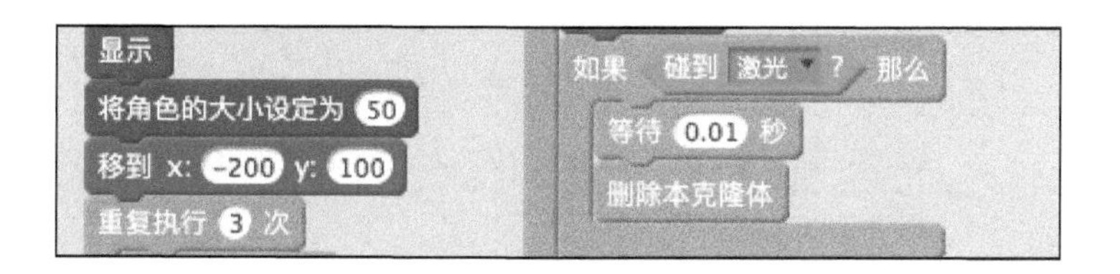

大功告成！每一束激光弹可以只摧毁一个外星人，而且它碰到舞台上边缘时就消失了。

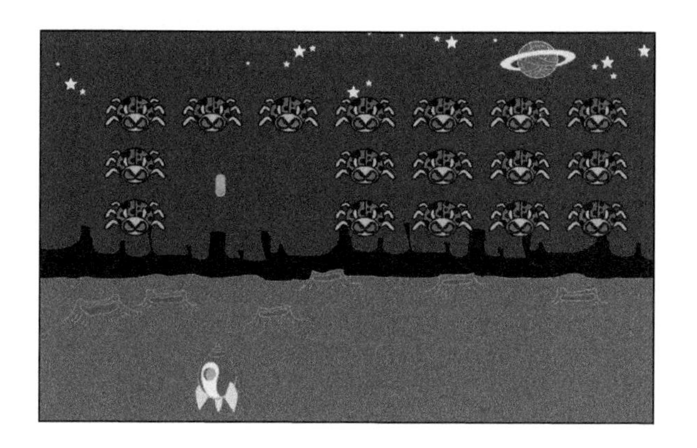

不开玩笑！危险！

注意：增大“移动 1 步”积木中的值会让外星人角色移动得快起来。但是，“移动 1 步”积木块的效果有点儿像小孩子玩的青蛙跳。如果激光束每次移动得太快的话，它可能碰不到敌人，这样，激光还会穿过外星人。所以，如果激光束还是穿过外星人，试试减少“移动……步”积木块中的值。（我这里用 20 就太快了，10 还比较合适。）

如果外星人可以还击的话，这个游戏会更具挑战性。既然这些外星人像虫子，那我想它们应当发射会爆炸的害虫炸弹！

编程让敌人丢炸弹

可以使用同样的克隆技术让外星人攻击玩家，但是需要再添加一些代码让不同的外星人随机地攻击。

创建敌人炸弹角色

我找到了完美的外星人害虫炸弹角色！

1. 在舞台下方，单击“从角色库中选取角色”图标。
2. 单击“物品”模块，再双击 Watermelon 角色。
3. 按住 Shift 键单击 Watermelon 角色，选择 Info。
4. 将名字改为“炸弹”。
5. 单击 Back 按钮关闭 Info 窗口。
6. 单击“脚本”标签页，将如下积木块拖到脚本区，并按图修改积木块中的值。

如果单击“面向……”积木块来测试这段新代码，这个角色将会从一个又大又肥的西瓜变成一个准备丢向玩家的外星人炸弹。但是，怎么保证每次只有一个敌人可以攻击玩家呢？

让敌人随机攻击

在“运算符”积木块模块中，会发现“在……到……间随机选一个数”积木块，这块积木可以从两个任意数字间选择一个随机数。能想出这对让外星人随机丢炸弹有什么帮助吗？

如果把一块“在……到……间随机选一个数”积木块和一块“等待……秒”积木块组合起来呢？

1. 单击外星人角色，再单击“脚本”标签页。

2. 再拖一块“当接收到……”积木块到原来的“当接收到开始行军”积木块右面，将这块积木中的消息也选择为“开始行军”。

3. 将下图中的积木块拖到这块新的“当接收到开始行军”积木底部，并按图修改积木块中的值。

这样每 3～6 秒，每一个外星人就会克隆一个炸弹。现在，来给炸弹添加代码，让它们能向舞台底部坠落。

1. 单击炸弹角色，再单击“脚本”标签页。

2. 将“作为克隆体启动时”积木拖到脚本区，放在“当绿旗被单击时”积木的右面。

3. 将下图中的积木块拼到“当作为克隆体启动时”积木下面，并按图修改积木块中的值。

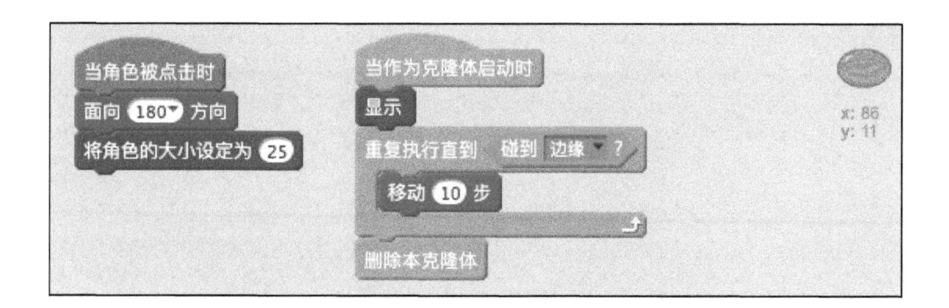

如果单击绿旗按钮测试游戏，能看到炸弹会随机扔下，但是是从同一个地方而不是不同的敌人那里扔下。需要告诉炸弹从哪里开始降落，可以使用变量让每一个克隆体告诉炸弹它的位置。

1. 在“脚本”标签页上，单击“数据”模块。

2. 单击“新建变量”按钮。

3. 将变量名称改为“炸弹 x”（代表 *x* 坐标），单击确定。

4. 再创建一个名为“炸弹 y”的变量（代表 *y* 坐标）。

5. 单击外星人角色的“脚本”标签页，在“克隆炸弹”积木块的下面添加如下积木块。

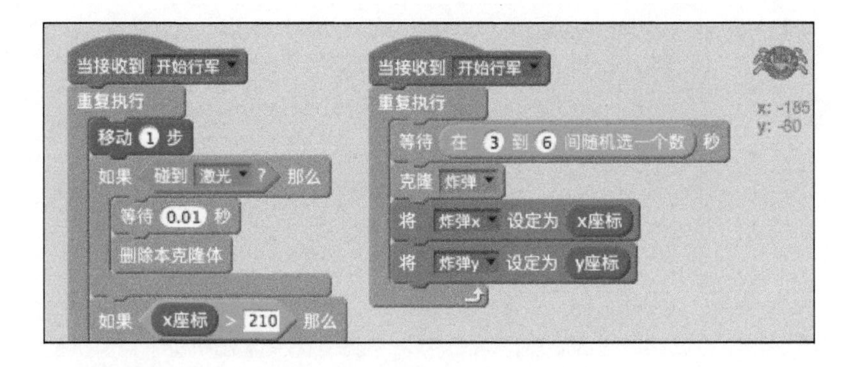

6. 在炸弹角色的“脚本”标签页，添加一块“移到 x:……y……”积木到“当作为克隆体启动时”积木块的下面，将变量“炸弹 x”和“炸弹 y”分别拖到积木的 *x* 和 *y* 位置处。

继续单击绿旗按钮测试游戏，这时炸弹会从随机的敌人处下落了。如果你的代码工作正常，很棒，因为这里用到的 Scratch 不普通！如果你的炸弹不能正常下落，别泄气。再检查一次上图中的代码，确保正确拼接了所有的积木块以及积木块中的值和设置都正确。

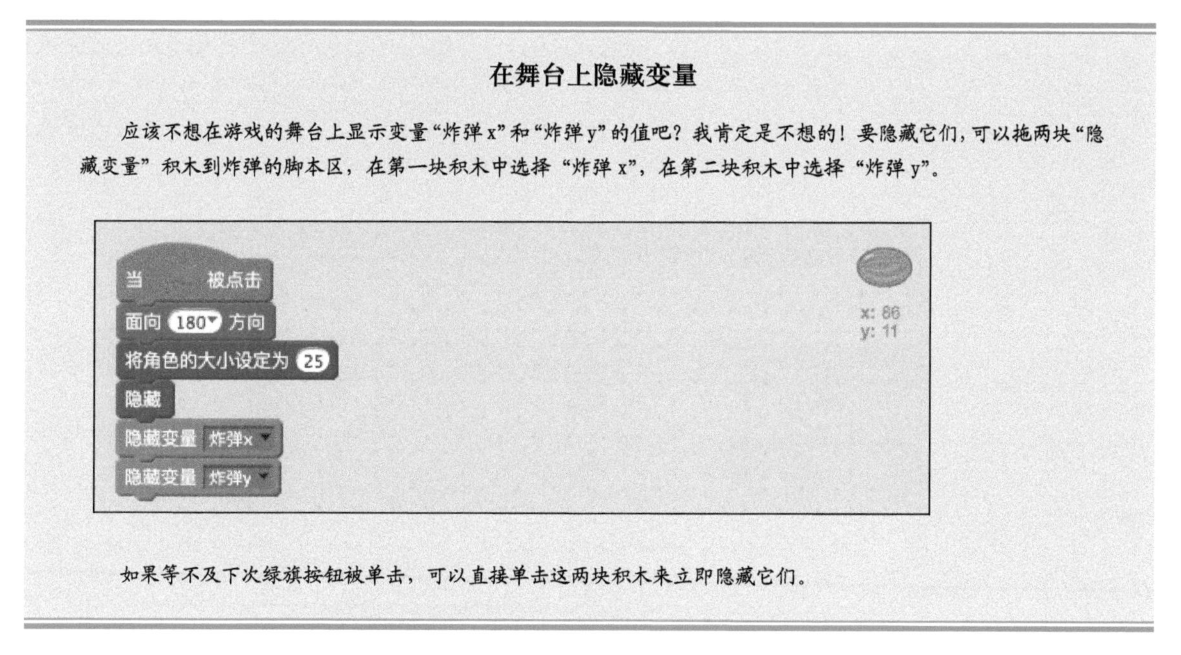

在舞台上隐藏变量

应该不想在游戏的舞台上显示变量“炸弹 x”和“炸弹 y”的值吧？我肯定是不想的！要隐藏它们，可以拖两块“隐藏变量”积木到炸弹的脚本区，在第一块积木中选择“炸弹 x”，在第二块积木中选择“炸弹 y”。

如果等不及下次绿旗按钮被单击，可以直接单击这两块积木来立即隐藏它们。

给游戏添加声音

有玩过一个关掉声音的电子游戏吗？没有，谢谢！声效是游戏体验的一个重要部分，在 Scratch 中给作品添加声音也很简单。虽然可以在 Scratch 中导入声音或者录制声音（第 9 章中有介绍），我这里还是使用声音库中的声音。

让激光术变成激光弹

在 Scratch 中，只需要一块积木就可以播放声音。如果希望玩家每次向外星人发射一束激光都可以听见一声响，那这块积木应该放在哪里呢？

1. 单击舞台下方的宇宙飞船角色，再单击“声音”标签页。
2. 单击“从声音库中选取声音”。
3. 单击“电子声”模块，并双击 Laser1（或者选择最喜欢的激光冲声音）。

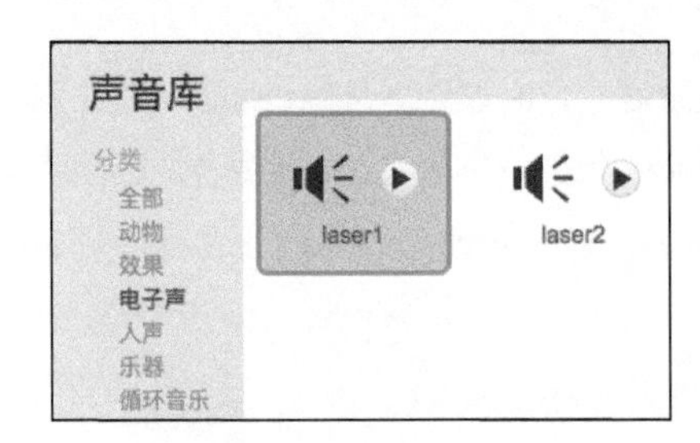

4. 单击“脚本”标签页。
5. 拖一块“播放声音”脚本并拼到“克隆激光”积木的底部。
6. 按下键盘上的空格键。

当按下空格键时，应当可以立即听到你选择的激光冲声音。下一步还需要添加什么声音呢？每当击中一个外星人入侵者时添加一点儿爆炸声如何？

击中外星人时播放声音

1. 单击舞台下方的外星人角色，再单击“声音”标签页。
2. 单击“从声音库中选取声音”按钮。

3. 单击“电子声”模块，再双击“Screech”。
4. 单击“脚本”标签页。
5. 拖一块“播放声音”积木块到“如果碰到激光那么”积木块的下面。
6. 单击绿旗测试游戏。

应当能听到所选择的声音效果（或我这里迷幻的尖叫声）。看看添加一点儿声效能给游戏带来多大的不同？现在来给外星人一点儿补偿，让它们可以消灭玩家角色！

给玩家角色三条命

虽说猫可以有九条命，最初的《太空入侵者》游戏只给了我三条！对于你的游戏，想给玩家多少条命都可以。只要超过一条，就需要创建另一个变量来记录和显示玩家还剩下几条命。

创建变量记录玩家还剩几条命

1. 在“脚本”标签页，单击“数据”模块。
2. 单击“新建变量”。
3. 将变量名字改为“生命值”。
4. 在宇宙飞船角色的“脚本”标签页，再添加一块“当绿旗被单击时”积木块以及下图中的积木块，并按图修改积木块中的值。

现在，玩家最初有三条命，每当敌人的炸弹碰到宇宙飞船时，玩家就会丢掉一条命。“重复执行直到”积木块会一直执行，直到生命值等于0，然后“停止所有”积木块将会停止所有角色的脚本，结束游戏。

那么，如何让爆炸更生动、真实呢？

碰撞时摧毁玩家

如果现在玩游戏，炸弹击中玩家时，玩家会损失一条命，但是你听不到也看不到发生了什么。我们来选择一段合适的声效并设计一个看上去像一阵烟似的新造型。

当玩家被击中时播放声音

1. 单击舞台下方的宇宙飞船角色，再单击“声音”标签页。

2. 单击“从声音库中选取”声音。
3. 单击“打击乐器”模块，再双击 Cymbal。

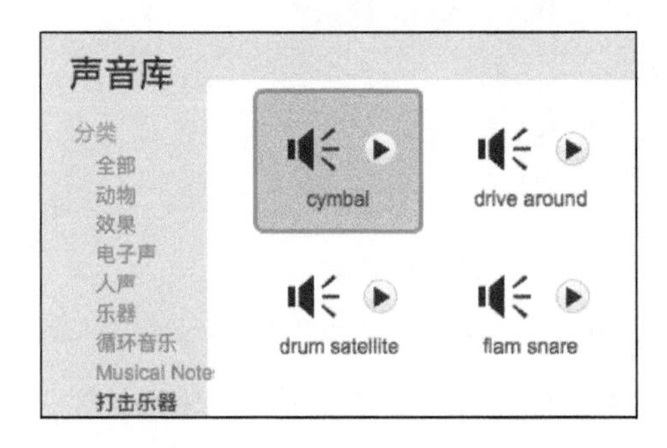

4. 单击“脚本”标签页。
5. 拖一块“播放声音”积木到“如果碰到炸弹那么”积木块下面。

当任一个炸弹碰到宇宙飞船时，应当可以听到爆炸的声音。下一步来给爆炸添加点儿视觉效果。

让玩家爆炸更形象

制作爆炸效果最简单的方法是给宇宙飞船绘制一个看上去像一阵烟似的新造型。

1. 单击宇宙飞船的“造型”标签页。
2. 按住 Shift 键单击第一个造型，选择“复制”，将新造型命名为“爆炸”。
3. 单击“椭圆”工具，选择实心模式，再选择中等灰度的颜色。
4. 单击并拖曳来在宇宙飞船图像上画一些圆圈。

5. 单击“选择”工具，单击宇宙飞船，再按下键盘上的 Delete 键。

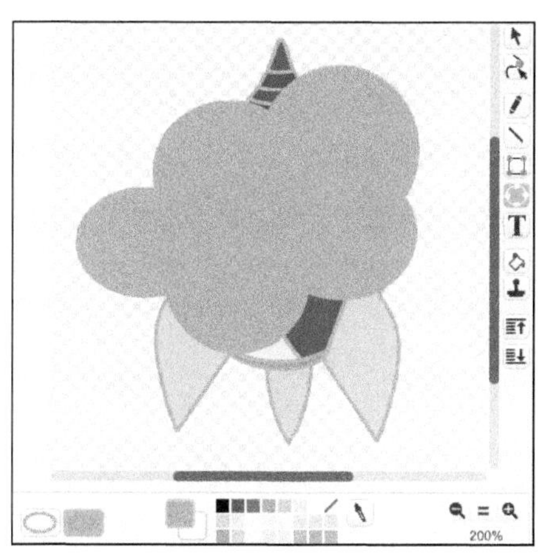

6. 单击“脚本”标签页。
7. 将下图中高亮的积木块按图所示拖到正确位置，并按图所示修改积木块中的值。

如果单击绿旗按钮，那么当玩家角色被炸弹击中时，造型就会切换到烟云造型 1 秒再切换回宇宙飞船造型。

当完成爆炸效果时，就可以再添加几行代码和一个新变量来计分了。

计分

这是一个单人游戏，所以计分比起乒乓球游戏还要更简单一些。首先，必须给宇宙飞船添加代码来在游戏开始时将分数设为 0。

1. 在宇宙飞船的“脚本”标签页选择“数据”模块。
2. 单击“新建变量”按钮，将其命名为分数，再单击“确定”。
3. 拖一块“将分数设定为”积木到“将生命值设定为 0”积木块下面，并将其中的值改为 0。

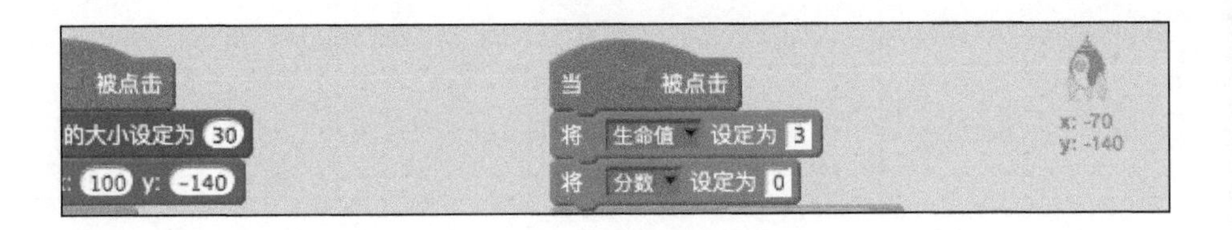

因为每次敌人被摧毁时，分数都应当增加，所以我们需要给外星人添加让分数增加的代码。

4. 选择外星人角色的“脚本”标签页。
5. 拖一块“将分数增加……”积木块到“如果碰到激光那么……”积木块和“播放

声音 Screech”积木块之间。

6. 将“将分数增加……”积木块中的值改为 100（或者改为希望每消灭一个敌人增加的分数值）。

7. 单击绿旗测试游戏。

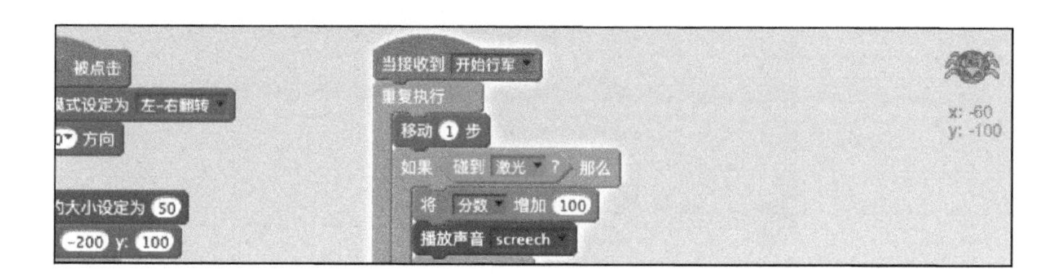

分数应当会出现在舞台上，并且每当玩家用激光束击中一个敌人时就增加。现在，我唯一不喜欢的是分数和生命值计数器在舞台上的位置。

幸运的是，可以将一个变量拖到舞台上任何期望的位置。我喜欢把游戏中的变量放在屏幕的顶部。

1. 在舞台上，单击并拖曳生命值显示器到右上角。
2. 单击并拖曳分数显示器到左上角。

是时候邀请你的朋友们来试试你的游戏了。如果觉得太简单，可以提高外星人的速度或者降低宇宙飞船的速度。太难了？那么让玩家更快地发射它们的激光束。

可以使用本章学到的技术来设计任何能想象的射击游戏。也可以改变游戏的玩法，制作一款游戏让玩家从空中接东西，或者制作一款游戏让玩家充当外星人而不是宇宙飞船的角色。还可以设计一个像我的朋友约拿制作的那样一款游戏，在那里外星人要躲避而不是攻击你。

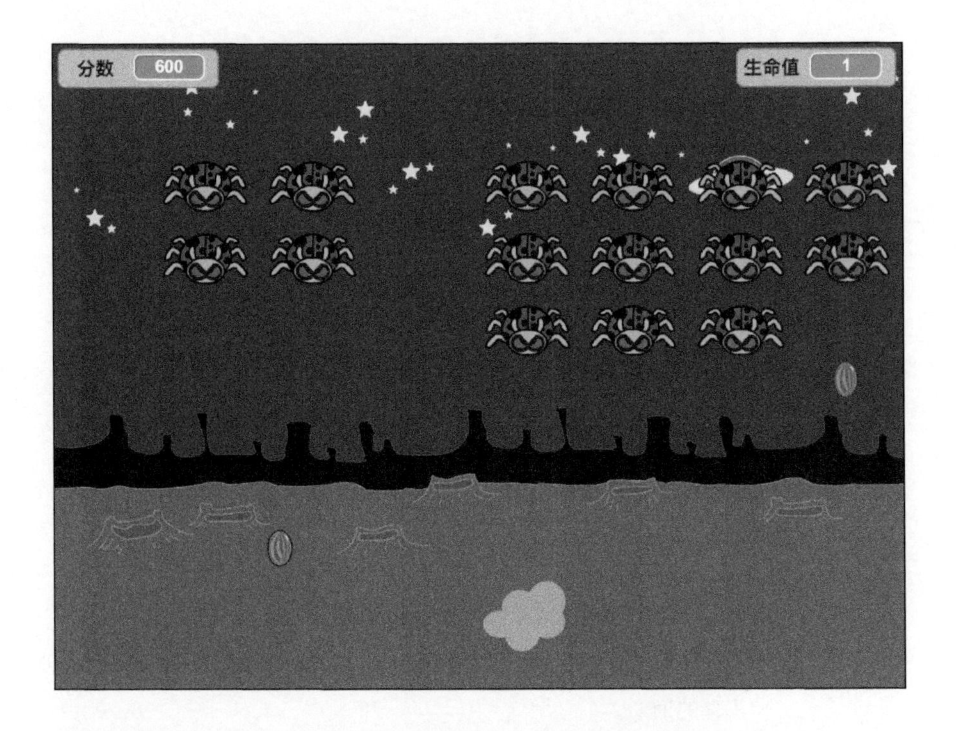

因此，当掌握了游戏的制作方法后，就可以创作出各种各样的游戏了！现在合上这本书，去制作一款全新类型的游戏吧！！！

改进你的游戏

你可以使用如下方法来改进这个游戏。

- 让敌人更生动、形象：除了左右移动，可以通过切换造型让外星人的腿移动起来。
- 增加额外的级别：可以新建一个叫“敌人”的变量，可以使用“广播”积木块来创建另一批敌人，或者改变敌人的外观或移动方式。
- 逐步改变敌人的速度：就像最初游乐场里的《太空入侵者》游戏一样，当屏幕上的敌人数量减少时，可以增加敌人的速度。
- 添加更多声效：可以在敌人加速的时候添加一个节奏更快的行军音乐。在游戏结束时播放一段音乐，效果也不错（可以试试Spiral 声音）。
- 延时引信：可以让炸弹落地后等一两秒钟再爆炸。
- 添加能量机制：可以偶尔让一个特殊的敌人炸弹造型降落，如果玩家能接住它，就可以增加一条命或者获得更强大的激光束并保持一会儿。

第 15 章
游戏没有结束

我希望能再多点儿页面、多点儿时间让我再继续写下去，但却没有了。不停地重写、换图片，一会儿想太空袭击游戏是不是该放在迷宫游戏前面，一会儿想拼贴画那章是不是该短一点儿，一会儿又想“飞扬的蝙蝠”那章是不是该更长点儿，这已经让我的编辑抓狂了。我还有太多的东西没有分享！坦率地说，对于那些五彩缤纷的积木块所能带来的编程魔力，我才只介绍了点儿皮毛。

如果还能再加一章，我可能会写写画笔模块中的积木块。那些积木块能让你通过编程在 Scratch 里画出或绘出任何东西，从简单的正方形到复杂重复模式的图形都可以。我也特别想增加一章来讲讲声音模块中的积木块，那些积木块能让你通过编程创作自己的音乐。我甚至都没有告诉你如何去创建自己的 Scratch 积木块！值得庆幸的是，现在是 21 世纪了，书本不必在最后一页就结束。猜猜谁为这本书做了配套的网站？德里克 • 布林先生！你不仅能在那里找到本书中所有的作品，还能在那里找到额外的奖励章节、新的作品和很多免费资源。所以，如果你喜欢本书的某些章节的话，请访问 www.scratch4kids.com 去寻找更多的资料。如果你恨这本书的话，那就单击那里的“联系作者”按钮，告诉我哪些东西让你觉得不好用。

现在，在这本书的最后几页，我没有放（更多）高飞狗狗的图片或者最后指南之类的内容，而是设计了几张特别的 Scratch 页面，让你来规划自己的下一个作品或者开始动笔写你自己的章节。

还在等什么呢？继续 Scratch 之旅吧！

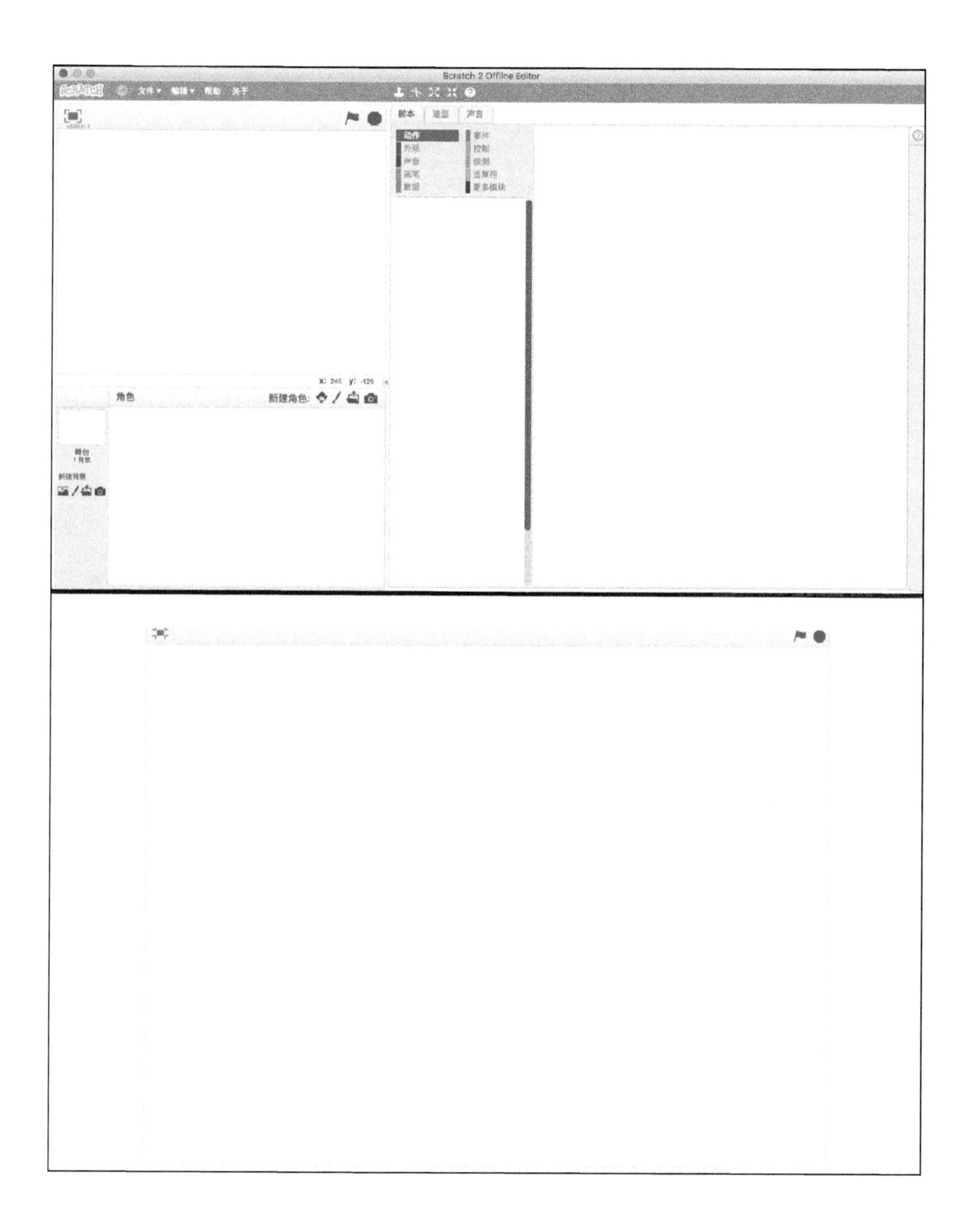
Scratch 2 Offline Editor
文件
编辑
帮助
关于
脚本
造型
声音
动作
外观
声音
画笔
数据
事件
控制
侦测
运算符
更多模块
x: 240 y: -126
角色
新建角色:
舞台
1 背景
新建背景

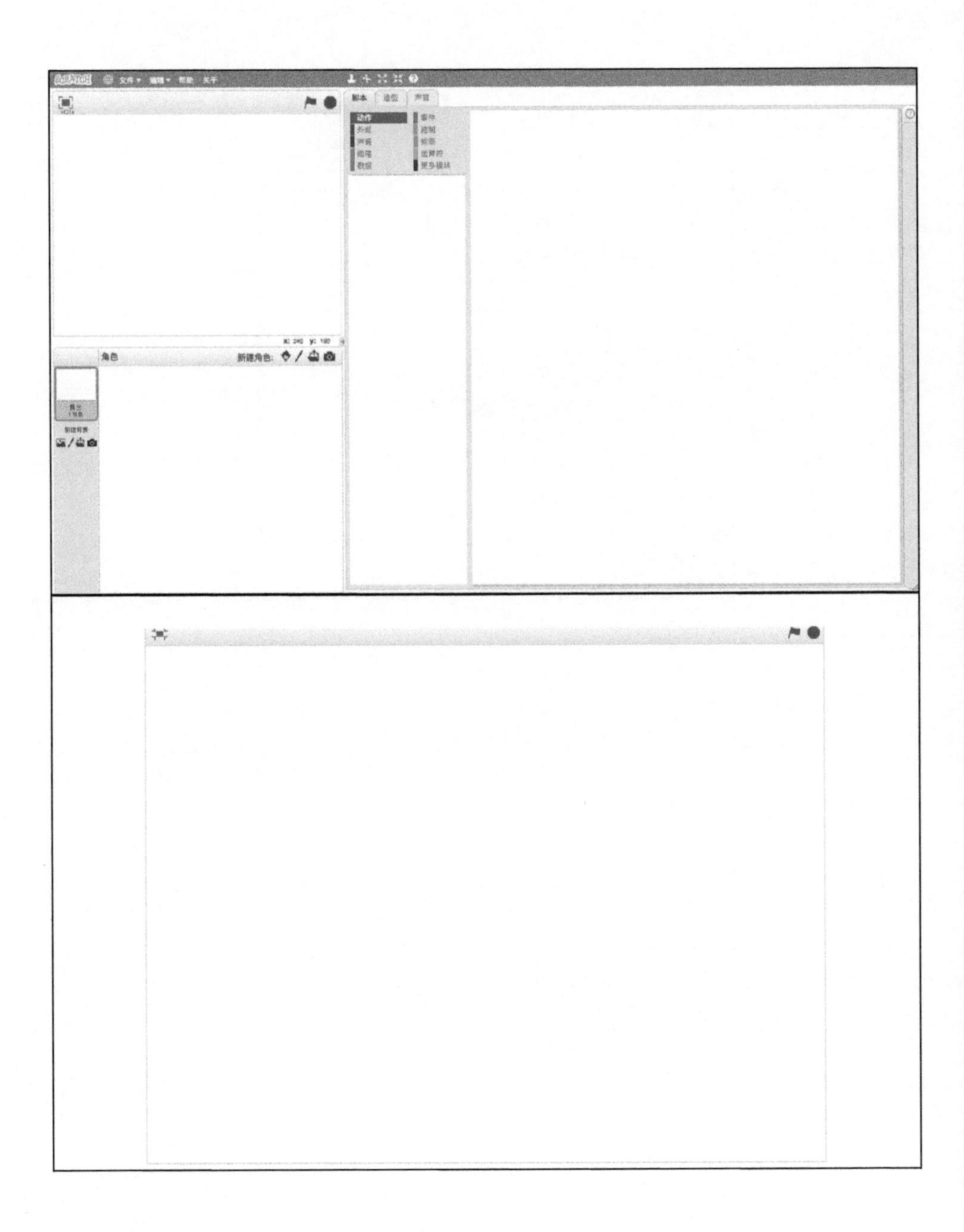
脚本
角色
新建角色:

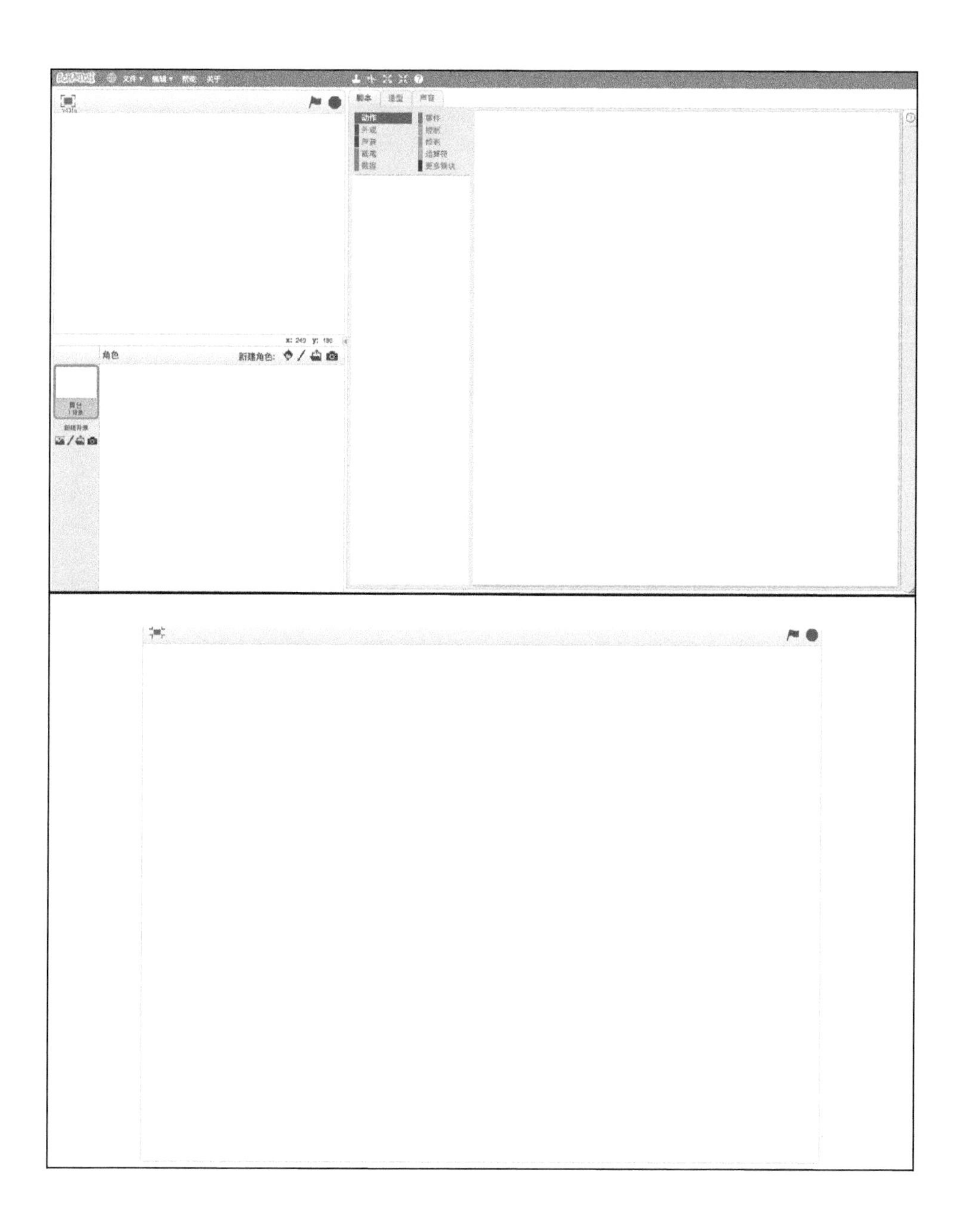
文件
编辑
脚本
造型
声音
动作
外观
声音
画笔
数据
事件
控制
侦测
运算符
更多模块
角色
新建角色:

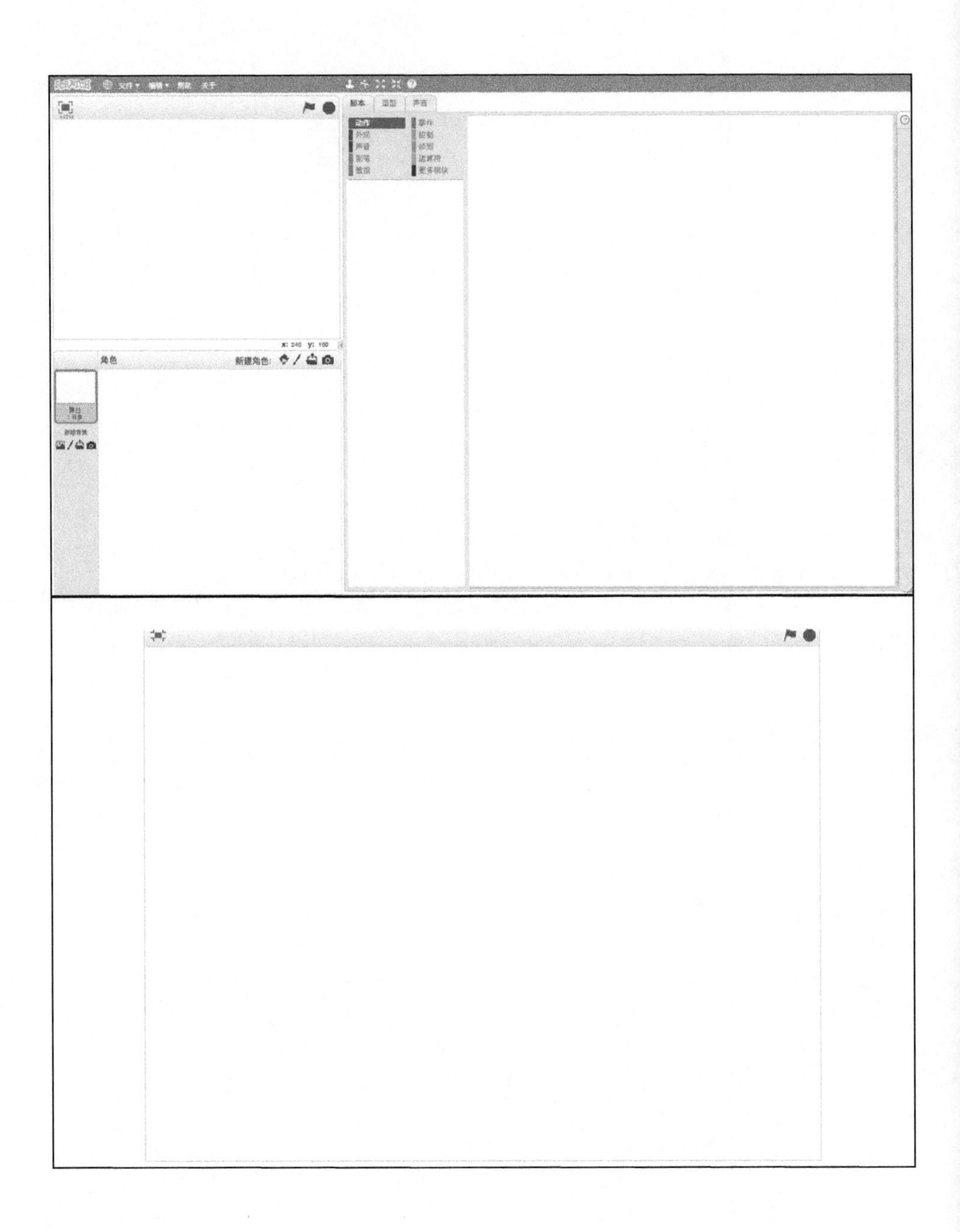
文件
编辑
关于
脚本
造型
声音
动作
事件
外观
控制
声音
侦测
画笔
运算符
数据
更多积木
角色
新建角色:

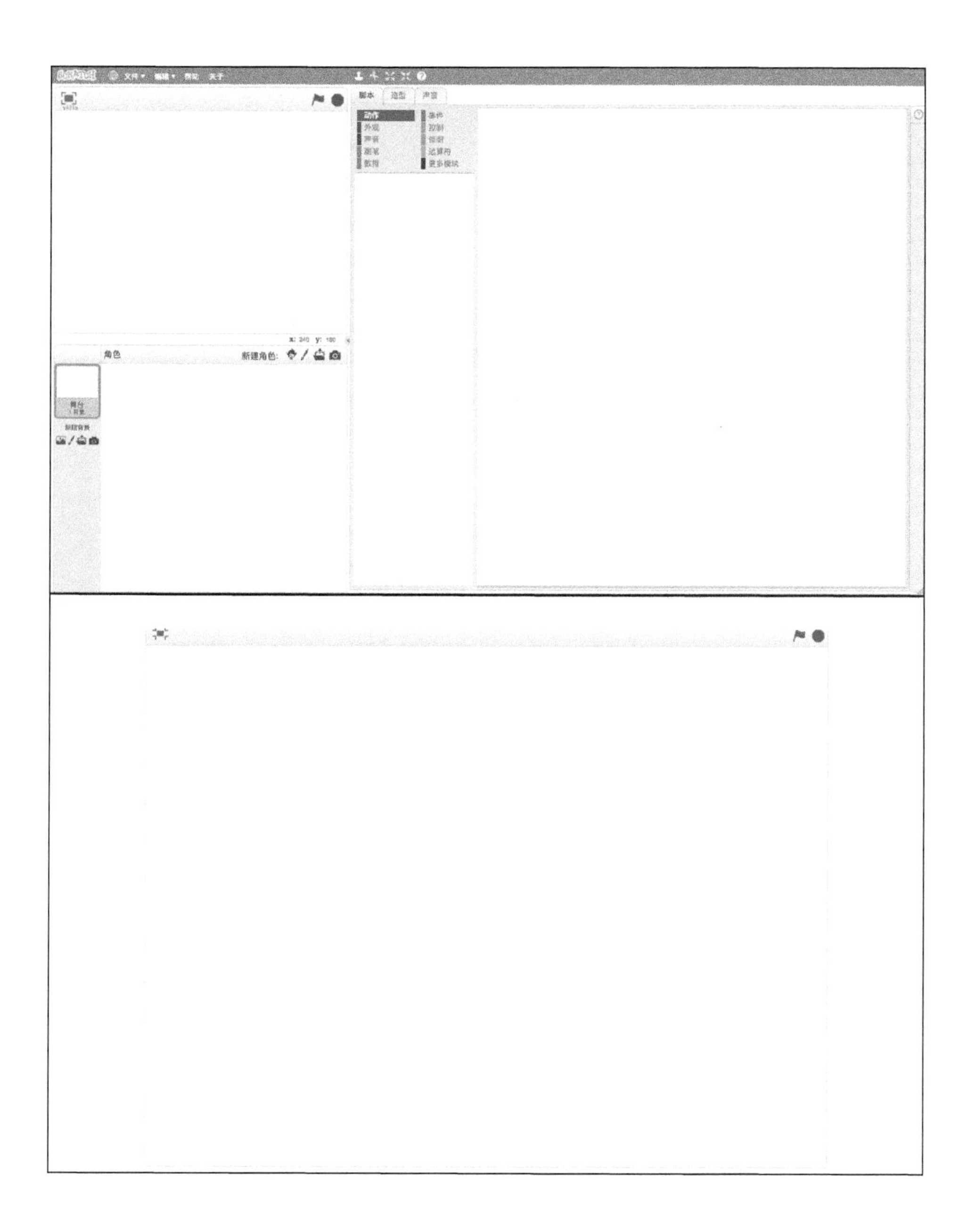

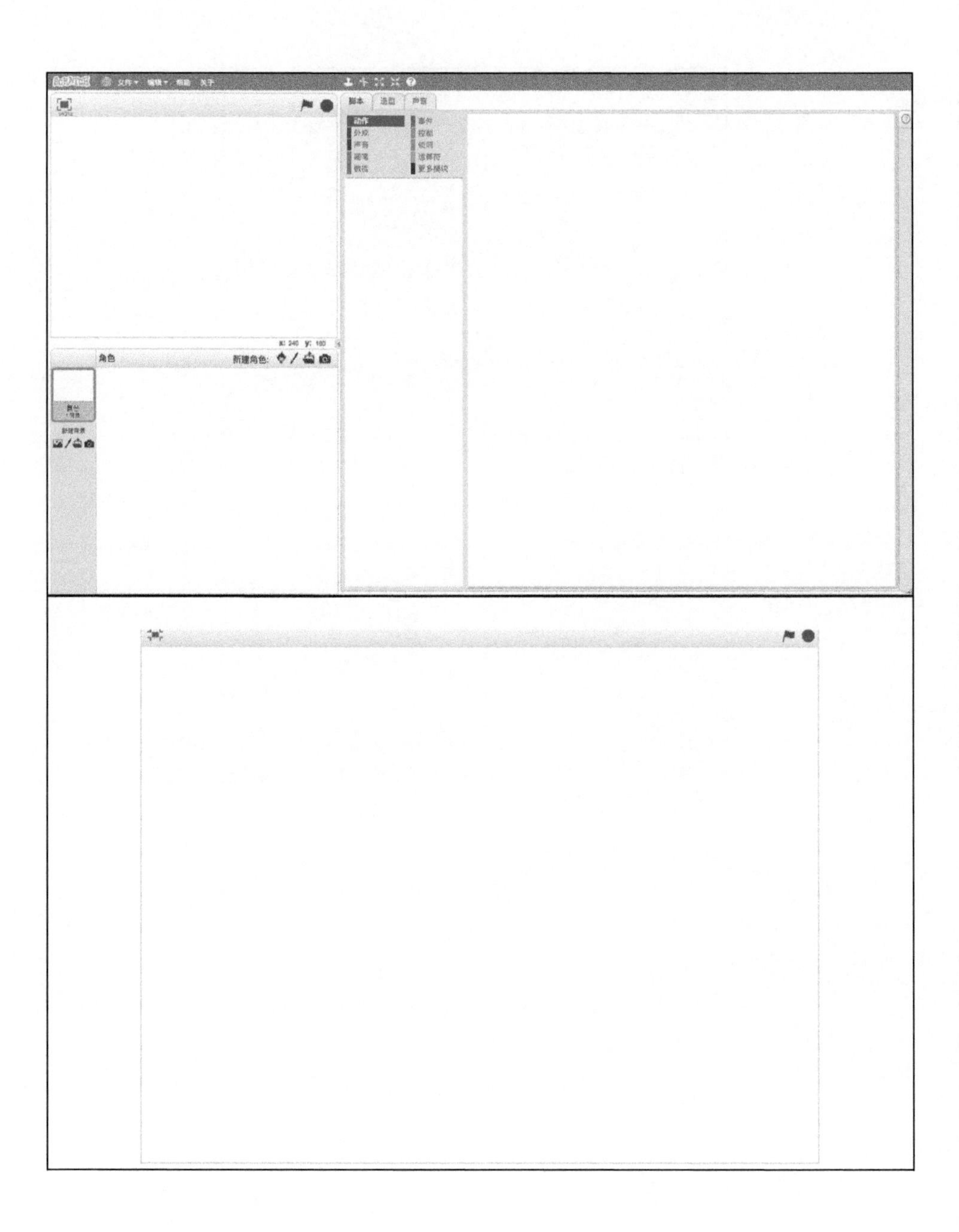
文件
编辑
帮助
关于
脚本
造型
声音
动作
外观
声音
画笔
数据
事件
控制
侦测
运算符
更多模块
x: 240 y: 180
角色
新建角色:
新建背景